土木工程施工与项目管理研究

张 辉 崔团结 刘 霞 主编

图书在版编目（CIP）数据

土木工程施工与项目管理研究 / 张辉，崔团结，刘霞主编．— 哈尔滨 ：哈尔滨出版社，2022.12

ISBN 978-7-5484-6751-9

Ⅰ．①土… Ⅱ．①张… ②崔… ③刘… Ⅲ．①土木工程－工程施工－研究②土木工程－工程项目管理－研究 Ⅳ．①TU7

中国版本图书馆 CIP 数据核字（2022）第 172579 号

书　　名：土木工程施工与项目管理研究

TUMU GONGCHENG SHIGONG YU XIANGMU GUANLI YANJIU

作　　者：张　辉　崔团结　刘　霞　主编

责任编辑：韩伟锋

封面设计：李　阳

出版发行：哈尔滨出版社（Harbin Publishing House）

社　　址：哈尔滨市香坊区泰山路 82-9 号　邮编：150090

经　　销：全国新华书店

印　　刷：廊坊市广阳区九洲印刷厂

网　　址：www.hrbcbs.com

E - mail：hrbcbs@yeah.net

编辑版权热线：（0451）87900271　87900272

开　　本：787mm×1092mm　1/16　印张：14　字数：300 千字

版　　次：2023 年 1 月第 1 版

印　　次：2023 年 1 月第 1 次印刷

书　　号：ISBN 978-7-5484-6751-9

定　　价：68.00 元

前　言

我国的土木工程建设有了很大进展，其项目管理工作也越来越受到重视。项目管理是管理学的重要分支，其在土木工程建筑施工领域中的实践应用有效地克服了传统管理模式的缺陷，并推动了土木工程建筑施工行业的转型发展。土木工程施工具有投资数额大、涉及面广的特点，因此需要依托项目管理来加强对各个环节的优化把控，从而提高整体施工质量。当然，这方面的优化改革也需要克服诸多问题，因此需要现场管理人员转变管理理念，革新工作技巧，进而把控好施工管理中各个方面的细节。

伴随着我国综合实力的显著提升，人们的生活需要也发生了巨大的改变，精神生活被提升到了越来越重要的位置，在建筑行业与此相对应的是人们对于居所的舒适程度的要求日益苛刻，在这样的情况下，相关的工作人员务必须采取各种措施，让土木工程不断地满足人们的现实需求。

土木工程将不断地适用于人们的日常生活和生产中，为了提高土木工程的建设发展，需要不断地融合其他土木工程技术，来提高自身技术。因而在未来的土木工程研究中，需要不断地创新与探索，促进土木工程的发展，带动我国经济与综合实力的提升。

本书是一本关于土木工程的专著，主要讲述的是土木工程施工以及工程的项目管理。本书首先对土木工程展开了讲述；其次对工程的项目管理进行了讲述；最后对 BIM 技术的应用展开了讲述。希望本书的讲解能够给读者提供一定的借鉴意义。

需要说明的是，本书在具体的编写过程中，参考和借鉴了诸多相关专业书籍与资料，在此对相关作者表示感谢。由于笔者水平所限，书中不妥之处在所难免，在此恳请广大读者朋友不吝批评，并提出宝贵意见，不胜感激。

目 录

第一章　土方工程

土方工程是建筑工程施工中的主要工程之一，包括一切土（石）方的填筑、运输以及排水、降水等方面。土木工程中，土（石）方工程有场地平整、路基开挖、人防工程开挖、地坪填土、路基填筑以及基坑回填。要合理安排施工计划，尽量不要安排在雨季，同时为了降低土（石）方工程的施工费用，贯彻不占或少占农田和可耕地并有利于改地造田的原则，要做出土（石）方的合理调配方案，统筹安排。

第一节　土方工程概述

一、土方工程施工的特点

土方工程施工要求标高、断面准确，土体有足够的强度和稳定性，土方量少，工期短，费用省，但土方工程施工具有面广量大、劳动繁重、施工条件复杂等特点。因此，在进行土方工程施工前，首先要进行调查研究，了解土壤的种类和工程性质，土方工程的施工工期、质量要求及施工条件，施工地区的地形、地质、水文、气象等资料，以便编制切实可行的施工组织设计，拟订合理的施工方案。为了减轻繁重的体力劳动，提高劳动生产率，加快工程进度，降低工程成本，在组织土方工程施工时，应尽可能地采用先进的施工工艺和施工组织，以实现土方工程施工综合机械化。

二、土的性质

（一）土的基本物理性质指标

土的基本物理性质指标是指三相的质量与体积之间的相互比例关系及固、液两相相互作用表现出来的性质。它在一定程度上反映了土的力学性质，所以物理性质是土最基本的工程特性。土的干密度越大，表示土越密实。工程上常把土的干密度作为评定土体密实程度的标准，以控制填土压实质量。

对于同一类土，孔隙率越大，孔隙体积就越大，从而使土的压缩性和透水性都增大，土的强度降低。故工程上也常用孔隙比来判断土的密实程度和工程性质。

（二）土的工程性质指标

1. 土的可松性

土的可松性是土经挖掘以后，组织破坏、体积增加的性质。松土以后虽经回填压实，仍不能恢复成原来的体积。土的可松性程度是挖填土方时，计算土方机械生产率、回填土方量、运输机具数量，进行场地平整规划竖向设计、土方平衡调配的重要参数，一般以可松性系数表示。

2. 土的渗透性

土的渗透性是指土体被水透过的性质，通常用渗透系数 K 表示。渗透系数 K 表示单位时间内水穿透土层的能力，单位为 m/d。根据渗透系数的不同，土可分为透水性土（如砂土）和不透水性土（如黏土）。土的渗透性影响施工降水与排水的速度。

3. 土的压缩性

取土回填、填压以后，土均会压缩，一般土的压缩性以土的压缩率表示。填方需土量一般可按填方截面增加 10%~20% 方数考虑。

4. 土石的休止角

土石的休止角是指在某一状态下的岩土体可以稳定的坡度。

第二节　场地平整施工

一、场地平整

场地平整就是将自然地面改造成人们所要求的地面。场地设计标高应满足规划、生产工艺、运输、排水及最高洪水水位等要求，并力求使场地内土方挖填平衡且土方量最小。建筑工程项目施工前需要确定场地设计平面，并进行场地平整。场地平整的一般施工工艺程序如下：

现场勘察→清除地面障碍物→标定整平范围→设置水准基点→设置方格网，测量标高→计算土石方挖填工程量→平整土石方→场地碾压→验收。

场地平整过程中应注意以下工作：

（1）施工人员应到现场进行勘察，了解地形、地貌和周围环境，确定现场平整场地的大致范围。

（2）平整前应把场地内的障碍物清理干净，然后根据总图要求的标高，从水准基点引进基准标高，作为确定土方量计算的基点。

（3)应用方格网法和横断面法计算出该场地按设计要求平整、开挖和回填的土石方量，做好土石方平衡调配，减少重复挖运，以节约运费。

（4)大面积平整土石方宜采用推土机、平地机等机械进行，大量挖方宜用挖掘机进行，用压路机进行填方压实。

二、场地设计标高确定

涉及较大面积的场地平整时，合理地确定场地的设计标高，对减少土方量和加快工程进度具有重要的经济意义。一般来说，在确定场地标高时，应遵循以下原则：

（1）满足生产工艺和运输要求。

（2）尽量利用地形分区或分台阶布置，分别确定不同的设计标高。

（3）场地内挖、填方平衡，土方运输量最少。

（4）要有一定的泄水坡度（≥ 2%），使之能满足排水要求。

（5）要考虑最高洪水位的影响。

场地设计标高一般应在设计文件中予以规定，当设计文件中对场地设计标高没有规定时，可按下述步骤来确定。

（一）初步计算场地设计标高

初步计算场地设计标高的原则是使场地内挖、填方平衡，即场地内挖方总量等于填方总量。计算场地设计标高时，首先将场地的地形图根据要求的精度划分为边长 10~40m 的方格网，然后求出各方格角点的地面标高。地形平坦时，设计标高可根据地形图上相邻两等高线的标高，用插入法求得；地形起伏较大或无地形图时，可在地面用木桩打好方格网，再用仪器直接测出。

（二）调整场地设计标高

原计划所得的场地设计标高，仅为一理论值，实际上还需考虑以下因素对其进行调整。

1. 土可松性的影响

由于土具有可松性，一般填土会有多余，需相应地提高设计标高。

2. 场地挖方和填方的影响

场地内：大型基坑挖出的土方、修筑路堤填高的土方，以及经过经济比较而将部分挖方就近弃于场外或就近从场外取土用于填方等做法均会引起挖、填土方量的变化。必要时，也需调整设计标高。

3. 场地泄水坡度的影响

当按调整后的统一设计标高进行场地平整时，整个地表面均处于同一水平面，但实际上由于排水的要求，场地表面需有一定的泄水坡度。因此，还需根据场地泄水坡度的要求（单向泄水或双向泄水），计算出场地各方格角点实际施工所用的设计标高。

三、场地平整土方量计算

大面积场地平整的土方量通常采用方格网法计算，即根据方格网各方格角点的自然地面标高和实际采用的设计标高，算出相应的角点挖填高度（施工高度），再计算每一方格的土方量，并算出场地边坡的土方量。

（一）计算各方格角点的施工高度

施工高度是设计地面标高与自然地面标高的差值，在进行角点标注时应将各角点的施工高度填在方格网的右上角，将设计标高和自然地面标高分别标注在方格网的右下角和左下角，而方格网的左上角填的是角点编号。

（二）计算零点位置

在一个方格网内同时有填方或挖方时，要先算出方格网边的零点位置。所谓“零点”，是指方格网边线上不挖不填的点。把零点位置标注于方格网上，将各相邻边线上的零点连接起来，即构成零线。零线是挖方区和填方区的分界线，求出零线后，即可随之标出场地的挖方区和填方区。一个场地内的零线并不是唯一的，可能有一条，也可能有多条。当场地起伏较大时，零线可能出现多条。

四、土方调配

（一）土方调配的原则

土方工程量计算完毕后，即可着手对土方进行平衡与调配。土方的平衡与调配是土方规划设计的一项重要内容。对挖土的利用、堆砌和填土三者之间的关系进行综合平衡处理，达到既使土方运输费用最低又能方便施工的目的。土方调配的原则如下：

（1）挖填方平衡和运输量最小。这样可以降低土方工程的成本。若仅限于场地范围内的挖填方平衡，一般很难满足运输量最小的要求，因此还需根据场地及其周围地形条件综合考虑，必要时可在填方区周围就近借土，或在挖方区周围就近弃土，这样才能做到经济合理。

（2）近期施工与后期利用相结合。当工程分期分批进行施工时，先期工程的土方余额应结合后期工程的需要而考虑其利用数量与堆放位置，以便就近调配。堆放位置的选择应为后期工程创造良好的工作面和施工条件，力求避免重复挖运。

（3）尽可能地与大型地下建（构）筑物的施工相结合。当大型建（构）筑物位于填土区而其基坑开挖的土方量较大时，为了避免土方的重复挖填和运输，该填土区可暂时不予填土，待地下建（构）筑物施工之后再行填土。为此，在填方保留区附近应有相应的挖方保留区，或将附近挖方工程的余土按需要合理堆放，以便就近调配。

（4）调配区大小的划分应满足主要土方施工机械工作面大小（如铲运机铲土长度）的要求，使土方机械和运输车辆的效率得到充分发挥。

总之，进行土方调配，必须根据现场的具体情况、有关技术资料、工期要求、土方机械与施工方法，并结合上述原则综合考虑，以做出更加经济合理的调配方案。

（二）土方调配图表的编制

场地土方调配，需做成相应的土方调配图表，其编制方法如下：

1. 划分调配区。在划分调配区时应注意：

（1）调配区划分应与房屋或构筑物的位置相协调，满足工程施工顺序和分期分批施工的要求，使近期施工与后期利用相结合。

（2）调配区的大小应能使土方机械和运输车辆的功效得到充分发挥。

（3）当土方运距较大或场区内土方不平衡时，可根据附近地形，考虑就近借土或就近弃土，每一个借土区或弃土区均可作为一个独立的调配区。

2. 计算土方量。前述计算方法，求得各调配区的挖、填方量，并标注在图上。

3. 计算调配区之间的平均运距。平均运距即挖方区土方重心到填方区土方重心之间的距离，因而确定平均运距需先求出各个调配区土方重心，将重心标于相应的调配区图上，按比例尺测算出每对调配区之间的平均距离。

4. 确定土方最优调配方案。最优调配方案的确定，是以线性规划为理论基础的。

5. 绘制土方调配图、调配平衡表。

第三节　排水降水施工

一、集水井排水法

集水井排水法又称明沟排水法，一般包括基坑外集水排水和基坑内集水排水。

（一）基坑外集水排水

基坑外集水排水要求在基坑外场地设置由集水井、排水沟等组成的地表排水系统，避免坑外地表水流入基坑。集水井、排水沟宜布置在基坑外一定距离处，有隔水帷幕时，排水系统宜布置在隔水帷幕外侧且距隔水帷幕的距离不宜小于 0.5m；无隔水帷幕时，基坑边从坡顶边缘开始计算。

（二）基坑内集水排水

基坑内集水排水要求根据基坑特点，沿基坑周围合适位置设置临时明沟和集水井，临时明沟和集水井应随土方开挖过程适时调整。土方开挖结束后，宜在坑内设置明沟、盲沟、集水井。基坑采用多级放坡开挖时，可在放坡平台上设置排水沟。面积较大的基坑，还应在基坑中部增设排水沟。当排水沟从基础结构下穿过时，应在排水沟内填碎石形成盲沟。

（三）集水井的基本构造

排水法一般每隔 30~40m 设置一个集水井。集水井截面大小一般为 0.6m × 0.6m~0.8m × 0.8m，其深度随挖土的加深而增大，并保持低于挖土面 0.8~1.0m，井壁可用砖砌、木板或钢筋笼等简易加固。挖至坑底后，井底宜低于坑底 1m，并铺设碎石滤水层，防止井底土扰动。基坑排水沟一般深 0.3~0.6m，底宽不小于 0.3m，沟底应有一定坡度，以保持水流畅通。

若基坑较深，可在基坑边坡上设置 2~3 层明沟及相应的集水井，分层阻截地下水。分层明沟排水中排水沟与集水井的设计及基本构造，与普通明沟排水相同。

二、流砂及其防治

集水井排水法由于设备简单和排水方便，应用较为普遍，但当开挖深度大、地下水水位较高而土质又不好时，如用集水井排水法降水开挖，当挖至地下水水位以下时，有时坑底下面的土会形成流动状态，随地下水涌入基坑，这种现象称为流砂。发生流砂现象时，土完全丧失承载力，施工条件恶化，难以开挖至设计深度。流砂严重时，会引发基坑侧壁塌方，附近建筑物下沉、倾斜甚至倒塌。总之，流砂现象对土方施工和附近建筑物都有很大危害。

（一）流砂的产生原因

流动中的地下水对土颗粒产生的压力称为动水压力。水由左端高水位 h_1，经过长度为 L、断面为 F 的土体流向右端低水位 h_2，水在土中渗流时受到土颗粒的阻力 T，同时水对土颗粒作用一个动水压力 GD，两者大小相等、方向相反。

由于地下水的水力坡度大，即动水压力大，而且动水压力的方向（与水流方向一致）与土的重力方向相反，故土不仅受水的浮力，而且受动水压力的作用，因而有向上“举”的趋势。当动水压力等于或大于土的重力时，土颗粒处于悬浮状态，并随地下水一起流入基坑，即产生流砂现象。

（二）流砂的防治

流砂防治的原则是“治砂必治水”，其途径有三条：一是减小或平衡动水压力；二是“截住”地下水流；三是改变动水压力的方向。流砂防治的具体措施如下：

1. 在枯水期施工

枯水期地下水水位低，坑内外水位差小，动水压力小，不易发生流砂。

2. 打板桩法

此方法将板桩打入坑底下面一定深度，增加地下水从坑外流入坑内的渗流长度，以减小水力坡度，从而减小动水压力，防止流砂产生。

3. 水下挖土法

这就是不排水施工，它使坑内水压与坑外地下水压相平衡，消除动水压力。

4. 井点降低地下水水位法

此方法采用轻型井点等降水方法，使地下水渗流向下，水不致渗流入坑内，这样就能增大土料间的压力，从而有效地防止流砂的形成。因此，此方法应用范围广且较可靠。

5. 地下连续墙法

此方法是在基坑周围先浇筑一道混凝土或钢筋混凝土的连续墙，以支撑土壁、截水并防止流砂产生。

此外，在含有大量地下水土层或沼泽地区施工时，还可以采取土壤冻结法。对位于流砂地区的基础工程，应尽可能地用桩基或沉井施工，以减少防治流砂所增加的费用。

三、井点降水法

人工降低地下水水位就是在基坑开挖前，预先在基坑周围或基坑内设置一定数量的滤水管（井），利用抽水设备连续不断地从中抽水，使地下水水位降至坑底以下并稳定后才开挖基坑，并在开挖过程中仍不断抽水，使地下水水位稳定于基坑底面以下，从而使所挖的土始终保持干燥，从根本上防止流砂现象的发生。值得注意的是，在降低基坑内地下水水位的同时，基坑外一定范围内的地下水水位也下降，从而引起附近的地基土产生一定的沉降，施工时应考虑这一因素的影响。井点降水一般应持续到基础施工结束且土方回填后方可停止。对于高层建筑的地下室施工，井点降水停止后，地下水水位回升，会对地下室产生浮力，所以井点降水停止时应进行抗浮验算，确定地下室及上部结构的质量满足抗浮要求后才能停止井点降水。

井点降水法可设置轻型井点、喷射井点、电渗井点、管井井点及深井井点等，施工时可根据土的渗透系数、降低水位的深度、工程特点、设备条件、周边环境及经济技术比较等因素确定，必要时需组织专家进行论证。实际工程中，轻型井点和管井井点应用较广。

（一）轻型井点降水法

轻型井点就是沿基坑四周每隔一定距离埋入直径较小的井点管（下端为滤管）至含水层内，井点管上端通过弯联管与集水总管相连，利用抽水设备将地下水从井点管内不断抽出，使地下水水位降至基坑底面以下。

1. 轻型井点设备

轻型井点设备由管路系统和抽水设备组成。管路系统包括滤管、井点管、弯联管和集水总管。滤管为进水设备，必须埋入含水层。滤管长 1.0~1.5 m，直径为 38~51mm，管壁上钻有直径 12~19mm 的呈梅花状排列的滤孔，滤孔面积为滤管表面面积的 20%~25%。管壁外包两层孔径不同的滤网，内层为细滤网，采用 30~50 孔 /cm² 的钢丝布或尼龙丝布；外层为粗滤网，采用 8~10 孔 /cm² 的塑料或纺织纱布。为使水流畅通，在管壁与滤网之间用细塑料管或铁丝绕成螺旋状将两者隔开。滤网外面用带孔的薄铁管或粗铁丝网保护。滤管下端为塞头（铸铁或硬木），上端用螺纹套管与井点管连接（或与井点管一起制作）。

井点管是直径为 38~51 mm、长 5~7 m 的钢管，上端通过弯联管与集水总管相连。弯联管一般采用橡胶软管或透明塑料管，后者能随时观察井点管的出水情况。集水总管一般是直径为 100~127 mm 的钢管，每节长 4 m，其间用橡胶管连接，并用钢箍卡紧，以防漏水。总管上每隔 0.8 m 或 1.2 m 设有一个与井点管连接的短接头。常用的抽水设备有真空泵、射流泵和隔膜泵井点设备。一套抽水设备的负荷长度（集水总管长度）为 100~120 m，常用 W5、W6 型干式真空泵的最大负荷长度分别为 100 m 和 120 m。

2. 轻型井点布置

轻型井点布置应根据基坑的形状与大小、地质和水文情况、工程性质、降水深度等来确定。

（1）平面布置。当基坑（槽）宽小于 6 m 且降水深度不超过 6 m 时，可采用单排井点，布置在地下水上游一侧，两端延伸长度以不小于槽宽为宜。如宽度大于 6 m 或土质不良、渗透系数较大，宜采用双排井点，布置在基坑（槽）的两侧。

当基坑面积较大时，宜采用环形井点，非环形井点考虑运输设备入道，一般在地下水下游方向布置成不封闭状态。井点管和基坑壁的距离一般可取 0.7~1.0 m，以防局部发生漏气。井点管间距为 0.8 m、1.2 m、1.6 m，由计算或经验确定。井点管在总管四角部分应适当加密。

（2）高程布置。轻型井点的降水深度，从理论上讲可达 10.3 m，但由于管路系统的水头损失，其实际的降水深度一般不宜超过 6 m。

3. 轻型井点计算

井点系统的设计计算必须建立在可靠资料的基础上，如施工现场地形图、水文地质勘察资料、基坑的设计文件等。设计内容除井点系统的布置外，还需确定井点的数量、间距及井点设备的选择等。

根据地下水有无压力，水井可分为无压井和承压井。当水井布置在具有潜水自由面的含水层中（地下水水面为自由水面）时，称为无压井；当水井布置在承压含水层中（含水层中的地下水充满在两层不透水层间，含水层中的地下水水面具有一定水压）时，称为承压井。当水井底部达到不透水层时称为完整井，否则称为非完整井。

4. 施工工艺流程

轻型井点的施工工艺流程：放线定位→铺设总管→冲孔→安装井点管、填砂砾滤料、上部填黏土密封→用弯联管将井点管与总管接通→安装抽水设备→开动设备试抽水→测量观测井中地下水水位变化的情况。

5. 井点管埋设

井点管埋设一般采用水冲法进行，借助高压水冲刷土体，用冲管扰动土体助冲，将土层冲成圆孔后埋设井点管。整个过程可分为冲孔与埋管。冲孔的直径一般为 300 mm，以保证井管四周有一定厚度的砂滤层；冲孔深度宜比滤管底深 0.5 m 左右，以防冲管拔出时部分土颗粒沉于底部而触及滤管底部。井孔冲成后，应立即拔出冲管，插入井点管，并在井点管与孔壁之间迅速填灌砂滤层，以防孔壁塌土。砂滤层的填灌质量是保证轻型井点顺利抽水的关键，一般宜选用干净粗砂，填灌要均匀，并填至滤管顶上 1~1.5 m，以保证水流畅通。井点填砂后，需用黏土封口，以防漏气。井点管埋设完毕后，需进行试抽，以检查有无漏气、淤塞现象，出水是否正常。如有异常情况，应检修好方可使用。

（二）喷射井点降水法

当基坑开挖较深或降水深度大于 8 m 时，必须使用多级轻型井点才可达到预期效果，但这需要增大基坑土方开挖量、延长工期并增加设备数量，因此不够经济。此时宜采用喷射井点降水法，它在渗透系数为 3~50 m/d 的砂土中应用最为有效，在渗透系数为 0.1~2 m/d 的粉质砂土、粉砂、淤泥质土中效果也较显著，其降水深度可达 8~20 m。

1. 喷射井点设备

喷射井点根据其工作时使用液体或气体的不同，分为喷水井点和喷气井点两种。其设备主要由喷射井管、高压水泵（或空气压缩机）和管路系统组成。喷射井管由内管和外管组成，在内管下端装有升水装置，喷射扬水器与滤管相连。在高压水泵的作用下，具有一定压力水头（0.7~0.8 MPa）的高压水经进水总管进入井管的内外管之间的环形空间，并经扬水器的侧孔流向喷嘴。由于喷嘴截面突然缩小，流速急剧增加，压力水由喷嘴以很高流速喷入混合室将喷嘴口周围空气吸入，空气被急速水流带走，致使该室压力下降而造成一定真空度。此时地下水被吸入喷嘴上面的混合室，与高压水汇合，流经扩散管时，由于截面扩大、流速降低而转化为高压水，沿内管上升经排水总管排于集水池内，此池内的水，一部分用水泵排走，另一部分供高压水泵压入井管用。如此循环不断，将地下水逐步抽出，降低了地下水水位。高压水泵宜采用流量为 50~80 m^3/h 的多级高压水泵，每套能带动 20~30 根井管。

2. 喷射井点的布置与使用

喷射井点的管路布置、井管埋设方法及要求与轻型井点相同。喷射井管间距一般为 2~3 m，冲孔直径为 400~600 mm，深度应比滤管深 1 m 以上。使用时，为防止喷射器损坏，需先对喷射井管逐根冲洗，开泵时压力要小一些（小于 0.3MPa），以后再逐渐开足，如发现井管周围有翻砂、冒水现象，应立即关闭井管并对其进行检修。工作水应保持清洁，试抽两天后应更换清水，此后视水质污浊程度定期更换清水，以减轻工作水对喷射嘴及水泵叶轮等的磨损。

（三）管井（深井）井点降水法

管井井点降水法就是沿基坑每隔一定距离设置一个管井，或在坑内降水时每隔一定范围设置一个管井，每个管井单独用一台水泵不断抽取管井内的地下水以降低水位，当降水深度较大时可采用深井泵。管井井点具有排水量大、降水效果好、设备简单、易于维护等特点，适用于轻型井点不易处理的含水层颗粒较粗的粗砂、卵石土层和渗透系数较大、含水率高且降水较深（一般为 8~20 m）的潜水或承压水土层。

第四节　土方边坡与基坑支护

一、土方边坡

（一）边坡坡度和边坡系数

边坡坡度以土方挖土深度 h 与边坡底宽 b 之比来表示，即：

$$土方边坡坡度=\frac{h}{b}=1:m$$

边坡系数以土方边坡底宽 b 与挖土深度 h 之比 m 表示，即：

$$土方边坡系数=m=\frac{b}{h}$$

边坡可以做成直线形边坡、折线形边坡及阶梯形边坡。

若边坡较高，土方边坡可根据各层土体所受的压力，做成折线形或阶梯形，以减少挖填土方量。土方边坡坡度的大小主要与土质、开挖深度、开挖方法、边坡留置时间的长短、边坡附近的各种荷载状况及排水情况有关。

（二）土方边坡放坡

为了防止塌方，保证施工安全，在边坡放坡时要放足边坡，土方边坡坡度的留设应根据土质、开挖深度、开挖方法、施工工期、地下水水位等因素确定。当地质条件良好、土质均匀且地下水水位低于基坑（槽）或管沟底面标高时，挖方边坡可做成直立壁不加支撑，但其挖方深度不宜超过规定的数值。

当地质条件良好、土质均匀且地下水水位低于基坑（槽）或管沟底面标高时，挖方深度在 5 m 以内不加支撑的边坡的最陡坡度应符合规定。

对使用时间较长的临时性挖方边坡坡度，在山坡整体稳定的情况下，如地质条件良好、土质较均匀、高度在 10 m 以内的边坡的坡度应符合规定。

（三）边坡支护方法

支护为一种支挡结构物，在深基坑（槽）、管沟不放坡时，用来维护天然地基土的平衡状态，保证施工安全和顺利进行，减少基坑开挖土方量，加快工程进度；同时，在施工期间不危害邻近建筑物、道路和地下设施的正常使用，避免拆迁或加固。常见的边坡护面采取的措施有薄膜覆盖法、挂网法（挂网抹面）、喷射混凝土法（混凝土护面）和土袋或砌石压坡法。

1. 薄膜覆盖法

对基础施工期较短的临时性基坑边坡，可在边坡上铺塑料薄膜，在坡顶及坡脚用草袋或编织袋装土压住或用砖压住，或在边坡上抹2~2.5 cm厚的水泥浆保护。为防止薄膜脱落，在上部及底部搭盖均应不少于80cm；同时，应在土中插适当锚筋连接，在坡脚设排水沟。

2. 挂网法（挂网抹面）

对基础施工期短、土质较差的临时性基坑边坡，可垂直坡面楔入直径为10~12 mm、长40~60 cm的插筋，纵、横间距1 m，上铺20号钢丝网，上、下用草袋或聚丙烯扁丝编织袋装土或砂压住，或再在钢丝网上抹2.5~3.5cm厚的M5水泥砂浆（配合比为水泥：白灰膏：砂子=1 ：1 ：1.5），并在坡顶、坡脚设排水沟。

3. 喷射混凝土法（混凝土护面）

对邻近有建筑物的深基坑边坡，可在坡面垂直楔入直径为10~12 mm、长40~50 cm的插筋，纵、横间距1 m，上铺20号钢丝网，在表面喷射40~60 mm厚的C15细石混凝土直到坡顶和坡脚；也可不铺钢丝网，在坡面铺中4~6 mm、250~300 mm钢筋网片，浇筑50~60 mm厚的细石混凝土，表面抹光。

4. 土袋或砌石压坡法

对深度在5 m以内的临时基坑边坡，应在边坡下部用草袋或聚丙烯扁丝编织袋装土堆砌或用砌石压住坡脚。边坡高在3 m以内，可采用单排顶砌法；边坡高在5 m以内，水位较高，可用两排顶砌或一排一顶构筑法保持坡脚稳定。同时，应在坡顶设挡水土堤或排水沟，防止冲刷坡面；在底部做排水沟，防止冲坏坡脚。

二、基坑（槽）支护（撑）

开挖基坑（槽）时，如地质条件及周围环境许可，采用放坡开挖是较经济的。但在建筑稠密地区施工，或有地下水渗入基坑（槽）时，往往不可能按要求的坡度放坡开挖，就需要进行基坑（槽）支护，以保证施工的顺利和安全，并减少对相邻建筑、管线等的不利影响。

第五节　土方填筑与压实

一、填方压实质量标准

填方的密度要求和质量指标通常以压实系数 λ_0 表示。压实系数为土的实际干土密度

ρd 与最大干土密度 ρdmax 的比值。最大干土密度 ρdmax 是在最佳含水率时，通过标准的击实方法确定的。密实度要求，由设计根据工程结构性质、使用要求确定。

二、土方填料与填筑要求

（一）土方填料的要求

填方土料应符合设计要求，设计无要求时应符合以下规定：

（1）碎石类土、砂土和爆破石碴（粒径不大于每层铺土厚的 2/3），可用于表层下的填料。

（2）含水率符合压实要求的黏性土，可做各层填料。

（3）淤泥和淤泥质土一般不能用作填料，但在软土地区，经过处理后，含水率符合压实要求的，可用作填方中次要部位的填料。

（4） 填方土料含水率的大小直接影响夯实（碾压）质量，在夯实（碾压）前应进行预试验，以得到符合密实度要求的最佳含水率和最少夯实（或碾压）遍数。含水率过小，夯压（碾压）不实；含水率过大，则易成橡皮土。

（5）土料含水率一般以手握成团、落地开花为宜。若含水率过大，则应采取翻松、晾干、风干、换土回填、掺入干土或其他吸水性材料等措施。若土料过干，则应预先洒水润湿。

（6）当土料含水率小时，也可采取增加压实遍数或使用大功率压实机械等措施；当气候干燥时，须加快施工速度，减少土的水分散失；当填料为碎石类土时，碾压前应充分洒水湿透，以提高压实效果。

（二）土方的填筑要求

1. 人工填筑要求

（1）从场地最低部分开始，由一端向另一端自下向上分层铺填。每层虚铺厚度，用打夯机械夯实时不大于 25cm。采取分段填筑，交接处应填成阶梯形。

（2）墙基及管道应在两侧用细土同时均匀回填、夯实，防止墙基及管道中心线产生位移。

（3）回填用打夯机夯实，两机平行时间距不小于 3 m，在同一路线上，前后间距不小于 10m。

2. 机械填土要求

（1）推土机填土。自下而上分层铺填，每层虚铺厚度不大于 30 cm。推土机运土回填，可采用分堆集中、一次运送的方法，分段距离为 10~15m，以减少运土漏失量。用推土机来回行驶进行碾压，履带应重复宽度的一半。填土程序应采用纵向铺填顺序，从挖土区至填土区段，以 40~60m 距离为宜。

（2）铲运机填土。铺填土区段长度不宜小于 20m，宽度不宜小于 8 m，铺土应分层进行，每次铺土厚度不大于30~50cm。铺土后，空车返回时应将地表面刮平。

（3）汽车填土。自卸汽车成堆卸土，配以推土机摊平，每层厚度不大于30~50cm，汽车不能在虚土层上行驶，卸土推平和压实工作须分段交叉进行。

三、填土压实方法

填土压实方法有碾压法、夯实法和振动压实法三种。此外，可利用运土工具将填土压实。

（一）碾压法

碾压法是利用机械滚轮的压力压实土壤，使之达到所需的密实度。碾压机械有平碾、羊足碾等。平碾又称光碾压路机，是一种以内燃机为动力的自行压路机。平碾按质量等级分为轻型（30~50 kN）、中型（60~90 kN）和重型（100~140 kN）三种。平碾适用于压实砂类土和黏性土。羊足碾一般无动力，靠拖拉机牵引，有单筒、双筒两种。根据碾压要求，羊足碾又可分为空筒、装砂和注水三种。羊足碾虽然与土接触面积小，但对单位面积土产生的压力比较大，土壤压实的效果好。羊足碾适用于对黏性土的压实。碾压机械压实填方时，行驶速度不宜过快，一般平碾行驶速度被控制在24 km/h，羊足碾为3 km/h，否则会影响压实效果。

（二）夯实法

夯实法是利用夯锤自由下落的冲击力来夯实土，主要用于小面积回填。夯实法分为人工夯实和机械夯实两种。

人工夯实用的工具有木夯、石夯等。夯实机械有夯锤、内燃夯土机和蛙式打夯机。蛙式打夯机是常用的小型夯实机械，轻便灵活，适用于小型土方工程的夯实工作，多用于夯打灰土和回填土。夯锤是借助起重机悬挂重锤进行夯土的机械。夯锤底面面积为0.15~0.25m²，质量在1.5t以上，落距一般为2.5~4.5m，夯土影响深度大于1m，适用于夯实砂性土、湿陷性黄土、杂填土以及含有石块的土。

（三）振动压实法

振动压实法是将振动压实机放在土层表面，借助振动机使压实机械振动，土颗粒发生相对位移而达到紧密状态。这种方法主要用于非黏性土的压实。若使用振动碾进行碾压，可使土受到振动和碾压两种作用，碾压效率高，适用于大面积填方工程。对于密度要求不高的大面积填方，在缺乏碾压机械时，可采用推土机、拖拉机或铲运机结合行驶、推（运）土、平土来压实。

四、影响填土压实质量的因素

填土压实质量与许多因素有关，其中主要影响因素为压实功、土的含水率以及铺土厚度。

（一）压实功

填土压实后的干密度与压实机械在其上施加的功有一定关系。在开始压实时，土的干密度急剧增加，待到接近土的最大干密度时，压实功虽然增加许多，但土的干密度几乎没有变化。因此，在实际施工中，不要盲目地增加压实遍数。

（二）土的含水率

在同一压实功条件下，填土的含水率对压实质量有直接影响。较为干燥的土，土颗粒之间的摩擦力较大，因而不易压实。当土具有适当的含水率时，水起到润滑作用，土颗粒之间的摩擦力减小，从而易压实。相比之下，严格控制最佳含水率，要比增加压实功效果好得多。当含水率不足且洒水困难时，适当增大压实功，可以收到较好的压实效果；当土的含水率过大时增大压实功，必将出现弹簧现象，以致压实效果很差，造成返工浪费。因此，在土基压实施工中，控制最佳含水率是关键所在。各种土的最佳含水率和所获得的最大干密度，可由击实试验取得。

（三）铺土厚度

土在压实功的作用下，压应力随深度的增加逐渐减小，其影响深度与压实机械、土的性质和含水率有关。铺土厚度应小于压实机械压土时的作用深度，但其中涉及最优土层厚度问题：铺得过厚，要压多遍才能达到规定的密实度；铺得过薄，则要增加机械的总压实遍数。恰当的铺土厚度能使土方更好地压实且使机械耗费功最小。

实践经验表明：土基压实时，在机具类型、土层厚度及行程遍数已确定的条件下，压实操作时宜按先轻后重、先慢后快、先边缘后中间的顺序进行。压实时，相邻两次的轨迹应重叠轮宽的1/3保持压实均匀，不漏压，对于压不到的边角，应辅以人力或小型机具夯实。在压实过程中，应经常检查含水率和密实度，以达到规定的压实度。

第六节　土方工程机械化施工

一、推土机

推土机是在履带式拖拉机的前方安装推土铲刀（推土板）制成的。按铲刀的操纵机构的不同，推土机可分为索式和液压式两种。

推土机能单独完成挖土、运土和卸土工作，具有操纵灵活、运转方便、所需工作面较小、行驶速度较快等特点。推土机主要适用于一至三类土的浅挖短运，如场地清理或平整，以及开挖深度不大的基坑，回填、推筑高度不大的路基等。此外，推土机还可以牵引其他无土木工程施工技术动力的土方机械，如拖式铲运机、松土器、羊足碾等。

推土机推运土方的运距一般不超过 100 m，运距过长，从铲刀两侧流失的土过多，则会影响其工作效率。经济运距一般为 30~60 m，铲刀刨土长度一般为 6~10 m。为提高生产率，推土机可采用下述方法施工：

（一）下坡推土

推土机顺地面坡势沿下坡方向推土，借助机械往下的重力作用，增大铲刀切土深度和运土数量，提高推土机能力，缩短推土时间，一般可提高 30%~40% 的作业效率；但坡度不宜大于 15°，以免后退时爬坡困难。

（二）槽形推土

当运距较远、挖土层较厚时，利用已推过的土槽再次推土，可以减少铲刀两侧土的散漏，作业效率可提高 10%~30%。槽深以 1 m 左右为宜，槽间土埂宽约 0.5 m。推出多条槽后，再将土埂推入槽内，然后运出。此外，推运疏松土壤且运距较大时，还应在铲刀两侧装置挡板，以增加铲刀前土的体积，减少土向两侧的散失。在土层较硬的情况下，可在铲刀前面装置活动松土齿，当推土机倒退回程时，即可将土翻松，减少切土时的阻力，从而提高切土运行速度。

（三）并列推土

对于大面积的施工区，可用 2~3 台推土机并列推土。推土时，两铲刀宜相距 15~30 cm，这样可以减少土的散失且增大推土量，提高 15%~30% 的作业效率；但平均运距不宜超过 75 m，也不宜小于 20 m，且推土机数量不宜超过 3 台，否则会使推土机倒车不便、行驶不一致，反而影响作业效率。

（四）分批集中，一次推送

当运距较远而土质又比较坚硬时，由于切土的深度不大，宜采用多次铲土、分批集中、一次推送的方法，使铲刀前保持满载，以提高作业效率。

二、铲运机

铲运机是一种能综合完成挖、装、运、填的机械，对行驶道路要求较低，操纵灵活，效率较高。铲运机按行走机构的不同，可分为自行式铲运机和拖式铲运机两种；按铲斗操纵方式的不同，可分为索式和油压式两种。

铲运机一般适用于含水率不大于 27% 的一至三类土的直接挖运，常用于坡度在 20°以内的大面积场地平整、大型基坑的开挖、堤坝和路基的填筑等，不适于在砾石层、冻土地带和沼泽地区使用。坚硬土开挖时要用推土机助铲或用松土器配合。拖式铲运机的运距以不超过 800 m 为宜，当运距在 300 m 左右时效率最高；自行式铲运机的行驶速度快，可用于稍长距离的挖运，其经济运距为 800~1500 m，但不宜超过 3500 m。

（一）铲运机的开行路线

铲运机的基本作业是铲土、运土、卸土三个工作行程和一个空载回驶行程。在施工中，由于挖填区的分布情况不同，为了提高生产率，应根据不同的施工条件（工程大小、运距长短、土的性质和地形条件等），选择合理的开行路线和施工方法。由于挖填区的分布不同，应根据具体情况选择开行路线，铲运机的开行路线种类如下：

1. 环形路线

地形起伏不大、施工地段较短时，多采用环形路线。小环形路线是一种既简单又常用的路线。从挖方到填方按环形路线回转，每循环一次完成一次铲土和卸土，挖填交替。当挖填之间的距离较短时，可采用大环形路线，一个循环可完成多次铲土和卸土，这样可减少铲运机的转弯次数，提高工作效率。作业时应按顺时针、逆时针方向交换行驶，以避免机械行驶部分单侧磨损。

2. “8”字形路线

施工地段较长或地形起伏较大时，多采用“8”字形路线。采用这种开行路线，铲运机在上、下坡时是斜向行驶，受地形坡度限制小；一个循环中两次转弯的方向不同，可避免机械行驶的单侧磨损；一个循环完成两次铲土和卸土，减少了转弯次数及空车行驶距离，从而缩短了运行时间，提高了施工效率。

（二）铲运机的作业方法

1. 下坡铲土法

铲运机利用地形进行下坡铲土，借助铲运机的重力，加深铲斗切土深度。采用这种方法可缩短铲土时间，但纵坡坡度不得超过 25°，横坡坡度不得大于 5%，而且铲运机不能在陡坡上急转弯，以免翻车。

2. 跨铲法

铲运机间隔铲土，预留土埂。这样，在间隔铲土时由于形成一个土槽可减少向外撒土量；铲土埂时，可使铲土阻力减小。一般土埂高不大于 300 mm，宽度不大于拖拉机两履带间的净距。

3. 推土机助铲法

地势平坦、土质较坚硬时，可用推土机在铲运机后面顶推，以加大铲刀的切土能力，缩短铲土时间，提高施工效率。推土机在助铲的空隙可兼做松土或平整工作，为铲运机创造作业条件。

4. 双联铲运法

当拖式铲运机的动力有富余时，可在拖拉机后面串联两个铲斗进行双联铲运。对于坚硬土层，可用双联单铲，即一个土斗铲满后，再铲另一土斗；对于松软土层，则可用双联双铲，即两个土斗同时铲土。

三、单斗挖土机

单斗挖土机是土方开挖的常用机械。单斗挖土机按行走装置可分为腹带式和轮胎式两类；按传动方式可分为索具式和液压式两种；按工作装置可分为正铲、反铲、拉铲和抓铲四种。使用单斗挖土机进行土方开挖作业时，一般需自卸汽车配合运土。

（一）正铲挖土机

正铲挖土机的挖掘能力强，施工效率高，适用于开挖停机面以上的一至三类土，它与运土汽车配合能完成整个挖运任务，可用于开挖大型干燥基坑以及土丘等。

正铲挖土机的挖土特点是“前进向上，强制切土”，根据开挖路线与运输汽车相对位置的不同，一般有以下两种开挖方式。

（1）回转角度最小（小于 90°），装车方便，循环时间短，施工效率高，对于开挖工作面较大、深度不大的边坡、基坑（槽）、沟渠和路堑等，它是最常用的开挖方法。

（2）正向开挖，后方卸土。正铲向前进方向挖土，汽车停在正铲的后面。此方法的开挖工作面较大，但铲臂卸土回转角度较大（约为 180°），且汽车要侧向行车，增加工作循环时间，使施工效率降低（若回转角度为 180°，效率约降低 23%；若回转角度为 130°，效率约降低 13%），其用于开挖工作面较小且较深的基坑（槽）、管沟和路堑等。

（二）反铲挖土机

反铲挖土机适用于开挖停机面以下的土方，一般反铲挖土机的最大挖土深度为4~6 m，经济合理的挖土深度为3~5 m。其挖土特点是“后退向下，强制切土”，挖土能力比正铲小，适用于开挖一至三类土，需要汽车配合运土。

反铲挖土机的开挖可以采用沟端开挖法和沟侧开挖法。

1. 沟端开挖法

反铲挖土机停于基坑或基槽的端部，后退挖土，向沟侧弃土或装车运走。其优点是挖土方便，挖掘深度和宽度较大。

2. 沟侧开挖法

反铲挖土机停于基坑或基槽的一侧，向侧面移动挖土，能将土体弃于沟边较远的地方，但挖土机的移动方向与挖土方向垂直，稳定性较差，且挖土的深度和宽度均较小，不易控制边坡坡度。因此，只在无法采用沟端开挖法或所挖的土体不需运走时采用此方法。

（三）拉铲挖土机

拉铲挖土机的土斗用钢丝绳悬挂在挖土机长臂上，挖土时土斗在自重作用下落到地面切入土中。其挖土特点是“后退向下，自重切土”。其挖土深度和挖土半径均较大，能开挖停机面以下的一至二类土，但不如反铲动作灵活准确。拉铲挖土机适用于开挖较深、较大的基坑（槽）、沟渠，挖取水中泥土以及填筑路基、修筑堤坝等。

履带式拉铲挖土机。履带式拉铲挖土机的挖斗容量有0.35m³、0.5m³、1m³、1.5m³、2m³等数种，其最大挖土深度为7.6（W3-30）~16.3 m（W1-200）。拉铲挖土机的开挖方式与反铲挖土机的开挖方式相似，可沟侧开挖，也可沟端开挖。

（四）抓铲挖土机

机械传动抓铲挖土机是在挖土机臂端用钢丝绳吊装一个抓斗。其挖土特点是“直上直下，自重切土”。其挖掘力较小，能开挖停机面以下的一至二类土，适用于开挖软土地基基坑，特别是其中窄而深的基坑、深槽、深井采用抓铲效果理想。抓铲也可用于疏通旧有渠道以及挖取水中淤泥等，或用于装卸碎石、矿渣等松散材料。抓铲还可采用液压传动操纵抓斗作业，其挖掘力和精度优于机械传动抓铲挖土机。

四、土方开挖机械的选择

土方开挖机械的选择主要是确定类型、型号、台数。挖土机械的类型根据土方开挖类型、工程量、地质条件及挖土机的适用范围确定；其型号根据开挖场地条件、周围环境及工期等确定；最后确定挖土机台数和配套汽车数量。

第二章 桩基础工程

建筑工程的发展离不开桩基设计。只有做好桩基设计，才能使建筑结构更加合理，建筑质量得到可靠保证。因此，无论是设计人员还是管理人员都应该重视桩基的设计，不断探索有效的优化设计方法，提高设计水平，充分发挥桩基在建筑工程中的重要作用。本章对建筑结构中的桩基进行了分析和探讨。

第一节 概 述

天然地基上的基础，根据埋置深度和施工方法的不同，可以分为浅基础和深基础两大类。一般埋置深度小于 5 m，用一般方法即可施工的基础称为浅基础；埋置深度大于 5 m，需要用特殊方法施工的基础称为深基础。如果天然浅土层较弱，可进行人工加固，形成人工地基。如果深部土层也软弱，或建（构）筑物的上部荷载较大，或对沉降有严格要求的高层建筑、地下建筑以及桥梁基础等，则需要采用深基础。

桩基础是设置于岩土中的桩和连接于桩顶端的承台组成的基础。其作用是将上部结构较大的荷载通过桩穿过软弱土层传递到较深的坚硬土层中，以解决浅基础承载能力不足和变形较大的地基问题，地下连续墙是在地面以下用于支撑建筑物、截水防渗或挡土支护而构筑的连续墙体。其开挖技术起源于欧洲，是根据钻井使用泥浆和水下浇筑混凝土的方法发展起来的，现已成为地下工程施工中有效的技术之一。

桩的种类很多，按承台位置的不同可分为高承台桩基础和低承台桩基础。高承台桩基础是由于结构设计上的需要，群桩承台底面有时设在地面或局部冲刷线上，这种桩基础在桥梁、港口等工程中常用；低承台桩基础是承台底面埋置于地面以下，建筑工程的桩基多属于这一类。

按荷载传递机理，桩可分为摩擦型桩和端承型桩。按承载性质的不同，摩擦型桩包括摩擦桩和端承摩擦桩，端承型桩包括端承桩和摩擦端承桩。摩擦桩桩顶竖向荷载由桩侧阻力承受，桩尖部分承受的荷载很小，可忽略不计，这种桩主要用于岩层埋置很深的地基，桩基的沉降较大，稳定时间也较长；端承摩擦桩桩顶荷载主要由桩侧摩擦阻力承受，如穿过软弱地层嵌入较坚实的硬黏土的桩。端承桩桩顶竖向荷载由桩端阻力承受，桩侧阻力小到可忽略不计，如通过软弱土层桩尖嵌入基岩的桩；摩擦端承桩桩顶荷载主要由桩端阻力承受的桩，如通过软弱土层桩尖嵌入基岩的桩，由于桩身细长，在外部荷载的作用下，桩身被压缩，使桩侧摩擦阻力得到部分发挥。

按桩身材料的不同，桩可分为混凝土桩和钢筋混凝土桩、钢桩、木桩、灰土桩和砂石桩等。其中混凝土桩和钢筋混凝土桩目前应用最广泛，具有制作方便、承载力高、耐腐蚀性能好与价格较低等优点。

按施工方法的不同，桩可分为非挤土桩（钻孔、挖孔灌注桩等）、部分挤土桩（冲孔灌注桩、预钻孔预制桩、H 型桩等）和挤土桩（打入和静压预制桩、沉管灌注桩等）。按桩的制作方法可分为预制桩和灌注桩。

第二节　预制桩施工

预制桩是先制作桩构件，然后运至桩位处，利用沉桩设备将其沉入土中而成的桩基础。预制桩主要有钢筋混凝土预制桩和钢管桩两类。由于桩是预先制作的，桩身质量易保证，施工机械化程度高，施工速度快，且可不受气候条件变化等影响。但预制桩受桩径和承载力的影响，造价较高，应根据环境和工程对象进行选择。

一、桩的预制

桩中钢筋应严格保证位置的正确，桩尖对准纵轴线。桩身主筋与桩断面大小及沉桩的方式有关，锤击沉桩的纵向钢筋配筋率不宜小于 0.8%，压入桩不宜小于 0.6%，桩的纵向钢筋直径不宜小于 14mm，纵向钢筋的数量一般为 4~8 根。钢筋骨架主筋连接宜采用对焊或者电弧焊，当钢筋直径大于 20 mm 时，宜采用机械接头，主筋接头在同一截面内的数量不得超过 50%，相邻两根主筋接头截面的距离应大于 35 倍的主筋直径，且不小于 500mm。桩顶 1m 范围内不应有接头。桩顶钢筋网的位置要准确，纵向钢筋顶部保护层不应过厚，钢筋网片的距离要准确，以防止锤击时桩头破碎，桩顶面和接头端面应平整。桩尖钢筋应对正钢筋纵轴线，并伸出桩尖外 50~100mm。预制桩主筋保护层厚度不应小于 45 mm。

混凝土的强度等级应不小于 C30，粗骨料用 5~40 mm 的碎石或卵石，混凝土应由桩顶向桩尖方向浇筑，浇筑过程不得中断，须一次浇筑成型，混凝土浇筑完毕应覆盖、洒水养护并不少于 7 d。

预制桩的制作方法有并列法、间隔法和重叠法等。重叠法制作预制桩时，上层桩或邻桩的浇筑，必须在下层桩或邻桩的混凝土达到设计强度的 30% 以上方可进行，桩的重叠层数不应超过 4 层。

预应力混凝土空心桩一般在工厂制作，包括管桩和空心方桩，外径一般为 300~1000 mm，混凝土强度等级不应低于 C40。桩尖形式有闭口形和敞口形，闭口形分为平底十字形和锥形。

钢管桩直径一般为 250~1200 mm，壁厚为 8~20 mm，分段长度一般为 12~15m。用于地下水有侵蚀性的地区或腐蚀性土层的钢管桩，应按设计要求做防腐处理。

二、桩的起吊、运输和堆放

当桩的混凝土强度达到设计强度的 70% 后方可起吊，达到 100% 方可运输。如要提前起吊，必须采用必要的措施并经验算合格后方可进行。桩在起吊和搬运过程中，要保证其平稳、安全，不得损坏。桩的吊点也应符合设计要求，如果设计未做规定，应按吊点间的跨中弯矩与吊点处的负弯矩相等的原则确定吊点位置，在吊索与桩间应加衬托，防止撞击和振动。

桩的运输应遵循随打随运的原则，避免二次搬运。短桩运输可以采用载重货车，现场较近的距离运输可采用起重机吊运，钢管桩运输过程中应防止桩体撞击而造成桩端、桩体损坏或弯曲。

桩的堆放场地应平整坚实，排水良好。桩应按规格、桩号分层叠置，支撑点应设置在吊点附近，并保持支撑点垫木在同一横断面上，各层垫木上下对齐，位于同一条垂直线上，支撑平稳，无晃动。桩的堆放位置应在桩机的起重钩工作半径范围内。对预应力混凝土空心桩，当场地条件允许，宜单层堆放，当叠层堆放时，外径为 500~600mm 的桩不宜超过 4 层，外径为 300~400 mm 的桩不宜超过 5 层。对钢管桩，直径 900 mm 的不宜大于 3 层，直径 600 mm 的不宜大于 4 层，直径 400 mm 的不宜大于 5 层，H 型钢桩不宜大于 6 层。

三、沉桩前准备工作

打桩前应对打桩场地进行平整压实，事先应清除桩基范围内的各种障碍物，包括地下和地上的各种阻碍施工的设施。铺设好临时施工道路，并做好排水设施。按设计图纸定出桩基轴线，并在不影响打桩工作的地方设置适当的水准点，以控制桩的标高；架好打桩机械，接通现场的水电管线；做好桩的质量检验工作。正式打桩前，应进行不少于 2 根数量的打桩试验，以检验设备和工艺是否符合设计要求。

由于沉桩对土体的挤密作用，使先打的桩因受水平推挤而造成偏移，或被垂直挤拔造成浮桩；而后打入的桩因土体挤密入土困难，并可能会引起桩周土体的隆起和挤压。为了保证施工顺利，沉桩时，应根据桩的规格、间距和堆放场地等合理确定沉桩顺序。当桩不太密集（桩的中心距大于或等于 4 倍桩的直径）时，可采取逐排打桩和自边缘向中央打桩的顺序。逐排打桩时，桩架单向移动，桩就位与起吊均很方便，故打桩的效率很高。但当桩较密集时，逐排打桩会使土体向一个方向挤压，导致土体挤压不均，后面的桩不容易打入，最终可能会使建成的建筑物发生不均匀沉降。自边缘向中央打桩，当桩较密集时，中间部分的土体压实紧密，桩难以打入，并且可能导致外侧桩因挤压而浮起。故这两种方法适用于桩不太密集的情况。

当桩较为密集时（桩中心距小于 4 倍桩的直径），一般情况下采用由中央向边缘打桩和分段打桩的顺序。按这两种打桩方式打桩时土体由中央向两侧或向四周挤压，避免了土体的过度集中密实。当一侧毗邻建筑物时，由毗邻建筑物处向另一方向施打。打桩时，根据基础设计标高，宜先深后浅；根据桩的规格，宜先大后小、先长后短。

在实际施工过程中，不仅要考虑打桩的顺序，还要考虑桩架的移动是否方便，一般有退沉桩和顶沉桩。如果自然地面标高接近桩顶设计标高，而持力层的标高不尽相同，预制桩不可能根据持力层标高的不同而设计各种尺寸和长度的桩，这样就会导致打桩完毕后，其桩顶高于地面。当桩顶高于桩架地面高度时，桩架就不能向前移动至下一个桩位继续打桩，只能是退后打桩，这就是退沉桩。所以，桩不能事先布置在场内，应该遵循随打随运的原则，保证场地内机械的正常运转。

四、桩的沉设

预制桩按沉桩设备和沉桩方法，可分为锤击沉桩、振动沉桩、静力压桩和射水沉桩等，钢管桩一般采用锤击沉桩。

（一）锤击沉桩

锤击沉桩是指利用桩锤下落对桩产生冲击能量克服土体对桩的阻力，将桩沉入土中的方法。

打桩设备主要包括桩锤、桩架和动力装置三部分。桩锤是对桩施加冲击，把桩打入土中的主要机具；桩架的作用是将桩提升就位，并在打桩过程中引导桩的方向，以保证桩锤能沿着所要求的方向冲击；动力装置包括驱动桩锤及卷扬机用的动力设备、滑轮组和卷扬机等。

1. 桩锤

桩锤主要有落锤、蒸汽锤、柴油锤和液压锤等，其中使用较多的是柴油锤。

落锤为一铸铁块，其质量一般为 1~2 t，用卷扬机提起桩锤，用脱钩装置或松开卷扬机刹车使其自由下落到桩顶上，利用锤重下降的冲击使桩沉入土中。落锤构造简单，使用方便，能调整落距，但锤击速度慢，贯入能力低，效率不高，且对桩的伤害大，一般在小型工程中才使用。

蒸汽锤是利用蒸汽动力进行锤击。当选用汽锤时，需要配备蒸汽锅炉和卷扬机。根据其工作情况又分为单动汽锤和双动汽锤。单动汽锤的冲击体在上升时消耗动力，下降时靠自重打桩。单动汽锤锤重 1~15t，这种锤冲击力大，结构简单，落距小，锤击频率为 40~70 次 /min，对设备和桩头的损伤较小。双动汽锤固定在桩头上不动，当气体从活塞上下交替进入和排出汽缸时，迫使活塞杆来回上升和压下，带动冲击部分进行打桩工作。锤重 1~6t，锤击频率为 100~200 次 /min，活塞冲程短，冲击力大，适用于打各种桩。

柴油锤是利用汽缸内的燃油爆炸时的能量推动桩锤向上运动，再自由下落，利用冲击力打桩，如此往返运动使桩沉入土中。根据冲击部分的不同，柴油锤可分为导杆式和筒式两种。柴油锤冲击部分重 1.3~8 t，锤击频率大多为 40~60 次 /min。柴油锤不需要外界能源，机架较轻、移动方便、打桩速度快，但施工噪声大、油滴飞溅、废气排出会造成环境污染，适用于比较空旷的地区打桩，不适于在过硬或过软的土层中打桩。

液压锤是由一个外壳封闭的冲击体所组成的，利用液压油来提升和降落冲击缸体。当缸体为内装有活塞和冲击头的中空圆柱体时，在活塞和冲击头之间，用高压氮气形成缓冲垫。当冲击缸体下落时，先是冲击头对桩施加压力，然后是通过可压缩的氮气对桩施加压力，如此可以延长施加压力的过程，每一次锤击都能使桩得到更大的贯入度。同时，形成缓冲垫的氮气，还可以使桩头受到缓冲和连续打击，从而防止了桩在高冲击力下的损坏。液压锤噪声小（距打桩点 30m 处 75dB，比柴油锤小 20dB），无污染，最适合在城市等环保要求高的地区打各类预制桩。

合理选用桩锤是保证桩基施工质量的重要条件，桩锤必须有足够的锤击能量，才能将桩达到设计要求的标高并满足贯入度的要求，因此，桩锤必须要有足够的质量。但质量过大，使桩受锤击时产生过大的锤击应力，易使桩头破碎，故应在采用“重锤低击”打桩的原则下，恰当地选择锤重。

锤重应根据工程地质条件、桩的类型与规格、桩的密集程度、锤击应力、单桩竖向承载力以及现有施工条件等因素综合考虑后进行选择。对钢管桩，在不使钢材屈服的前提下，尽量选用重锤。

2. 桩架

桩架的主要作用是支持桩身和落锤、固定桩的位置、在打桩的过程中引导桩的方向，并保证桩锤能沿着要求的方向冲击桩体。

桩架的形式有直式打桩架、履带式打桩架等。直式打桩架多用于蒸汽锤，也适用于柴油锤，其行走移动依靠附设在桩架底盘上的卷扬机，通过钢丝绳带动两根钢管滚筒在枕木上滚动，稳定性好，起吊能力大，可打较长桩，但占地面积大，架体笨重，装拆较麻烦。履带式打桩架是利用履带式起重机为底盘，增加导架和斜撑用于打桩，其机械化程度高，移动方便，可适应各种预制桩施工。

桩架的选用，首先，要满足锤型的需要。其次，选用的桩架还必须使用方便，安全可靠，移动灵活，便于装拆；锤击准确，保证桩身稳定，生产效率高，能适应各种垂直和倾斜角的需要。

（二）打桩工艺

桩的沉设工艺流程主要是：

场地平整→测量定桩位→桩机就位→桩起吊就位→打桩→接桩→打桩至设计要求→检查验收→转移桩位。

1. 吊桩就位

根据确定的打桩顺序，在打桩机就位后将桩运至桩架下，利用桩架上滑轮组，用卷扬机提升桩，注意桩尖准确对位，以保证打桩过程中桩不发生倾斜或移位。桩就位后，在桩顶安放弹性垫层，如草袋等，放下桩帽套入桩顶，在桩锤和桩帽之间应放上硬木、麻袋等弹性衬垫作为缓冲层，即可下降桩锤压住桩帽。将桩锤和桩帽吊起，然后吊装对准桩位中心，在桩的自重和锤重的压力下，缓缓放下插入土中，桩插入时的垂直度偏差不超过0.5%。插入土后即可固定桩帽和桩锤。桩帽、桩锤和桩身中心线应在同一条垂线上，确保桩能垂直下沉。待桩下沉达到稳定状态，并经全面检查和校正合格后，便可开始打桩。

2. 打桩

打桩有“轻锤高击”和“重锤低击”两种方式。这两种方式，如果做相同的功，实际得到的效果却不同。轻锤敲击所得的动量小，桩锤对桩头的冲击大，因而回弹也大，桩头易损坏，大部分能量消耗在桩锤的回弹上，桩难以入土。相反，重锤低击所得的动量大，桩锤对桩头的冲击小，因而回弹也小，桩头不易被打碎，大部分能量都用于克服桩身与土壤的摩阻力和桩尖的阻力，桩能很快地入土。此外，由于重锤低击的落距小，桩锤频率较高，对于较密实的土层，如砂土或黏土也能较容易地穿过（但不适用于含有砾石的杂填土），打桩效率也高。所以打桩宜采用“重锤低击”。实践经验表明：在一般情况下，若单动汽锤的落距不大于 0.6 m，落锤的落距不大于 1.0 m，以及柴油锤的落距不大于 1.5 m 时，能防止桩顶混凝土被击碎或开裂。

（三）打桩注意事项

（1）打桩属隐蔽工程，为确保工程质量、分析处理打桩过程中出现的质量事故以及为工程质量验收提供必要的依据，打桩时必须对每根桩的施打进行必要的数值测定，并做好详细记录。

（2）打桩时严禁偏打，因偏打会使桩头某一侧产生应力集中，造成压弯联合作用，易将桩打坏。为此，必须使桩锤、桩帽和桩身轴线重合，衬垫要平整均匀，构造合适。

（3）桩顶衬垫弹性应适宜，如果衬垫弹性合适会使桩顶受锤击的作用时间及锤击引起的应力波波长延长，而使锤击应力值降低，从而提高打桩效率并降低桩的损坏率。

（4）打桩入土的速度应均匀，连续施打，锤击间歇时间不要过长。否则由于土的固结作用，使继续打桩的阻力增大，不易打入土中。钢管桩或预应力混凝土管桩施打如有困难，可在管内取土助沉。

（5）打桩过程中，如桩锤突然有较大的回弹则表示桩尖可能遇到阻碍。此时须减小锤的落距，使桩极慢下沉，待穿过阻碍层后，再加大落距并正常施打。如降低落距后，仍存在这种回弹现象应停止锤击，分析原因后再行处理。打桩过程中如桩的下沉突然加大，则表示可能遇到软土层、洞穴，或桩尖、桩身已遭受破坏等。此时也应停止锤击，分析原因后再行处理。

若发现桩已打斜，应将桩拔出，探明原因，排除障碍，用砂石填孔后，重新插入施打。若拔桩有困难，应在原桩附近再补打。

打桩时，引起桩区及附近地区的土体隆起和水平位移的原因虽然不属于打桩本身的质量问题，但由于邻桩相互挤压导致桩位偏移，会影响整个工程质量。如在已有建筑群中施工，打桩还会引起临近已有地下管线、地面道路和建筑物的损坏。因此，应采取适当的措施，如挖防震沟、预钻孔取土打桩、采取合理打桩顺序、控制打桩速度等。

（6）若桩顶需打至桩架导杆底端以下或打入土中，均需送桩。送桩时，桩身与送桩的纵轴线应在同一垂直轴线上。

（四）打桩的质量要求与验收

打桩质量评定包括两个方面：一是能否满足设计规定的贯入度或标高的要求；二是桩打入后的偏差是否在施工规范允许的范围以内。

1. 贯入度或标高要求

当桩端位于一般土层时，应以控制桩端设计标高为主，以贯入度为辅；桩端达到坚硬、硬塑的黏性土碎石土、中密以上的粉土和砂土或风化岩等土层时，以贯入度控制为主，以桩端进入持力层的深度或桩尖标高为辅。若贯入度已达到设计要求而桩端标高未达到时，应继续锤击 3 阵，其每阵 10 击的平均贯入度不应大于设计规定的数值（一般在 30~50 mm）。

这里贯入度是指最后贯入度，即施工中最后 10 击内桩的平均入土深度。贯入度大小应通过合格的试桩或试打数根桩后确定，它是打桩质量标准的重要控制指标。最后贯入度的测量应在下列正常条件下进行：桩顶没有破坏；锤击没有偏心；锤的落距符合规定；桩帽与弹性垫层正常。

打桩时如发现地质条件与勘察报告的数据不符，桩端到达设计标高而贯入度指标与要求相差较大，或者贯入度指标已满足，而标高与设计要求相差较大时，说明地基的实际情况与设计有较大的差异，属于异常情况，应会同设计单位研究处理。

2. 平面位置和垂直度要求

桩打入后，在平面上与设计位置的偏差不得大于规定的允许偏差，斜桩倾斜度的偏差不得大于倾斜角正切值的 15%（倾斜角系桩的纵向中心线与铅垂线间夹角）。因此，必须使桩在提升就位时对准桩位，桩身垂直；桩在施打时，必须使桩身、桩帽和桩锤三者的中心线在同一垂直轴线上，以保证桩的垂直入土；短桩接长时，上下节桩的端面要平整，中心要对齐，如发现端面有间隙，应用铁片垫平焊牢，以防引起桩的位移和倾斜。

3. 打入桩桩基工程的验收

打入桩桩基工程的验收通常应按两种情况进行：当桩顶设计标高与施工场地标高相同时，应待打桩完毕后进行；当桩顶设计标高低于施工场地标高需送桩，在每一根桩的桩顶打至场地标高时，应进行中间验收，待全部桩打完，并开挖到设计标高后，再做全面验收。

桩基工程验收时应提交桩位测量放线图、工程地质勘察报告、材料试验记录。桩的制作与打入记录，桩位的竣工平面图桩的静载和动载试验报告及确定桩的贯入度的记录。

（五）振动沉桩

振动沉桩与锤击沉桩的原理基本相同，不同之处是用振动锤代替桩锤。振动桩机由桩架、振动锤、卷扬机和加压装置组成。

振动锤是一个箱体，内部的偏心振动块分左、右对称两组，其旋转速度相等、方向相反。所以工作时，两组偏心块离心力的水平分力相互抵消，但垂直分力则相互叠加形成垂直方向的振动力。由于桩与振动锤是刚性连接在一起的，故桩也在振动力和桩的自重共同作用下沿垂直方向下沉。

振动沉桩法主要适用于砂石、黄土、软土和粉质黏土，在含水砂层中的效果更为显著，但在沙砾层中采用此方法时，须配以水冲法。沉桩工作应连续进行，以防止间歇过久使桩难以下沉。

（六）静力压桩

静力压桩是通过静力压桩机的压桩机构，将预制钢筋混凝土桩压入地基岩土中的施工方法。采用静力压桩法施工的工程桩即静压桩。静力压桩广泛适用于混凝土预制桩、预应力混凝土管桩等在软弱土层的施工，具有施工无噪声、无振动，沉桩速度快等优点，同时在压桩过程中还可预估单桩承载力。静力压桩的施工工艺主要是：

测量定位→压桩机就位→吊桩→静压沉桩→接桩→再静压沉桩→送桩→终止压桩→检查验收→转移桩位

1. 静力压桩设备

静力压桩采用液压式静力压桩机。该设备主要由夹持机构、底盘平台、行走机构、液压系统和电气系统等部分组成，其压桩能力最大可达到 1000t。

选择压桩机的参数应包括压桩机型号、桩机质量（不含配重）最大压桩力等，压桩机的外形尺寸及拖运尺寸，压桩机的最小边桩距及最大压桩力，长、短船型履靴的接地压强，夹持机构的形式液压油缸的数量、直径，率定后的压力表读数与压桩力的对应关系，吊桩机构的性能及吊桩能力。

压桩机的每件配重必须用量具核实并将其质量标记在该件配重的外露表面；液压式压桩机的最大压桩力应取压桩机的机架质量和配重之和乘以 0.9。当边桩空位不能满足中置式压桩机的施压条件时，宜利用压边桩机构或选用前置式液压压桩机进行压桩，但此时应估计最大压桩力，减少其造成的影响。

最大压桩力不得小于设计的单桩竖向极限承载力标准值，必要时可由现场试验确定。

2. 压桩施工

压桩顺序宜根据场地工程地质条件确定，当场地地层中局部含砂、碎石、卵石时，宜先对该区域进行压桩；当持力层埋深或桩的入土深度差别较大时，宜先施压长桩后施压短桩。

施工时，首先用起重机将预制桩吊运或用汽车运至桩机附近，再利用桩机自身设置的起重机将其吊入夹持器中，夹持油缸将桩从侧面夹紧，调正位置即可开动压桩油缸，先持桩压入土中 1m 左右后停止，矫正桩垂直度后，压桩油缸继续伸程动作，把桩压入土层中。伸程完后，夹持油缸回程松夹，压桩油缸回程。重复上述动作，可实现连续压桩操作，直至把桩压入预定深度土层中。

如桩顶标高低于地面，可用送桩管将桩送入土中，桩与送桩管的纵轴线应在同一条直线上，送桩管将桩送入土中，送桩结束拔出送桩管后，桩孔应及时回填或覆盖。

3. 压桩施工注意事项

（1）采用静压沉桩时，场地地基承载力不应小于压桩机接地压强的 1.2 倍，且场地应平整。

（2）压同一根桩时应连续进行，当压力表读数达到预先规定值便可停止压桩。压桩过程中应检查压力、桩垂直度、接桩间歇时间、桩的连接质量及压入深度。

（3）压桩用压力表必须标定合格方能使用，压桩时桩的入土深度和压力表数值是判断桩的质量和承载力的依据，也是指导压桩施工的一项重要参数，必须认真记录。

（4）当出现压力表读数显示情况与勘察报告中的土层性质明显不符时，桩难以穿越具有软弱下卧层的硬夹层，实际桩长与设计桩长相差较大、出现异常响声，压桩机械工作状态出现异常。桩身出现纵向裂缝和桩头混凝土出现剥落等异常，夹持机构打滑和压桩机下陷等情况时，应暂停压桩作业，并分析原因，采取相应措施。

（七）压桩施工质量要求与验收

静力压桩过程中，第一节桩下压时垂直度偏差不应大于 0.5%；宜将每根桩一次性连续压到底，且最后一节有效桩长不宜小于 5 m；抱压力不应大于桩身允许侧向压力的 1.1 倍。压桩过程中应测量桩身的垂直度，当桩身垂直度偏差大于 1% 时，应找出原因并设法纠正。

当桩尖进入较硬土层后，严禁用移动机架等方法强行纠偏。

施工前应对桩做外观及强度检验，接桩用的焊条或半成品硫黄胶泥应有产品合格证书，或送有关部门检验。压桩过程中应检查压力、桩垂直度、接桩间歇时间、桩的连接质量及压入深度。重要工程应对电焊接桩的接头做 10% 的探伤检查。对承受压力的结构应加强观测。施工结束后，应做桩的承载力及桩体质量检验。

（八）射水沉桩

射水沉桩是锤击沉桩的一种辅助方法。利用高压水流经过桩侧面或空心桩内部的射水管冲击桩尖附近土层，便于锤击。一般是边冲水边打桩，当沉桩至最后 1~2 m 时停止冲水，用锤击至规定标高。此方法适用于砂土和碎石土，有时对于特长的预制桩，单靠锤击有困难时，亦用此法辅助。

（九）接桩和截桩

预制桩的长度往往很长，因而需将长桩分节逐端沉入。接桩时其接口位置离地面 1 m 左右为宜，以方便操作。同时，在桩承台施工时，对露出地面并影响后续施工的桩应实施截桩处理。

1. 接桩

当混凝土预制桩较长、打桩架高度有限或有预制运输等不利因素时，需要将桩分段预制，在沉桩的过程中将桩接长。接桩可采用焊接法兰连接或硫黄胶泥连接等。焊接法接头有角钢绑焊接和桩顶、底钢板焊接，其接头的承载能力大能适用于各种土层。接桩时必须上下节桩对准并垂直无误后，才可进行焊接。焊接时要清理预埋铁件，使其保持清洁，上下节桩之间的间隙应用铁片填实焊牢。施焊时，采用对角对称焊接以减少节点不均匀和焊接变形，焊缝要连续饱满。

法兰盘连接主要是在两节桩分别预埋法兰盘，用螺栓连接。上下节桩之间宜用石棉或纸板衬垫，螺栓拧紧后应锤击数次，再一次拧紧，使上下节桩端部紧密结合，并将螺帽焊牢。这种方式接桩速度快，但耗钢量大，多用于混凝土管桩。

硫黄胶泥锚接接桩时，首先将上节桩对准下节桩，使锚接钢筋插入锚筋孔内（孔径为锚筋直径的 2.5 倍），下落上节桩身，使其紧密结合。然后将桩上提约 200 mm，安设好施工夹箍，将熔化的硫黄胶泥注满锚筋孔和接头平面，然后使上节桩下落。当硫黄胶泥冷却并拆除施工夹箍后，可继续加荷施压。硫黄胶泥锚接法，可以节约钢材，操作方便，接桩时间比焊接法的时间大为缩短，但不适合用于坚硬土层中。钢管桩的桩接头其连接用的衬环是斜面切开的。比钢管桩内径略小，搁置于挡块上，用专用工具安装，使之与下节钢管内壁紧贴。

2. 截桩

截桩前，应先测量桩顶标高，将桩头多余的部分凿去。截桩一般可以采用人工或机械设备等方法来完成。截桩时不得把混凝土打裂，并保证桩身主筋伸入承台内。其锚固长度必须符合设计规定。一般桩身主筋伸入混凝土承台内的长度为：受拉时不少于 25 倍主筋直径；受压时不少于 15 倍主筋直径。主筋上附着的混凝土块也要清除干净。

钢管桩的切制设备有等离子体切桩机、氧乙炔切桩机等。工作时可吊挂送入钢管桩内的任意深度，靠风动顶针装置固定在钢管桩内壁，刮嘴按预先调整好的间隙进行回转切割。为使钢管桩与承台共同工作，可在钢管桩上加焊一个桩盖，并在外壁加焊 8~12 根直径为 20mm 的锚固钢筋。

第三节　灌注桩施工

混凝土灌注桩（简称灌注桩）是直接在现场桩位上使用机械或人工方法就地成孔，然后在孔中灌注混凝土（或先在孔中吊放钢筋笼）而成的桩。根据成孔工艺的不同，可分为干作业成孔灌注桩、泥浆护壁成孔灌注桩、沉管灌注桩、人工挖孔灌注桩和爆扩成孔灌注桩等。

灌注桩能适应地层的变化，无须接桩，施工时无振动、无挤土且噪声小，宜用于建筑物密集地区。灌注桩与预制桩相比，具有施工简便、机械化程度高、节省材料、能降低造价等优点。但灌注桩也存在施工中易产生颈缩或断裂的现象、混凝土灌注后不能及时承受上部结构荷载、冬期施工困难较多、桩端处沉渣的检测和清除较困难等缺点。

灌注桩按成孔设备和成孔方法的不同，可分为挤土成孔和取土成孔两大类。其中挤土成孔又分为套管成孔和爆扩成孔，取土成孔又可分为钻孔成孔和挖土成孔。

灌注桩的施工过程主要有成孔和混凝土灌注两个阶段。其成孔前的准备工作与预制桩的准备工作基本相同，但在确定灌注桩成孔顺序时应注意以下两点：

（1）当成孔对土壤无挤密或冲击作用时，一般可按成孔设备行走最方便路线等现场条件确定成孔顺序。

（2）当成孔对土壤有挤密或冲击作用时，一般可结合现场施工条件，采用每隔 1~2 个桩位成孔；在邻桩混凝土初凝前或终凝后成孔；群桩基础中的中间桩先成孔而周围桩后成孔；同一桩基中不同深度的爆扩桩应以先爆扩浅孔、后爆扩深孔等方法确定成孔顺序。

一、钻孔灌注桩

钻孔灌注桩是指利用钻孔机械钻出桩孔的灌注桩。根据钻孔机械的钻头是否在土壤的含水层中施工又可分为泥浆护壁成孔和干作业成孔两种施工方法。这两种成孔方法的灌注桩均具有无振动、无挤土、噪声小、对周围建筑物的影响小等特点，适宜于在硬、半硬、硬塑和软塑的黏性土中施工。

（一）干作业成孔灌注桩

干作业成孔灌注桩是先利用钻孔机械（机动或人工）在桩位处进行钻孔，待钻孔深度达到设计要求时立即进行清孔，然后将钢筋笼吊入钻孔内再浇筑混凝土而成的桩。其适用于地下水位以上的干土层中桩基的成孔施工、干作业成孔灌注桩施工。

1. 成孔机械与成孔方法

干作业成孔灌注桩所用的成孔机械有螺旋钻机、钻孔扩机、机动或人工洛阳铲等。目前常用螺旋钻机成孔。螺旋钻机可分为长螺旋钻机（又称全叶螺旋钻机，即整个钻杆上都有叶片）和短螺旋钻机（只是临近钻头 2~3 m 范围内有叶片）两大类。全叶片螺旋钻机成孔直径一般为 300~800 mm，钻孔深度为 12~30 m。螺旋钻机适用于地下水位以上的黏性土、砂类土与含少量沙砾石、卵石的土。螺旋钻孔机是利用动力旋转钻杆，使钻头的螺旋叶片旋转向下切削土壤，削下的土便沿着整个钻杆上升涌出孔外。在软塑土层，含水量大时，可用疏螺纹叶片钻杆，以便较快地钻进。在可塑或硬塑黏土中，或含水量较小的砂土中应用密螺纹叶片钻杆，缓慢均匀地钻进。一节钻杆钻入后，应停机接上第二节，继续钻到要求深度。操作时要求钻杆首先放置要平稳、垫实并垂直（防止因钻杆晃动引起扩大孔径及增加孔底虚土），再对准桩孔中心点。钻孔过程中要随时清理孔口积土，如发现钻杆掘晃或难钻进时，可能是遇到石块等坚硬物，应立即停车检查，待查明原因后再做处理。钻进速度应根据电流值变化及时调整。在钻进过程中，应随时清理孔口积土，遇有塌孔、缩孔等异常情况，应及时研究解决。在操作过程中，要随时注意钻架上的刻度标尺，当钻杆钻至设计要求深度时，应先在原处空转清土，然后停止回转，钻杆提升出孔外。

短螺旋钻成孔方法与长螺旋钻不同之处是：短螺旋成孔，被切削的土块钻屑只能沿数量不多的螺旋叶片（一般只在临近钻头 2~3 m）的钻杆上升，积聚在短螺旋叶片上，形成土柱，然后靠提钻、反钻、甩土等将钻屑散落在孔周，一般每钻进 0.5~1.0m 即要提钻一次。

钻扩机是用于钻孔扩底灌注桩中的成孔机械，它的主要部分是由两根并列的开口套管组成的钻杆和钻头。每根套管内都装有输运土的螺旋叶片传动轴。钻头上装有钻孔刀和扩孔刀，用液压操纵，可使钻头并拢或张开（均能偏摆 30°）。

钻孔过程中，钻杆和钻头顺时针方向旋转钻进土中，切下的土由套管中的螺旋叶片送至地面。当钻孔达到设计深度时，操纵液压阀，使钻头徐徐撑开边旋转边扩孔，切下的土也由套管内叶片输送到地面，直至达到设计要求为止，扩大头直径可达 1200 mm。

2. 混凝土浇筑及质量要求

桩孔完成并清孔后先吊放钢筋笼，后浇筑混凝土。灌注混凝土前，应在孔口安放护孔漏斗，然后放置钢筋笼，并应先检查孔壁是否坍塌且再次测量孔内虚土厚度。如孔底虚土超过规范规定，可用匀钻清理孔底虚土，或用原钻机多次投钻。如孔底虚土是砂或砂卵石时，可灌入砂浆拌和，然后再浇筑混凝土。孔底虚土清理得好坏，不仅影响桩的端承力和虚土厚度范围内的侧摩阻力，还影响孔底向上相当一段桩的侧摩阻力，因此必须认真对待孔底虚土的处理。扩底桩灌注混凝土时，第一次应灌到扩底部位的顶面，随即振捣密实；浇筑桩顶以下 5 m 范围内混凝土时，应随浇筑随振捣，每次浇筑高度不得大于 1.5 m，从成孔至混凝土浇筑的时间间隔不得超过 24h，混凝土浇筑应适当超过桩顶设计标高，以保证在凿除浮浆层后桩顶标高和混凝土质量能符合设计要求。

（二）泥浆护壁成孔灌注桩

泥浆护壁成孔灌注桩适用于在地下水位以下的黏性土、粉土、砂土、填土、碎石土及风化岩层的桩基成孔施工。在钻孔过程中，为防止孔壁坍塌，孔中注入一定稠度的泥浆或注入清水直接制浆进行护壁成孔。

1. 成孔设备

成孔机械有回转钻机、潜水钻机、冲抓钻机、冲击钻机和旋挖钻机等，其中以回转钻机应用最多。

（1）回转钻机。回转钻机由于钻进力大、钻进深，工作较稳定。除了用于工程地质钻探、石油钻探等工程外；还作为钻孔灌注桩的施工机具，用于高层建筑和桥梁等桩基施工中。适用于地下水位较高的碎石类土、砂土、黏性土、粉土、强风化岩、软质与硬质岩层等多种地质条件。具有设备性能可靠、噪声和振动小、钻进效率高、钻孔质量好等特点。该机最大的钻孔直径可达 2500 mm，钻进深度可达 40~100 m，主机功率 22~95 kW。回转钻机是由机械动力装置带动钻机回转装置转动，再由其带动带有钻头的钻杆移动，由钻头切削土壤。根据泥浆循环方式的不同分为正循环回转钻机和反循环回转钻机。由空心钻杆内部通入泥浆或高压水，从钻杆底部喷出，携带钻下的土渣沿孔壁向上流动，由孔口将土渣带出流入泥浆池。泥浆或清水由钻杆与孔壁间的环状间隙流入钻孔，然后由吸泥泵等在钻杆内形成真空，使之携带钻下的土渣由钻杆内腔返回地面而流入泥浆池，反循环工艺的泥浆上流的速度较高，能携带较大的土渣。

（2）潜水钻机。潜水钻机全称为潜水式电动回转工程钻机，由防水电机、减速机构和电钻头等组成。电机和减速机构装设在具有绝缘和密封装置的电钻外壳内，且与钻头紧密连接在一起，因而能共同潜入水下作业。国产的潜水钻机钻孔直径为 450~3000 mm，最大钻孔深度可达 80 m，潜水电动机功率一般为 22~111 kW，适用于黏土、粉土、淤泥、淤泥质土、砂土、强风化岩、软质岩层，特别适用于地下水位较高的土层中成孔，也可用于地下水位较低的干土层成孔，但不宜用于碎石土、卵石地基。采用潜水钻机循环排渣钻孔在灌注桩工艺中已日趋成熟。其优点是以潜水电动机作为动力，工作时动力装置潜在孔底，耗用动力小、钻孔效率高、电动机防水性能好、运转时温升较低、过载能力强，可采用正、反两种循环方式排渣。

（3）冲抓钻机。冲抓钻机采用冲抓锥张开抓瓣冲入土石中，然后收紧锥瓣绳，抓瓣便将土抓入锥中，提升冲抓锥出井孔，开瓣卸土，钻孔时采用泥浆护壁，也有配用钢套管全长护壁的，又称贝诺特钻机。冲抓钻机适用于淤泥、腐殖土、密实黏性土、砂类土、沙砾石和卵石，孔径 1000~2000 mm。该种钻机不需钻杆，设备简单、施工方便、经济、适用范围广。

（4）冲击钻机。用冲击式装置或卷扬机提升钻锥，上下往复冲击，将土石劈裂、劈碎，部分挤入壁内，由于泥浆的悬浮作用，钻锥每次都能冲击到孔底土层。冲击一定时间后，清孔，然后继续钻进。当采用空心钻锥时，可利用钻锥收集钻渣，不需掏渣筒清渣。冲击钻机适用于所有土层，采用实心锥钻进时，在漂石、卵石和基岩中显得比其他钻进方法优越。其钻孔直径可达 2000 mm（实心锥）或 1500 mm（空心锥），钻孔深度一般为 50 m 以内。

（5）旋挖钻机。旋挖成孔灌注桩施工是利用钻杆和斗式钻头的旋转及重力使土屑进入钻斗提升斗式钻头出土成孔，人工配制的泥浆在孔内仅起护壁作用。成孔直径最大可达 2 m，深度可达 60 m，是从国外引进的新工艺。旋挖钻机由主机、钻杆和钻斗（钻头）组成。其钻头可分为锅底式（用于一般土层）、多刃切削式（用于卵石或密实沙砾层或障碍物）和锁定式（用于取出孤石、大卵石等）。该钻机适用于填土、黏土、粉土、淤泥、砂土及含有部分卵石、碎石的地层。一般需采用泥浆护壁，干作业时也可不用泥浆护壁。

2. 成孔工艺

（1）埋设护筒。钻机钻孔前，应做好场地平整，挖设排水沟，设泥浆池制备泥浆，做试桩成孔，设置桩基轴线定位点和水准点，放线定桩位及其复核等施工准备工作。

钻孔时，先安装桩架及水泵设备，桩位处挖土埋设孔口护筒，桩架就位后，钻机进行钻孔。地表土层较好，开钻后不塌孔的场地可以不设护筒。但在杂填土或松软土层中钻孔时，应设护筒，以起定位、保护孔口、存贮泥浆和使其高出地下水位的作用。护筒用 4~8 mm 厚的钢板制作，内径应比钻头直径大 100 mm，护筒顶部应开设 1~2 个溢浆口。护筒埋入土中深度在黏性土中不宜小于 1.0 m，在砂土中不宜小于 1.5m，护筒与坑壁之间应用黏土填实，不允许漏水；护筒中心与桩位中心的偏差应不大于 50mm。

（2）泥浆护壁钻孔。钻孔时应在孔中注入泥浆，并始终保持泥浆液面高于地下水位 1.0m。因孔内泥浆比水重，泥浆所产生的液柱压力可平衡地下水压力，并对孔壁有一定的侧压力，成为孔壁的一种液态支撑。同时，泥浆中胶质颗粒在泥浆压力下，渗入孔壁表层孔隙中，形成一层泥皮，从而可以防止塌孔，保护孔壁。泥浆除护壁作用外，还具有携渣、润滑钻头、降低钻头温度，减少钻进阻力等作用。

如在黏土、粉质黏土层中钻孔时，可在孔中注进清水，以原土造浆护壁、排渣。当穿越砂夹层时，为防止塌孔，宜投入适量黏土以加大泥浆稠度；如砂夹层较厚或在砂土中钻孔时，则应采用制备泥浆注入孔内。

泥浆主要是膨润土或黏土和水的混合物，并根据需要掺入少量其他物质。泥浆的黏度应控制适当：黏度大、携带土屑能力强，但会影响钻进速度；黏度小，则不利于护壁和排渣。泥浆的稠度也应合适，虽调度大，护壁作用亦大，但其流动性变差，且会给清孔和浇筑混凝土带来困难。一般注入的泥浆相对密度宜控制在 1.15~1.20，排出的泥浆相对密度宜为 1.2~1.4。此外，泥浆的含砂率宜控制在 6% 以内，因含砂率大会降低黏度，增加沉淀，使钻头升温，磨损泥浆泵。

钻孔进入速度应根据土层类别孔径大小、钻孔深度和供水量确定。对于淤泥和淤泥质土不宜大于 1 m/min，其他土层以钻机不超负荷为准，风化岩或其他硬土层以钻机不产生跳动为准。

（3）清孔。钻孔深度达到设计要求后，必须进行清孔。清孔的目的是清除钻渣和沉淀层，同时也为泥浆下浇筑混凝土创造良好条件，确保浇筑质量。以原土造浆的钻孔，可使钻机空转不进，同时射水，待排出泥浆的相对密度降到 1.1 左右，可认为清孔已合格。对注入泥浆的钻孔，可采用换浆法清孔，待换出泥浆的相对密度小于 1.15~1.25 时方可认为合格。

清孔结束时孔底泥浆沉淀物不可过厚，若孔底沉渣或淤泥过厚，则有可能在浇筑混凝土时被混入桩头混凝土中，而导致桩的沉降量增大，而承载力降低。因此，规范要求端承型桩的沉渣厚度不得大于 50mm，摩擦型桩的沉渣厚度不得大于 150mm，对抗拔和抗水平力桩的沉渣厚度不得大于 200 mm。

3. 混凝土浇筑

桩孔钻成并清孔完毕后，应立即吊放钢筋笼和浇筑水下混凝土，水下浇筑混凝土通常采用导管法。其施工工艺如下：

（1）吊放钢筋笼就位固定。当钢筋笼全长超过 12 m 时，钢筋笼宜分段制作，分段吊放，接头处用焊接连接并使主筋接头在同一截面中数量≤ 50%，相邻接头错开≥ 500 mm。为增加钢筋笼的纵向刚度和灌注桩的整体性，每隔 2m 焊一个 ф12 mm 的加强环箍筋，并要保证有 60~80mm 钢筋保护层的措施（如设置定位钢筋环或混凝土垫块）。吊放钢筋笼前要检查钢筋施工是否符合设计要求；吊放时要细心轻放，切不可强行下插，以免产生回击落土；吊放完毕并经检查符合设计标高后，将钢筋笼临时固定，以防移动。

（2）吊放导管、浇筑水下混凝土。

（3）混凝土浇筑完毕，拔除导管。当混凝土连续浇筑至设计标高后，拔除导管，桩基混凝土浇筑完毕。

水下浇筑的混凝土必须具有良好的和易性，坍落度一般采用 160~220 mm，细骨料尽量选用中粗砂（含砂率宜为 40%~45%），粗骨料粒径不宜大于 40 mm，并不宜大于钢筋最小净距的 1/3。钢筋笼放入桩孔后应尽快浇筑混凝土，水下浇筑混凝土应连续进行，不得中断，混凝土实际灌注量不得小于计算体积。

4. 施工中常见问题及处理方法

泥浆护壁成孔灌注桩施工中，常会遇到护筒冒水、钻孔倾斜、孔壁塌陷和颈缩等问题，其原因和处理方法简述如下：

（1）护筒冒水。施工中发生护筒外壁冒水，如不及时采取措施，将会引起护筒倾斜、位移、桩孔偏斜，甚至产生地基下沉。护筒冒水的原因是埋设护筒时周围填土不密实，或者起落钻头时碰动护筒。处理方法：若在成孔施工开始时就发现护筒冒水，可用黏土在护筒四周填实加固，若在护筒已严重下沉或位移时发现护筒冒水，则应返工重埋。

（2）孔壁缩颈。当在软土地区钻孔，尤其在地下水位高软硬土层交界处，极易发生颈缩。施工过程中，如遇钻杆上提或钢筋笼下放受阻现象时，就表明存在局部颈缩。孔壁颈缩的原因是由于泥浆相对密度不当，桩的间距过密，成桩的施工时间相隔太短，钻头磨损过大等。处理方法是采取将泥浆相对密度控制在 1.15 左右、施工时要跳开 1~2 个桩位钻孔、成桩的施工间隔时间要超过 72h、钻头要定时更换等措施。

（3）孔壁塌陷。在钻孔过程中，如发现孔内冒细密水泡，或护筒内的水位突然下降，这些都表明有孔壁塌陷的现象。塌孔会导致孔底沉淀增加、混凝土灌注量超方和影响邻桩施工。孔壁塌陷的原因是土质松散，泥浆护壁不良（泥浆过稀或质量指标失控）；泥浆吸出量过大，护筒内水位高度不够；钻杆刚度不足引起晃动而导致碰撞孔壁和吊放钢筋笼时碰撞孔壁等。处理方法：如在钻进中出现塌孔，首先应保持孔内水位，并可加大泥浆相对密度，减少泥浆泵排出量，以稳定孔壁；如塌孔严重，或泥浆突然漏失时，应停钻并在判明塌孔位置和分析原因后，立即回填砂和黏土混合物到塌孔位置以上 1~2m，待回填物沉积密实，孔壁稳定后再进行钻孔。

（4）钻孔倾斜。钻孔时由于钻杆不垂直或弯曲，土质松软不一，遇上孤石或旧基础等原因，都会引起钻孔倾斜。处理方法：如钻孔时发现钻杆有倾斜，应立即停钻，检查钻机是否稳定，或是否有地下障碍物，排除这些因素后，改用慢钻速，并提动钻头进行扫孔纠正，以便削去“台阶”；如用上述方法纠正无效，应回填砂和黏土混合物至偏斜处以上 1~2 m，待沉积密实后，重新进行钻孔施工。

二、人工挖孔灌注桩

人工挖孔灌注桩是以硬土层做持力层、以端承力为主的一种基础形式，其直径一般为 800~2500mm，桩深一般在 30m 以内，每根桩的承载力高达 6000~30000kN，如果桩底部再进行扩大，则称“大直径扩底灌注桩”。

（一）施工特点

1. 结构及施工特点

人工挖孔灌注桩即人工挖孔桩，是指桩孔采用人工挖掘方法进行成孔，然后安放钢筋笼，浇筑混凝土而成的桩。特点是单桩承载力高，受力性能好，既能承受垂直荷载，又能承受水平荷载，设备简单；无噪声，无振动，对施工现场周围原有建筑物的危害影响小；施工速度快，必要时可各桩同时施工；土层情况明确，可直接观察到地质变化的情况；桩底沉渣能清理干净；施工质量可靠，造价较低。但其缺点是人工耗量大，开挖效率低，安全操作条件差等。

2. 护壁设计

人工挖孔桩施工是综合灌注桩和沉井施工特点的一种施工方法，因而人工挖孔桩是两阶段施工和两次受力设计。第一阶段为了抵抗土的侧压力及保证孔内操作安全，把它作为一个受轴侧力的筒形结构进行护壁设计；第二阶段为桩孔内浇筑混凝土施工，为了传递上部结构荷载，将其作为一个受轴向力的圆形实心端承桩进行设计。

桩身截面是根据使用阶段仅承受上部垂直荷载而不承受弯矩进行计算的。桩孔护壁则是根据施工阶段受力状态进行计算的，一般可按地下最深护壁所承受的土侧压力及地下水侧压力以确定其厚度，但不考虑施工过程中地面不均匀堆土产生偏压力的影响，一般护壁的厚度不小于 100 mm，混凝土强度等级不低于桩身混凝土强度等级。

当采用现浇钢筋混凝土护壁时，护壁应配置不小于 ϕ8 mm 的构造钢筋，竖向钢筋应上下搭接或拉接。

（二）施工机具及工艺

1. 施工机具设备

人工挖孔桩施工机具设备可根据孔径、孔深和现场具体情况加以选用，常用施工机具的有以下几种：

（1）电动葫芦和提土桶。用于施工人员上下桩孔，材料和弃土的垂直运输。当孔洞小而浅（≤ 15m）时，可用独脚桅杆或井架等提升土石；当孔洞大而深时，可用塔吊或汽车吊提升钢筋及混凝土。

（2）潜水泵。用于抽出桩孔中的积水。

（3）鼓风机和输风管。用于向桩孔中输送新鲜空气。

（4）镐、锹和土筐。用于挖土的工具，如遇坚硬土或岩石，还需另备风镐。

（5）照明灯、对讲机及电铃。用于桩孔内照明和桩孔内外联络。

2. 施工工艺

人工挖孔桩施工时，为确保挖土成孔施工安全，必须预防孔壁坍塌和流砂现象的发生。施工前应根据地质勘察资料，拟订出合理的护壁措施和降排水方案。护壁方法很多，可以采用现浇混凝土护壁、喷射混凝土护壁、混凝土沉井护壁、砖砌体护壁、钢套管护壁、型钢—木板桩工具式护壁等。

现浇混凝土护壁时，人工挖孔桩的施工工艺流程如下：

（1）放线定桩位。根据设计图纸测量放线，定出桩位及桩径。

（2）开挖桩孔土方。桩孔土方采取往下分段开挖，每段挖深高度取决于土壁保持直立状态而不塌方的深度，一般取 0.9~1.2m 为一段。开挖面积为设计桩径加护壁的厚度。土壁必须修正修直，偏差控制在 20 mm 以内，每段土方底面必须挖平，以便支模板。

（3）支设护壁模板。模板高度取决于开挖土方施工段的高度，一般每步高为 0.9~1.2m，由 4 块或 8 块活动弧形钢模板组合而成，支成有锥度的内模（有 75~100 mm 放坡）。每步支模均用十字线吊中以保证桩位和截面尺寸准确。

（4）放置操作平台。内模支设后吊放用角钢和钢板制成的两半圆形合成的操作平台入桩孔内，置于内模顶部，以放置料具和浇筑混凝土。

（5）浇筑护壁混凝土。环形混凝土护壁厚150~300mm（第一段护壁应高出地面150~200 mm），因它具有护壁与防水的双重作用，故护壁混凝土浇筑时要注意捣实。上下段护壁间要错位搭接50 mm以上，以便连接上下段。

（6）拆除模板继续下段施工。当护壁混凝土强度达到1 N/mm²后，拆除模板，开挖下段的土方，再支模浇筑混凝土。如此重复循环直至挖到设计要求的标高。

（7）排出孔底积水。当桩孔挖到设计标高，检查孔底土质是否已达到设计要求，再在孔底挖成扩大头。待桩孔全部成型后，用潜水泵抽出孔底的积水。

（8）浇筑桩身混凝土。待孔底积水排除后，立即浇筑混凝土。当混凝土浇筑至钢筋笼的底面设计标高时，再吊入钢筋笼就位，并继续浇筑桩身混凝土形成桩基。

（三）质量要求及施工注意事项

人工挖孔桩承载力很高，一旦出现问题就很难补救，因此施工时必须注意以下几点：

1. 必须保证桩孔的挖掘质量

桩孔中心线的平面位置、桩的垂直度和桩孔直径偏差应符合规定。在挖孔过程中，每挖深1m，应及时校核桩孔直径垂直度和中心线偏差，使其符合设计对施工允许偏差的规定要求。一般挖至比较完整的持力层后，再用小型钻机向下钻一个深度不小于桩孔直径3倍的深孔，取样鉴别确认无软弱下卧层及洞隙后，才能终止挖掘。

2. 注意防止土壁坍落及流砂事故

在开挖过程中，如遇有特别松散的土层或流砂层时，为防止土壁坍落及流砂，可采用钢护套管或预制混凝土沉井等作为护壁。待穿过松软层或流砂层后再改按一般的施工方法继续开挖桩孔。流砂现象较严重时，应在成孔、桩身混凝土浇筑及混凝土终凝前，采用井点法降水。

3. 注意清孔及防止积水

孔底浮土、积水是桩基降低甚至丧失承载力的隐患，因此混凝土浇筑前，应清除干净孔底浮土、石碴。混凝土浇筑时要防止地下水的流入，保证浇筑层表面不存在积水层。如果地下水量大，而无法抽干时，可采用导管法进行水下浇筑混凝土。

4. 必须保证钢筋笼的保护层及混凝土的浇筑质量

钢筋笼吊入孔内后，应检查其与孔壁的间隙，保证钢筋笼有足够的保护层。桩身混凝土坍落度为100 mm左右。为避免浇筑时产生离析，混凝土可采用圆形漏斗帆布串筒下料，连续浇筑，分步振捣，不留施工缝，每步厚度不得超过1 m，以保证桩身混凝土的密实性。

5. 注意防止护壁倾斜

位于松散回填土中时，应注意防止护壁倾斜。当护壁倾斜无法纠正时，必须破碎并重新浇筑混凝土。

6. 必须制订切实可行的安全措施

工人在桩孔内作业，应严格按安全操作规程施工，并有切实可靠的安全措施：孔下有人时孔口必须有监护；护口四周应设置高度为 0.8 m 的护栏；挖出的泥土应及时远离孔口，不得堆放在孔口周边 1 m 范围内；孔内设安全软梯；孔下照明采用安全电压，潜水泵必须设有防漏电装置；应设鼓风机向井下输送洁净空气；孔内遇到岩层必须爆破时，应专门设计，并经检查无有害气体后方可继续作业。

三、沉管灌注桩

沉管滥注桩也称套管成孔灌注桩，是指用锤击或振动的方法，将带有预制混凝土桩尖或钢活船桩尖的钢套管沉入土中，待沉到规定的深度后，立即在管内浇筑混凝土或管内放入钢筋笼后再浇筑混凝土，随后拔出钢套管并利用拔管时的冲击或振动使混凝土捣实而形成桩。

沉管灌注桩具有施工设备较简单，桩长可随实际地质条件确定，经济效果好，尤其在有地下水、流砂、淤泥的情况下，可使施工大大简化等优点。但其有单桩承载能力低、在软土中易产生颈缩且施工过程中有挤土振动和噪声、对邻近建筑物和居民生活造成影响等缺点。

沉管灌注桩按沉管的方法不同，分为锤击沉管灌注桩和振动沉管灌注桩两种。

（一）锤击沉管灌注桩

锤击沉管灌注桩是采用落锤、蒸汽锤或柴油锤将钢套管沉入土中成孔，适用于一般黏性土淤泥质土、砂土、人工填土及中密碎石土地基的沉桩。

1. 施工方法

锤击沉管灌注桩的施工工艺：先就位桩架，在桩位处用桩架吊起钢套管，对准预先设在桩位处的预制钢筋混凝土桩尖（也称桩靴）。套管与桩尖接口处垫以稻草绳或麻绳垫圈，以防地下水渗入管内。套管上端再扣上桩帽。检查与校正套管的垂直度，使套管的偏斜满足不大于 0.5% 要求后，即可起锤打套管。

锤击套管开始时先用低锤轻击，经观察无偏移后，才进入正常施打，直至把套管打入到设计要求的贯入度或标高位置时停止锤击，并用吊锤检查管内有无泥浆和渗水情况。然后用吊斗将混凝土通过漏斗灌入钢套管内，待混凝土灌满套管后，即开始拔管。套管内混凝土要灌满，第一次拔管高度应控制在能容纳第二次所需灌入的混凝土量为限，一般应使套管内保持不少于 2 m 高度的混凝土，不宜拔管过高。拔管速度要均匀，一般应以 1m/min

为宜，能使套管内混凝土保持略高于地面即可。在拔管过程中应保持对套管连续低锤密击，使套管不断受震动而振实混凝土。采用倒打拔管的打击次数，对单动汽锤不得少于 50 次 /min，对自由落锤不得少于 40 次 /min，在管底未拔到桩顶设计标高之前，倒打或轻击都不得中断。如此边浇筑混凝土，边拔套管，一直到套管全部拔出地面为止。

为扩大桩径，提高承载力或补救缺陷，也可采用复打法，复打法的要求同振动沉管灌注桩，但以扩大一次为宜，当作为补救措施时，常采用半复打法或局部复打法。

2. 混凝土浇筑及质量要求

锤击沉管灌注桩桩身混凝土坍落度：配筋时宜为 80~100 mm，混凝土时宜为 60~80mm；碎石粒径不大于 40mm；预制钢筋混凝土桩尖应有足够的承载力，混凝土强度等级不得低于 C30；套管下端与预制钢筋混凝土桩尖接触处应垫置缓冲材料；桩尖中心应与套管中心重合。

桩身混凝土应连续浇筑，分层振捣密实，每层高度不宜超过 1~1.5 m；浇筑桩身混凝土时，同一配合比的试块每台班不得小于 1 组；单打法的混凝土从拌制到最后拔管结束，不得超过混凝土的初凝时间；复打法前后两次沉管的轴线应重合，且复打必须在第一次浇筑的混凝土初凝之前完成工作。

当桩的中心距在套管外径的 5 倍以内或小于 2 m 时，套管的施打必须在邻桩混凝土初凝时间内完成，或实行跳打施工。跳打时中间空出未打的桩，需待邻桩混凝土达到设计强度的 50% 后，方可施打。

在沉管过程中如果地下水或泥浆有可能进入套管内，应在套管内先灌入高 1.5 m 左右的封底混凝土方可开始沉管；沉管施工时，必须严格控制最后三阵 10 击的贯入度，其值可按设计要求或根据试验确定，同时应记录沉入每一根套管的总锤击次数及最后 1m 沉入的锤击次数。

（二）振动沉管灌注桩

1. 机械设备和施工工艺

振动沉管灌注桩是利用振动锤将钢套管沉入土中成孔，适用于一般黏性土、淤泥质土、淤泥、粉土、湿陷性黄土、松散至中密砂土以及人工填土等土层。振动沉管原理与振动沉桩原理完全相同。

振动沉管灌注桩施工方法是先桩架就位，在桩位处用桩架吊起钢套管并将钢套管下端的活瓣桩尖闭合起来，对准桩位后再缓慢地放下套管，使活瓣桩尖垂直压入土中，然后开动振动锤使套管逐渐下沉。当套管下沉达到设计要求的深度后，停止振动，立即利用吊斗向套管内灌满混凝土，并再次开动振动锤，边振动边拔管，同时在拔管过程中继续向套管内浇筑混凝土。如此反复进行，直至套管全部拔出地面后即形成混凝土桩身。

根据地基土层情况和设计要求不同，以及施工中处理所遇到问题时的需要，振动沉管灌注桩可采用单打法、复打法和反插法三种施工方法，现分述如下：

（1）单打法，即一次拔管成桩。当套管沉入土中至设计深度位置时，暂停振动并待混凝土灌满套管之后，再开动振动锤振动。先振动 5~10 s，再开始拔管，并边振动边拔管。每拔管 0.5~1.0m，停拔振动 5~10s，如此反复进行直至把桩管全部拔出地面即形成桩身混凝土。如采用活瓣桩尖时，拔管速度不宜大于 1.5 m/min。单打法施工速度快，混凝土用量少，桩截面可比桩管扩大 30%，但桩的承载力低，适用于含水量较少的土层。

（2）复打法。在同一桩孔内进行再次单打，或根据需要局部复打。全长复打桩的入土深度接近于原桩长，局部复打应超过断桩或颈缩区 1m 以上。全长复打时，第一次浇筑混凝土应达到自然地坪。复打施工必须在第一次浇筑的混凝土初凝之前完成，应随拔管随清除黏在管壁上或散落在地面上的泥土，同时前后两次沉管的轴线必须重合。复打后桩截面可比桩管扩大 80%。

（3）反插法。当套管沉入土中至设计要求深度时，暂停振动并待混凝土灌满套管之后，先振动再开始拔管。每次拔管高度为 0.5~1.0 m，再把桩管下沉 0.3~0.5 m（反插深度不宜超过活瓣桩尖长度的 2/3）。在拔管过程中应分段添加混凝土，保持套管内混凝土表面始终不低于地坪表面，或高于地下水位 1.0~1.5 m。并应控制拔管速度不得大于 0.5 m/min。如此反复进行，直至把套管全部拔出地面即形成混凝土桩身。反插法桩的截面可比桩管扩大 50%，提高桩的承载力，但混凝土耗用量较大，一般只适用于饱和土层。

2. 质量要求

振动沉管灌注桩桩身配筋时混凝土坍落度宜为 80~100 mm，素混凝土时宜为 60~80mm；活瓣桩尖应具有足够的承载力和刚度，活瓣之间的缝隙应严密。

在浇筑混凝土和拔管时应保证混凝土的质量，当测的混凝土确已流出套管后方能再继续拔管，并使套管内始终保持不少于 2 m 高度的混凝土，以便管内混凝土有足够的压力，防止混凝土在管内的阻塞。

为保证混凝土桩身免受破坏，若桩的中心距在 4 倍套管外径以内时，应进行跳打法施工，或者在邻桩混凝土初凝之前将该桩施工完毕。

（三）施工中常见问题和处理方法

沉管灌注桩施工过程中常会遇到发生断桩、瓶颈桩、吊脚桩和桩尖进水进泥等问题，现就其发生原因及处理方法简述如下：

1. 断桩

断桩一般都发生在地面以下软硬土层的交接处，并多数发生在黏性土中，砂土及松土中则很少出现。断裂的裂缝贯通整个截面，呈水平或略带倾斜状态。产生断桩的主要原因如下：桩距过小，打邻桩时受挤压隆起而产生水平推力和上拔力；软硬土层间传递水平变形大小不同，产生水平剪力；桩身混凝土终凝不久，其强度未达到要求时就受震动而产生破坏。处理方法是经检查发现有断桩后，应将断桩段拔去，略增大桩的截面面积或加箍筋后，再重新浇筑混凝土。

2. 瓶颈桩

瓶颈桩是指桩的某处直径缩小形似“瓶颈”，其截面面积不符合设计要求。

瓶颈桩多发生在黏性大、土质软弱、含水率高，特别是饱和的淤泥或淤泥质软土层中。产生瓶颈桩的主要原因：在含水率较高的软土层中沉管时，土受挤压便产生很高的孔隙水压力，待桩管拔出后，这种水压力便作用到新浇筑的混凝土桩身上。当某处孔原水压力大于新浇筑混凝土侧压力时，则该处就会发生不同程度的颈缩现象。此外，当拔管速度过快、管内混凝土量过小、混凝土出管性差时也会造成缩颈。处理方法是在施工中应经常检查混凝土的下落情况，如发现有颈缩现象，应及时复打。

3. 吊脚桩

吊脚桩是指桩的底部混凝土隔空或混进泥砂而形成松散层部分的桩。产生的主要原因如下：预制钢筋混凝土桩尖承载力或钢活瓣桩尖刚度不够，沉管时被破坏或变形因而水或泥砂进入套管；预制混凝土桩尖被打坏而挤入套管，拔管时桩尖未及时被混凝土挤出或钢活瓣桩尖未及时张开，待拔管至一定高度时才挤出或张开而形成吊脚桩。处理方法：如发现有吊脚桩，应将套管拔出，填砂后重打。

4. 桩尖进水进泥

桩尖进水进泥常在地下水位高或含水量大的淤泥和粉泥土土层中沉桩时出现。产生的主要原因如下：钢筋混凝土桩尖与套管接合处或钢活瓣桩尖闭合处不紧密；钢筋混凝土桩尖被打破或钢活瓣桩尖变形等。处理方法是将套管拔出，清除管内泥砂，修整桩尖钢活瓣变形缝隙，用黄砂回填桩孔后再重打；若地下水位较高，待沉管至地下水位时，先从套管内灌入 0.5m 厚度的水泥砂浆做封底，再灌 1m 高度混凝土增压，然后再继续下沉套管。

（四）爆扩灌注桩

爆扩灌注桩（简称爆扩桩）是由桩柱和扩大头两部分组成。爆扩灌注桩一般桩身直径 d 为 200~350 mm，扩大头直径 D 为（2.5~3.5）d；桩距 1 ≥ 1.5D，桩长 H=3~6m（最长不超过 10 m）；混凝土粗骨料粒径不宜大于 25mm；混凝土坍落度在引爆前为 100~140 mm，在引爆后为 80~120 mm。爆扩桩的一般施工工艺过程如下：用钻孔或爆破方法使桩身成孔，孔底放进有引出导线的雷管炸药包；孔内灌入适量用作压爆的混凝土；通电使雷管炸药引爆，孔底便形成圆球状空腔扩大头，瞬间孔中压爆的混凝土即落入孔底空腔内；桩孔内放入钢筋笼，浇筑桩身及扩大头混凝土面成爆扩桩。

爆扩桩的特点是用爆扩方法使土壤压缩形成扩大头，既增加了地基对桩端的支撑面，又提高了地基的承载力。这种桩具有成孔简便、节省劳力和成本低廉等优点。爆扩桩适应性广泛，除软土、砂土和新填土外，其他各种土层中均可使用，尤其适用于大孔隙的黄土地区施工。

爆扩桩成孔的方法，可根据土质情况确定，一般有人工成孔（洛阳铲或手摇钻、机钻成孔，套管成孔和爆扩成孔等多种。其中爆扩成孔的方法是先用洛阳铲或钢钎打出一个直孔，孔的直径当土质较好时为40~70 mm，当土质差且地下水又较高时约为100 mm；然后在直孔内吊入玻璃管装的炸药条，管内放置2个串联的雷管，经引爆并清除积土后即形成桩孔。

扩大头的爆扩宜采用硝铵炸药和电雷管进行，同一工程中宜采用同一种类的炸药和雷管。炸药用量应根据设计所要求的扩大头直径，由现场试验确定。药包制成近似球体，用能防水的塑料薄膜等材料紧密包扎，并用防水材料封闭，以免受潮后出现瞎炮。每个药包内放2个并联的雷管与引爆线路相连。药包制成后，先用绳子将其吊放至孔底，然后再灌150~200 mm厚的沙子。如桩孔内有积水时，应在药包上绑扎重物，使其沉入孔底。随着桩孔中灌入一定量的混凝土后即进行扩大头的引爆。

扩大头引爆前，灌入的压爆混凝土量要适当。量过少会引起压爆混凝土“飞扬”现象；量过多则又可能产生混凝土“拒落”事故。一般情况下压爆混凝土量应达2~3 m，或约为扩大头体积的一半。为保证施工质量，必须严格遵守如下引爆顺序：当相邻桩的扩大头在同一标高时，若桩距大于爆扩影响间距，可采用单爆方式，反之宜用联爆方式；当相邻桩的扩大头不在同一标高时，必须是先浅后深，否则会造成深桩柱的变形或开裂。扩大头引爆后，压爆混凝土落入空腔底部。应检查扩大头的尺寸，并将扩大头底部混凝土捣实，再吊入钢筋笼并浇筑桩身混凝土。混凝土应分层捣实，连续浇筑，不留施工缝。

爆扩桩的平面位置和垂直度的允许偏差与钻孔灌注桩相同，桩孔底面标高允许低于设计标高150mm，扩大头直径允许偏差为 ±50mm。

（五）灌注桩成孔的质量要求

灌注桩成孔的控制深度应符合下列要求：

1. 摩擦型桩

摩擦桩应以设计桩长控制成孔深度；端承摩擦桩必须保证设计桩长及桩端进入持力层深度。当采用锤击沉管法成孔时，桩管入土深度控制应以标高为主、贯入度控制为辅。

2. 端承型桩

当采用钻（冲）挖掘成孔时，必须保证桩端进入持力层的设计深度；当采用锤击沉管法成孔时，桩管入土深度控制以贯入度为主、控制标高为辅。水下浇筑混凝土的桩身混凝土强度等级不宜高于C40，灌注桩主筋混凝土保护层厚度不应小于50 mm。每浇筑50m^{3}必须有1组试件，小于50m^{3}的桩，每根桩必须有1组试件。

桩身质量应进行检验。桩基的抽检数量不应少于桩的总数的20%，且不应少于10根；对地下水位以上且终孔后经过核验的灌注桩检验数量不应少于总桩数的10%，且不得少于10根。每个柱子承台下不得少于1根。

第四节　地下连续墙施工

地下连续墙是指利用专门的成槽设备，挖出一条狭长的深槽，在泥浆护壁的条件下，在槽内放入钢筋笼，然后在其内浇筑混凝土形成的一道具有防渗、挡土承重功能的连续的地下墙体。地下连续墙具有如下特点：

1. 优点

墙体刚度大，能承载较大水平荷载和垂直荷载；防渗性能好，建造的地下连续墙几乎不透水；开挖基坑时，不需要放坡，土方量较小；施工过程中振动小、噪声低，适用于各种复杂条件施工；用途广泛，可以作为临时挡土防水设施，又可以作为地下建筑的外墙使用，增加地下使用空间，其主要用于建筑物的地下室、地下停车场、地铁、污水处理厂、市政隧道等工程。

2. 缺点

在复杂的地质条件下，施工难度大，易发生坍塌事故；施工过程中产生的泥浆、渣土对地基和地下水有较大影响，需要及时处理。

地下连续墙按墙的种类，可以分为槽段式、桩排式和桩槽组合式三种。槽段式地下连续墙采用专业设备，利用泥浆护壁在地下开挖深槽，水下浇筑混凝土，形成地下连续墙。桩排式地下连续墙实际上是桩孔灌注桩并排连接形成。桩槽组合式是槽段式和桩排式的组合。

一、施工工艺与方法

地下连续墙的施工工艺如下：

导墙施工→泥浆制备、成槽→下锁口管、清孔→钢筋笼吊放→导管法浇筑混凝土、拔锁口管→下一槽段。

（一）导墙的修筑

导墙是地下连续墙施工中必不可少的构筑物，是控制地下连续墙各项指标的标准，也是地下连续墙的地面标志，同时对地下连续墙起定线标高、维护土体、稳定防止坍塌等作用。

导墙有现浇钢筋混凝土、预制钢筋混凝土两种，现浇导墙一般采用 C20 混凝土，形状有“L”形或倒“L”形，可根据不同土质选用。导墙厚度一般为 150~200 mm，深度一般为 1~2 m，顶面高于地面 50~100 mm，以防止地表水流入导沟。内墙面应垂直，内外导墙的净距应为地下连续墙墙厚加 40mm。如果场地土质较好，外侧土壁可以作为现浇导墙的侧模；如果土质较差，则在导墙开挖的基坑两面竖立模板才能浇筑混凝土。混凝土强度达到 70% 以上可以拆模，拆模后应沿纵墙方向每隔 1m 左右设上下两道木支撑，直至槽段开挖拆除。严禁任何重型机械和运输设备通过、停留，以防导墙开裂或变形。

（二）泥浆护壁

槽段式地下连续墙施工时，泥浆可以维持槽壁稳定，防止槽壁塌方。泥浆具有一定的密度，在槽内对槽壁产生一定的静水压力，相当于一种液体支撑，泥浆水渗入地层形成一层弱透水的泥皮，有助于维护整个槽壁的稳定性。泥浆中的掺和物能调整泥浆性能，使其适应多种情况，提高工作效能。在地下连续墙的施工中，应对泥浆的密度、黏度、静切力、pH 值等指标按要求进行检查，以达到使用要求。

泥浆必须经过充分搅拌，常用的方法有螺旋桨式搅拌机搅拌、压缩空气搅拌、低速卧式搅拌机搅拌。泥浆搅拌后应该在储浆池内静置 24 h 以上，使膨润土或黏土充分水化后方可使用。泥浆液面一般应高出地下水位面 1 m 以上。

在施工过程中，钻挖的渣土和灌注混凝土会不同程度地混入泥浆中，使泥浆受到污染，而被污染的泥浆经过处理后仍可重复使用。一般采用重力沉降处理，利用泥浆和土渣的密度差，使土渣沉淀，沉淀后的泥浆进入储浆池，储浆池的体积一般为一个单元槽段挖掘量的 2 倍以上，沉淀池和储浆池设置的位置可以根据现场条件和工艺要求合理配置。

（三）槽段开挖

成槽是地下连续墙施工的主要工序，槽宽取决于设计墙厚，一般为 600 mm、800 mm 或 1000mm。根据地下连续墙所处的地质情况，当地层不够稳定时，为防止槽壁坍塌，应尽量减少槽壁长度。

目前国内外常用的成槽机械按其工作原理分为抓斗式、冲击式和回转式三大类。成槽前对钻机进行一次全面检查，各部件必须连接可靠，特别是钻头连接螺栓不得有松脱现象。

成槽施工在泥浆中进行，通常是分段进行，每一段称为地下连续墙的一个槽段或一个单元。槽段长度的选择由多方面因素综合决定，一般为 6~8 m。

成槽过程中要随时掌握槽孔的垂直度，应利用钻机的测斜装置经常观测偏斜情况，不断调整钻机，以达到施工要求。

施工时发生槽壁坍塌是严重的事故，当成槽过程中出现坍塌迹象时，如泥浆大量漏失、泥浆内有大量泡沫上冒或出现异常扰动、导墙附近出现裂缝或沉陷、排土量超过设计断面量等，应首先将成槽机提至地面，然后迅速查清槽壁出现坍塌迹象的原因，采取抢救措施。

（四）吊放钢筋笼与浇筑混凝土

成槽完成后，应立即清孔并安装锁口管。槽内沉渣厚度对永久结构一般不大于 100 mm，对临时结构一般不大于 200mm。地下连续墙是由许多墙段拼接而成，为保持墙段之间连续施工，接头采用锁口管工艺，即在灌注槽段混凝土前，在槽段的端部预插一根直径和槽宽相等的锁口钢管，待混凝土初凝后将钢管徐徐拔出使端部形成半凹样状接头；也有根据墙体结构受力需要设置刚性接头的，以使先后两个墙段连成整体。

钢筋笼按单元槽段分段制作，纵向钢筋接头宜采用焊接，纵向钢筋底端距槽底的距离应有 100~200 mm。当采用接头管时，水平钢筋的端部至混凝土的表面应留有 50~150mm 的间隙。钢筋笼的内径尺寸应比导管连接处的外径大 100mm 以上。钢筋笼制作允许偏差如下：主筋间距 ±10mm；箍筋间距 ±20mm；钢筋笼厚度和宽度 ±10 mm；钢筋笼总长度 ±100 mm。

钢筋笼起吊过程中，钢筋笼下端不得在地面拖引或碰撞其他物体，以防造成钢筋笼的弯曲变形。安放钢筋笼时，要使钢筋笼对准槽段中心，垂直而又准确地插入槽内，起吊过程应缓慢进行。如果钢筋笼不能顺利插入槽内，应该重新吊起，查明原因后，采取相应的措施加以解决，不得强行插入，否则会引起钢筋笼变形或使槽壁坍塌，产生大量的渣土。地下连续墙应使用预拌混凝土，坍落度一般为 180~220 mm。混凝土浇筑采用导管法进行，应连续浇筑，混凝土面上升速度一般不宜小于 2m/h。一个单元槽段内，多根导管同时浇筑时，各导管混凝土表面高度差不宜大于 0.3m，混凝土浇筑的高度应超浇 0.5 m，待混凝土达到一定强度时凿去上层浮浆层。每 50 m² 地下墙应做 1 组试件，每幅槽段不得少于 1 组。

混凝土浇筑 2h 以后，为防止接头管与混凝土黏结，将接头管旋转半圆周或提起 100mm，锁口管的拔出要根据混凝土的硬化速度，依次适当地起拔，不得影响混凝土的强度和等级，起拔过早会导致混凝土坍塌，起拔过晚会因黏结力过大而难以拔出。

二、质量检查与验收

为保证地下连续墙的施工质量，地下墙施工前宜先试成槽，以检验泥浆的配比、成槽机的选型，并可复核地质资料。地下墙槽段间的连接接头形式，应根据地下墙的使用要求选用，且应考虑施工单位的经验。无论选用何种接头，在浇筑混凝土前，接头处必须刷洗干净，不留任何泥砂或污物。已完工的导墙应检查其净空尺寸、墙面平整度与垂直度。检查泥浆用的仪器，泥浆循环系统应完好。永久性结构的地下墙，在钢筋笼沉放后，应做两次清孔，沉渣厚度应符合要求。

施工中应检查成槽的垂直度、槽底的淤积物厚度、泥浆相对密度、钢筋笼尺寸、浇筑导管位置，混凝土上升速度、浇筑面标高、地下墙连接面的清洗程度、混凝土的坍落度，锁口管的拔出时间及速度等。

成槽结束后应对成槽的宽度、深度及倾斜度进行检验，重要结构每段槽段都应检查，一般结构可抽查总槽段数的 20%，每槽段应抽查 1 个段面。

三、桩基础施工技术发展趋向

（一）桩的尺寸向长、大方向发展

基于高层、超高层建筑物及大型桥主塔基础等承载的需要，桩径越来越大，桩长越来越长。欧美及日本的钢管桩长度已达100m以上，桩径超过2500mm；上海金茂大厦钢管桩桩端进入地面下80m的砂层，桩径为914.4mm；温州地区静压式钢筋混凝土预制桩长度已达70m以上，桩断面600mm×600mm；郑州某工程反循环钻成孔灌注桩直径为1000~1100mm，桩长77.6m；厦门某大厦反循环钻成孔灌注桩深度达103m；南京长江二桥主塔墩基础反循环钻成孔灌注桩直径为3000mm，深度150m。

（二）桩的尺寸向短、小方向发展

基于老城区改造、老基础托换加固、建筑物纠偏加固、建筑物增层及补桩等需要，小桩及锚杆静压桩技术日趋成熟，应用广泛。小桩又称微型桩或IM桩，是法国一家公司开发的一种灌注技术。小桩实质上是直径压力注浆桩；桩径为70~250mm（国内多用250mm），长径比大于30（国内桩长多用8~12m，长径比通常为50左右），强配筋（配筋率大于1%）和压力注浆（注浆压力为1.0~2.5MPa）工艺施工。锚杆静压桩的断面为200mm×200mm~300mm×300mm；桩段长度取决于施工净空高度和机具情况，为1.0~3.0m，桩入土深度3~30m。

（三）向攻克桩成孔难点方向发展

以日本为例，成立由64家基础公司组成的岩层削孔技术协会，研究开发出20余种大直径岩层削孔工法，其中长螺旋钻进成孔法3种、回转钻进成孔法5种、冲击钻进成孔法7种及全套管回转掘削孔法9种。国内也有不少单位成功地研究开发出岩层钻进成孔法及大三石层（大卵砾石层、大抛石层和大孤石层）钻进成孔法。

（四）向低公害工法桩方向发展

筒式柴油锤冲击式钢筋混凝土预制桩虽然具有桩身质量较可靠、施工速度快及承载力高等优点，但由于其施工时噪声高、振动大和油污飞溅（三者统称为一次公害）等缺点，在城区的住宅群及公共建筑群等场地施工中受到很大限制，为此静压实钢筋混凝土预制桩施工技术在国内得到业主的青睐。静压桩在我国软土地区得到广泛应用，静压桩基础不仅适用于多层和一般高层建筑，还可用于20~35层高层建筑，压桩机的生产和使用跨进了一个新时代。湖南一家公司生产的系列静力压桩机是新型的环保型建筑基础施工设备，具有无污染、无噪声、无振动、压桩速度快、成桩质量高等显著特点，技术水平国际领先。有抱压式和顶压式两大系列、20多个品种，压桩力800~12000kN，采用静压法施工的桩长已达 70m 以上。实践表明，用步履式全液压静力压桩机施工开口预应力管桩（PC 桩）和预应力高强度管桩（PHC 桩）是桩机和桩型的优化组合，也是具有中国特色的施工工法。

国外已显现出用液压打桩锤取代筒式柴油锤的趋势。与筒式柴油锤相比，液压打桩锤具有桩锤短、噪声低、无油烟、省燃料、每一个工作循环中沉桩力持续时间长、打击力大、每一次冲击产生的桩贯入度较大等特点。

泥浆护壁法钻、冲孔灌注桩在地下水位高的软土地区虽然被较广泛地采用，但由于泥浆的使用造成施工现场不文明及泥浆排除称为二次公害的困难，成为施工者头痛之事。因此，钻斗钻成孔灌注桩（用旋挖钻机的钻斗钻头成孔而成的灌注桩），因其干取土作业加之所使用的稳定液可由专用的仓罐贮存，现场较为文明，在日本建筑业界此类桩型已成为泥浆护壁灌注桩的主力桩型，国内此类桩型的采用亦日趋增多。

贝诺特灌注桩施工法为全套管施工法。该法利用摇动装置的摇动（或回转装置的回转）使钢套管与土层间的摩阻力大大减少，边摇动（或边回转）边压入，同时利用冲抓斗挖掘取土，直至套管下到桩端持力层为止。挖掘完毕后立即进行挖掘深度的测定，并确认桩端持力层，然后清除虚土。成孔后将钢筋笼放入，接着将导管竖立在钻孔中心，后灌注混凝土成桩。贝诺特法实质上是冲抓斗跟管钻进法。

第三章　混凝土结构工程

随着当前社会发展中人们对混凝土应用的日益扩大，其在施工的过程中逐步形成了一套系统化的施工工艺和施工流程。混凝土在施工中，由于其承力能力高、延性好、抗震性能高的特点被广泛应用在各种建筑施工中，成为建筑工程施工中不可缺少的施工方式和施工材料。基于此本章对混凝土结构进行分析。

第一节　模板工程

模板工程的施工工艺包括模板的选材、选型、设计、制作、安装、拆除和周转等过程。模板工程是钢筋混凝土结构工程施工的重要组成部分，特别是在现浇钢筋混凝土结构工程施工中占有突出的地位，将直接影响到施工方法和施工机械的选择，对施工工期和工程造价也有一定的影响。

模板的材料宜选用钢材、胶合板、塑料等；模板支架的材料宜选用钢材等。当采用木材时，其树种可根据各地区实际情况选用，材质不宜低于Ⅱ等材。

一、模板的作用、要求和种类

模板系统包括模板、支架和紧固件三个部分。模板又称模型板，是新浇混凝土成型用的模型。

模板及其支架的要求：能保护工程结构和构件各部分形状尺寸及相互位置的正确；具有足够的承载能力、刚度和稳定性，能可靠地承受新浇混凝土的自重、侧压力及施工荷载；模板构造宜求简单、装拆方便，便于钢筋的绑扎、安装、混凝土浇筑及养护等要求；模板的接缝不应漏浆。

模板及其支架的分类：

按其所用的材料不同，分为木模板、钢模板、钢木模板、钢竹模板、胶合板模板、塑料模板、铝合金模板等。

按其结构的类型不同，分为基础模板、柱模板、楼板模板、墙模板、壳模板和烟囱模板等。

按其形式不同，分为整体式模板、定型模板、工具式模板、滑升模板、胎模等。

（一）木模板

木模板的特点是加工方便，能适应各种变化形状模板的需要，但周转率低、耗木材多。如节约木材，减少现场工作，木模板一般预先加工成拼板，然后在现场进行拼装。拼板由板条拼钉而成，板条厚度一般为 25~30 mm，其宽度不宜超过 700 mm（工具式模板不超过 150mm），拼条间距一般为 400~500mm，视混凝土的侧压力和板条厚度而定。

（二）基础模板

基础模板的特点是高度不大而体积较大，基础模板一般利用地基或基槽（坑）进行支撑。安装时，要保证上下模板不发生相对位移，如为杯形基础，则还要在其中放入杯口模板。阶梯形基础模板如为杯形基础，则还应设杯口芯模，当土质良好时，基础的最下一阶可不用模板，而进行原槽灌筑。模板应支撑牢固，要保证上下模板不产生位移。

（三）柱子模板

柱子的特点是断面尺寸不大但比较高。柱子模板由内拼板夹在两块外拼板之内组成，为利用短料，可利用短横板（门子板）代替外拼板钉在内拼板上。为承受混凝土的侧应力，拼板外沿设柱箍，其间距与混凝土侧压力、拼板厚度有关，为 500~700 mm。柱模底部有钉在底部混凝土上的木框，用以固定柱模的位置。柱模顶部有与梁模连接的缺口，背部有清理孔，沿高度每 2m 设浇筑孔，以便浇筑混凝土。对于独立柱模，其四周应加支撑，以免混凝土浇筑时产生倾斜。

安装过程及要求：梁模板安装时，沿梁模板下方地面上铺垫板，在柱模板缺口处钉衬口档，把底板搁置在衬口档上；接着，立起靠近柱或墙的顶撑，再将梁长度等分，立中间部分顶撑，顶撑底下打入木楔，并检查调整标高；然后，把侧模板放上，两头钉于衬口档上，在侧板底外侧铺钉夹木，再钉上斜撑和水平拉条。有主次梁模板时，要待主梁模板安装并校正后才能进行次梁模板的安装。梁模板安装后再拉中线检查、复核各梁模板中心线位置是否正确。

（四）梁、楼板模板

梁的特点是跨度大而宽度不大，梁底一般是架空的。楼板的特点是面积大而比较薄，侧向压力小。

梁模板由底模和侧模、夹木及支架系统组成。底模承受垂直荷载，一般较厚。底模用长条模板加拼条拼成，或用整块板条。底模下有支柱（顶撑）或桁架承托。为减少梁的变形，支柱的压缩变形或弹性挠度不超过结构跨度的 1/1000。支柱底部应支承在坚实的地面或楼面上，以防下沉。为便于调整高度，宜用伸缩式顶撑或在支柱底部垫以木楔。多层建筑施工中，安装上层楼的楼板时，其下层楼板应达到足够的强度，或设有足够的支柱。

梁跨度等于及大于 4m 时，底模应起拱，起拱高度一般为梁跨度的 1/1 000~3/1 000。

梁侧模板承受混凝土侧压力，为防止侧向变形，底部用夹紧条夹住，顶部可由支撑楼板模板的木搁栅顶住，或用斜撑支牢。

楼板模板多用定型模板，它支承在木搁栅上，搁栅支承在梁侧模板外的横档上。

（五）楼梯模板

楼梯模板的构造与楼板相似，不同点是楼梯模板要倾斜支设，且要能形成踏步。踏步模板分为底板及梯步两部分。平台、平台梁的模板同前。

（六）定型组合钢模板

定型组合钢模板是一种工具式定型模板，由钢模板和配件组成，配件包括连接件和支承件。

钢模板通过各种连接件和支承件可组合成多种尺寸、结构和几何形状的模板，以适应各种类型建筑物的梁、柱、板、墙、基础和设备等施工的需要，也可用其拼装成大模板、滑模、隧道模和台模等。

施工时可在现场直接组装，亦可预拼装成大块模板或构件模板用起重机吊运安装。

定型组合钢模板组装灵活，通用性强，拆装方便；每套钢模可重复使用 50~100 次；加工精度高，浇筑混凝土的质量好，成型后的混凝土尺寸准确、棱角整齐、表面光滑，可以节省装修用工。

1. 钢模板

钢模板包括平面模板、阴角模板、阳角模板和连接角模。

钢模板采用模数制设计，宽度模数以 50mm 晋级，长度为 150 mm 晋级，可以适应横竖拼装成以 50mm 晋级的任何尺寸的模板。

（1）平面模板

平面模板用于基础、墙体、梁、板、柱等各种结构的平面部位，它由面板和肋组成，肋上设有 U 形卡孔和插销孔，利用 U 形卡和 L 形插销等拼装成大块板，规格分类长度有 1500 mm、1200 mm、900 mm、750 mm、600 mm、450 mm 六种，宽度有 300 mm、250 mm、150 mm、100 mm 四种，高度为 55 mm，可互换组合拼装成以 50 mm 为模数的各种尺寸。

（2）阴角模板

阴角模板用于混凝土构件阴角，如内墙角、水池内角及梁板交接处阴角等，宽度阴角模有 150 mm × 150 mm、100 mm × 150 mm 两种。

（3）阳角模板

阳角模板主要用于混凝土构件阳角，宽度阳角模有 100 mm × 100 mm、50 mm × 50 mm 两种。

（4）连接角模

角模用于平模板做垂直连接构成阳角，宽度连接角模有 50 mm × 50mm 一种。

2. 连接件

定型组合钢模板的连接件包括 U 形卡、L 形插销、钩头螺栓、紧固螺栓、对拉螺栓和扣件等，可用 12cr3 圆钢自制。

（1）U 形卡：模板的主要连接件，用于相邻模板的拼装。

（2）L 形插销：用于插入两块模板纵向连接处的插销孔内，以增强模板纵向接头处的刚度。

（3）钩头螺栓：连接模板与支撑系统的连接件。

（4）紧固螺栓：用于内、外钢楞之间的连接件。

（5）对拉螺栓：对拉螺栓又称穿墙螺栓，用于连接墙壁两侧模板，保持墙壁厚度，承受混凝土侧压力及水平荷载，使模板不致变形。

（6）扣件：扣件用于钢楞之间或钢楞与模板之间的扣紧，按钢楞的不同形状，分别采用蝶形扣件和“3”形扣件。

3. 支承件

定型组合钢模板的支承件包括钢楞、柱箍、支架、斜撑及钢桁架等。

（1）钢楞

钢楞即模板的横档和竖档，分内钢楞与外钢楞。内钢楞配置方向一般应与钢模板垂直，直接承受钢模板传来的荷载，其间距一般为 700~900 mm。

钢楞一般用圆钢管、矩形钢管、槽钢或内卷边槽钢，而以钢管用得较多。

（2）柱箍

柱模板四角设角钢柱箍。角钢柱箍由两根互相焊成直角的角钢组成，用弯角螺栓及螺母拉紧。

（3）钢支架

常用钢管支架由内外两节钢管制成，其高低调节距模数为 100 mm；支架底部除垫板外，均用木楔调整标高，以利于拆卸。

另一种钢管支架本身装有调节螺杆，能调节一个孔距的高度，使用方便，但成本略高。当荷载较大、单根支架承载力不足时，可用组合钢支架或钢管井架，还可用扣件式钢管脚手架、门形脚手架做支架。

（4）斜撑

由组合钢模板拼成的整片墙模或柱模，在吊装就位后，应由斜撑调整和固定其垂直位置。

（5）钢桁架

其两端可支承在钢筋托具、墙、梁侧模板的横档及柱顶梁底横档上，以支承梁或板的模板。

（6）梁卡具

梁卡具又称梁托架，用于固定矩形梁、圈梁等模板的侧模板，可节约斜撑等材料，也可用于侧模板上口的卡固定位。

二、模板的安装与拆除

（一）模板的安装

模板及其支架在安装过程中，必须设置防倾覆的临时固定设施。对现浇多层房屋和构筑物，应采取分层分段支模的方法。对现浇结构模板安装的允许偏差应符合表 3-1 的规定；对预制构件模板安装的允许偏差应符合表 3-2 的规定。固定在模板上的预埋件和预留孔洞均不得遗漏，安装必须牢固、位置准确，其允许偏差应符合表 3-3 的规定。

表3-1　现浇结构模板安装的允许偏差（mm）

项目		允许偏差
轴线位置		5
底模上表面标高		±5
截面内部尺寸	基础	±10
	柱、墙、梁	+4 −5
构件高度	全高≤5m	6
	全高＞5m	8
相邻两板表面高低差		2
表面平整（2m长度上）		5

表3-2　预制构件模板安装的允许偏差（mm）

项目		允许偏差
长度	板、梁	±5
	薄腹梁、桁架	±10
	柱	0 −10
	墙板	0 −5
宽度	板、墙板	0 −5
	梁、薄腹梁、桁架、柱	+2 −5

续表

项目		允许偏差
高度	板	+2 −3
	墙板	0 −5
	梁、薄腹梁、桁架、柱	+2 −5
板的对角线差		7
拼板表面高低差		1
板的表面平整（2m长度上）		3
墙板的对角线差		5
侧向弯曲	梁、柱、板	L/1000且≤15
	墙板、薄腹板、桁架	L/l500且≤15

注：L为构件长度（mm）。

表3–3 预埋件和预留孔洞的允许偏差（mm）

项目		允许偏差
预埋钢板中心线位置		3
预埋管、预留孔中心线位置		3
预埋螺栓	中心线位置	2
	外露长度	+10 0
预留洞	中心线位置	10
	截面内部尺寸	+10 0

（二）模板的拆除

模板拆除取决于混凝土的强度、模板的用途、结构的性质、混凝土硬化时的温度及养护条件等。及时拆模可以提高模板的周转率；拆模过早会因混凝土的强度不足，在自重或外力作用下产生变形甚至裂缝，造成质量事故。因此，合理地拆除模板对提高施工的技术经济效果至关重要。

1. 拆模的要求

对于现浇混凝土结构工程施工时，模板和支架拆除应符合下列规定：

第一，侧模，在混凝土强度能保护其表面及棱角不因拆除模板而受损坏后，方可拆除。

第二，底模，混凝土强度符合表 3-4 的规定，方可拆除。

表3-4　现浇结构拆模时所需混凝土强度

结构类型	结构跨度/m	按设计的混凝土强度标准值的百分率计/%
板	≤2	50
	>2，≤8	75
	>8	100
梁、拱、壳	≤8	75
	>8	100
悬臂构件	≤2	75
	>2	100

注：“设计的混凝土强度标准值”是指与设计混凝土等级相应的混凝土立方抗压强度标准值。

对预制构件模板拆除时的混凝土强度，应符合设计要求；当设计无具体要求时，应符合下列规定：

第一，侧模，在混凝土强度能保证构件不变形、棱角完整时，才允许拆除侧模。

第二，芯模或预留孔洞的内模，在混凝土强度能保证构件和孔洞表面不发生坍陷和裂缝后，方可拆除。

第三，底模，当构件跨度不大于4m时，在混凝土强度符合设计的混凝土强度标准值的50%的要求后，方可拆除；当构件跨度大于4m时，在混凝土强度符合设计的混凝土强度标准值的75%的要求后，方可拆模。“设计的混凝土强度标准值”是指与设计混凝土等级相应的混凝土立方抗压强度标准值。

已拆除模板及其支架后的结构，只有当混凝土强度符合设计混凝土强度等级的要求时，才允许承受全部荷载；当施工荷载产生的效应比使用荷载的效应更为不利时，对结构必须经过核算，能保证其安全可靠性或经加设临时支撑加固处理后，才允许继续施工。拆除后的模板应进行清理、涂刷隔离剂，分类堆放，以便使用。

2. 拆模的顺序

一般是先支后拆，后支先拆，先拆除侧模板，后拆除底模板。对于肋形楼板的拆模顺序，首先拆除柱模板，然后拆除楼板底模板、梁侧模板，最后拆除梁底模板。

多层楼板模板支架的拆除，应按下列要求进行：

上层楼板正在浇筑混凝土时，下一层楼板的模板支架不得拆除，再下一层楼板模板的支架仅可拆除一部分。

跨度≥ 4m的梁均应保留支架，其间距不得大于3 m。

3. 拆模的注意事项

（1）模板拆除时，不应对楼层形成冲击荷载。

（2）拆除的模板和支架宜分散堆放并及时清运。

（3）拆模时，应尽量避免混凝土表面或模板受到损坏。

（4）拆下的模板，应及时加以清理、修理，按尺寸和种类分别堆放，以便下次使用。

（5）若定型组合钢模板背面油漆脱落，应补刷防锈漆。

（6）已拆除模板及支架的结构，应在混凝土达到设计的混凝土强度标准后，才允许承受全部使用荷载。

（7）当承受施工荷载产生的效应比使用荷载更为不利时，必须经过核算，并加设临时支撑。

4. 案例分析

[例1] 某钢筋混凝土现浇基础，拆模后发现：

（1）基础中轴线错位。

（2）基础平面尺寸，台阶形基宽和高的尺寸偏差过大。

（3）带形基础上口宽度不准，基础顶面的边线不直；下口陷入混凝土内，拆模板上段混凝土有缺损，侧面有蜂窝、麻面；底部支模不牢。

（4）杯形基础的杯口模板位移；芯模不易拆除。

产生这些现象的原因是什么？如何预防？

原因分析：

（1）测量放线错误，安装模板时，挂线或拉线不准，造成垂直度偏差大，或模板上口不在一条直线上。

（2）模板上口仅用铁丝拉紧，且松紧不一致，上口不钉不带或不加顶撑，浇混凝土时的侧压力使模板下口向外推移（上口内倾），造成上口宽度大小不一。

（3）模板未撑牢：基础上部浇筑的混凝土从模板下口挤出后，未及时清除，均可造成侧模下部陷入混凝土内。

（4）模板支撑直接撑在基坑土面上，土体松动变形，导致模板尺寸形状偏差。

（5）杯形基础上段模板支撑方法不当，杯芯模底部密闭，浇筑混凝土时，杯芯模上浮。

（6）模板两侧的混凝土不同时浇筑，造成模板侧压力差太大而发生偏移。

（7）浇筑混凝土时，操作脚手板搁置在基础上部模板上，造成模板下沉。

防治措施：

（1）在确认测量放线标记和数据正确无误后，方可以此为据，安装模板。模板安装中，要准确地挂线和拉线，以保证模板垂直度和上口垂直。

（2）模板及支撑应有足够的强度和刚度，支撑的支点应坚实可靠。

（3）上段模板应支撑在预先横插圆钢或预制混凝土垫块上，也可用临时木支撑将上部侧支撑牢靠，并保持杯高、杯口尺寸准确。

（4）发现混凝土用上段模板下翻上来时，应及时铲除、抹平，防止模板下口被卡住。

（5）模板支撑支承在土上时，下面应垫木板，以扩大支承面。模板长向接头处应加拼条，使板面平整、连接牢固。

（6）杯芯模板表面涂隔离剂，底部钻几个小孔，以利排气（水）。

（7）浇筑混凝土时，两侧或四周应均匀下料并振捣，脚手板不得搁在下模板上。

[例2] 某钢筋混凝土框架梁，长8m，浇筑后发现模板中部下垂，拆模后梁腹部弯曲。

试说明如何避免上述现象。钢筋混凝土梁、屋架之类的构件的模板在施工过程中受到多种荷载，如模板和支架的自重、新浇混凝土的自重、钢筋及埋件的自重、施工人员及施工设备的自重、振捣混凝土的振动荷载、倾倒混凝土的冲击力等。在这些荷载的作用下模板将产生变形，这就要求模板和支架（指模板的支撑系统）具有足够的刚度。钢筋混凝土梁或屋架皆属于结构表面外露构件，跨中模板及支架要求最大变形不大于其跨度的1/400。有些结构表面隐蔽的模板，跨中变形值不大于其跨度的1/250，为减少或避免模板变形值，一般将模板（底模）向上预先提起一段距离，称为“起拱”。

钢筋混凝土梁、屋架起拱的另一个原因是混凝土的“徐变”，即混凝土拆模之后，在其自重及其他外荷载的作用下，随着时间的推移，混凝土本身将产生压缩变形，混凝土的“徐变”使梁或屋架产生微弱下垂，为此对模板“起拱”以弥补将会产生的下垂量。

第二节　钢筋工程

一、钢筋的分类

钢筋混凝土结构所用的钢筋按生产工艺分为热轧钢筋、冷拉钢筋、冷拔钢筋、冷轧钢筋、热处理钢筋、碳素钢丝、刻痕钢丝和钢绞线等。按轧制外形分为光圆钢筋和变形钢筋(月牙形、螺旋形、“人”字形钢筋)；按钢筋直径大小分为钢丝（直径3~5mm）、细钢筋（直径6~10mm）、中粗钢筋（直径12~20 mm）和粗钢筋（直径大于20 mm）。

钢筋出厂，应附有出厂合格证明书或技术性能及试验报告证书。

钢筋运至现场在使用前，需要经过加工处理。钢筋的加工处理主要工序有冷拉、冷拔、除锈、调直、下料、剪切、绑扎及焊（连）接等。

二、钢筋的验收和存放

钢筋混凝土结构和预应力混凝土结构的钢筋应按下列规定选用：

普通钢筋即用于钢筋混凝土结构中的钢筋及预应力混凝土结构中的非预应力钢筋，宜采用HRB400和HRB335，也可采用HPB235和RRB400钢筋；预应力钢筋宜采用预应力钢绞线、钢丝，也可采用热处理钢筋。钢筋混凝土工程中所用的钢筋均应进行现场检查验收，合格后方能入库存放、待用。

1. 钢筋的验收

钢筋进场时，应按现行国家标准的规定抽取试件做力学性能检验，其质量必须符合有关标准的规定。

验收内容：查对标牌，检查外观，并按有关标准的规定抽取试样进行力学性能试验。

钢筋的外观检查包括钢筋应平直、无损伤，表面不得有裂纹、油污、颗粒状或片状锈蚀。钢筋表面凸块不允许超过螺纹的高度；钢筋的外形尺寸应符合有关规定。

做力学性能试验时，从每批中任意抽出两根钢筋，每根钢筋上取两个试样分别进行拉力试验（测定其屈服点、抗拉强度、伸长率）和冷弯试验。

2. 钢筋的存放

钢筋运至现场后，必须严格按批分等级、牌号、直径、长度等挂牌存放，并注明数量，不得混淆。

应堆放整齐，避免锈蚀和污染，堆放钢筋的下面要加垫木，离地一定距离，一般为20cm；有条件时，尽量堆入仓库或料棚内。

三、钢筋的冷拉和冷拔

1. 钢筋的冷拉

钢筋冷拉：在常温下对钢筋进行强力拉伸，以超过钢筋的屈服强度的拉应力，使钢筋产生塑性变形，达到调直钢筋、提高强度的目的。

（1）冷拉原理

冷拉后钢筋有内应力存在，内应力会促进钢筋内的晶体组织调整，使屈服强度进一步提高。该晶体组织调整过程称为“时效”。

（2）冷拉控制

钢筋冷拉控制可以用控制冷拉应力或冷拉率的方法。冷拉控制应力值如表 3-5 所示。冷拉后检查钢筋的冷拉率，如超过表中规定的数值，则应进行钢筋力学性能试验。用作预应力混凝土结构的预应力筋，宜采用冷拉应力来控制。

对同炉批钢筋，试件不宜少于 4 个，每个试件都按表 3-6 规定的冷拉应力值在万能试验机上测定相应的冷拉率，取平均值作为该炉批钢筋的实际冷拉率。

不同炉批的钢筋，不宜用控制冷拉率的方法进行钢筋冷拉。

表3–5　冷拉控制应力及最大冷拉率

项次	钢筋级别	钢筋直径/mm	冷拉控制应力（N/mm²）	最大冷拉率/%
1	HPB235	d≤12	280	10
2	HRB335	d≤25	450	5.5
3		d=28~40	430	
4	HRB400	d=8~40	500	5
5	RRB400	d=10~28	700	4

表3–6　测定冷拉率时钢筋的冷拉应力

项次	钢筋级别	钢筋直径/mm	冷拉应力（N/mm²）
1	HPB235	d≤12	310
2	HRB335	d≤25	480
3		d=28~40	460
4	HRB400	d=8~40	530
5	RRB400	d=10~28	730

（3）冷拉设备

冷拉设备由拉力设备、承力结构、测量设备和钢筋夹具等部分组成。

2. 钢筋的冷拔

钢筋冷拔是用强力将直径6~8mm的Ⅰ级光圆钢筋在常温下通过特制的钨合金拔丝模，多次拉拔成比原钢筋直径小的钢丝，使钢筋产生塑性变形。

钢筋经过冷拔后，横向压缩、纵向拉伸，钢筋内部晶格产生滑移，抗拉强度标准值可提高 50%~90%，但塑性降低、硬度提高。这种经冷拔加工的钢筋称为冷拔低碳钢丝。冷拔低碳钢丝分为甲、乙级，甲级钢丝主要用作预应力混凝土构件的预应力筋，乙级钢丝用于焊接网和焊接骨架、架立筋、箍筋和构造钢筋。冷拔低碳钢丝的力学性能不得小于表 3-7 中的规定。

表3–7　冷拔低碳钢丝的力学性能

钢丝级别	直径/mm	抗拉强度/（N/mm²）		伸长率	180° 反复弯曲（次数）
		Ⅰ级	Ⅱ级		
甲级	5	650	600	3.0	4
	4	700	650	2.5	
乙级	3~5	550		2.0	4

注：预应力冷拔低碳钢丝经机械调直后，抗拉强度标准值应降低50 N/mm²。

（1）冷拔工艺

钢筋冷拔工艺过程如下：轧头→剥壳→通过润滑剂→进入拔丝模。轧头在钢筋轧头机上进行，将钢筋端轧细，以便通过拔丝模孔。剥壳是通过 3~6 个上下排列的辊子，除去钢筋表面坚硬的氧化铁渣壳。润滑剂常用石灰、动植物油肥皂、白醋和水按比例制成。

（2）影响冷拔质量的因素

影响冷拔质量的主要因素为原材料质量和冷拔点总压缩率。

为保证冷拔钢丝的质量，甲级钢丝采用符合Ⅰ级热轧钢筋标准的圆盘条拔制。冷拔总压缩率（β）是指由盘条拔至成品钢丝的横截面缩减率，可按下式计算：

$$\beta = \frac{d_0^2 - d^2}{d_0^2} \times 100\%$$

式中：

β——总压缩率；

d_0——原盘条钢筋直径（mm）；

d——成品钢丝直径（mm）。

总压缩率越大，则抗拉强度提高越高，但塑性降低也越多，因此，必须控制总压缩率。

四、钢筋配料

钢筋配料就是根据配筋图计算构件各钢筋的下料长度、根数及质量，编制钢筋配料单，作为备料、加工和结算的依据。

（一）钢筋配料单的编制

（1）熟悉图纸。编制钢筋配料单之前必须熟悉图纸，把结构施工图中钢筋的品种、规格列成钢筋明细表，并读出钢筋设计尺寸。

（2）计算钢筋的下料长度。

（3）填写和编写钢筋配料单。根据钢筋下料长度，汇总编制钢筋配料单。在配料单中，要反映出工程名称，钢筋编号，钢筋简图和尺寸，钢筋直径、数量、下料长度、质量等。

（4）填写钢筋料牌。根据钢筋配料单，将每一编号的钢筋制作一块料牌，作为钢筋加工的依据。

（二）钢筋下料长度的计算原则及规定

1. 钢筋长度

钢筋下料长度与钢筋图中的尺寸是不同的。钢筋图中注明的尺寸是钢筋的外包尺寸，外包尺寸大于轴线长度，但钢筋经弯曲成型后，其轴线长度并无变化。因此钢筋应按轴线长度下料，否则，钢筋长度大于要求长度，将导致保护层不够，或钢筋尺寸大于模板净空，既影响施工，又造成浪费。在直线段，钢筋的外包尺寸与轴线长度并无差别；在弯曲处，钢筋外包尺寸与轴线长度间存在一个差值，称为量度差。故钢筋下料长度应为各段外包尺寸之和减去量度差，再加上端部弯钩尺寸（称末端弯钩增长值）。

2. 混凝土保护层厚度

混凝土保护层是指受力钢筋外缘至混凝土构件表面的距离，其作用是保护钢筋在混凝土结构中不受锈蚀。无设计要求时应符合表 3-8 规定。

表3-8　纵向受力钢筋的混凝土保护层最小厚度（mm）

环境类别	板、墙、壳			梁			柱		
≤C20	C25~C45	≥C50	≤C20	C25~C45	≥C50	≤C20	C25~C45	≥C50	
	20	15	15	30	25	25	30	30	30
		20	20		30	30		30	30
		25	20		35	30		35	30
		30	25		40	35		40	35

混凝土的保护层厚度，一般用水泥砂浆垫块或塑料卡垫在钢筋与模板之间来控制。塑

料卡的形状有塑料垫块和塑料环圈两种。塑料垫块用于水平构件，塑料环圈用于垂直构件。

综上所述，钢筋下料长度计算总结为：

直钢筋下料长度 = 直构件长度 − 保护层厚度 + 弯钩增加长度

弯起钢筋下料长度 = 直段长度 + 斜段长度 − 弯折量度差值 + 弯钩增加长度

箍筋下料长度 = 直段长度 + 弯钩增加长度 − 弯折量度差值或箍筋下料长度 = 箍筋周长 + 箍筋调整值

（三）钢筋下料计算注意事项

（1）在设计图纸中，钢筋配置的细节问题没有注明时，一般按构造要求处理。

（2）配料计算时，要考虑钢筋的形状和尺寸，在满足设计要求的前提下，要有利于加工。

（3）配料时，还要考虑施工需要的附加钢筋。

五、钢筋代换

（一）代换原则及方法

当施工中遇到钢筋品种或规格与设计要求不符时，可参照以下原则进行钢筋代换：

1. 等强度代换方法

当构件配筋受强度控制时，可按代换前后强度相等的原则代换，称作“等强度代换”。如设计图中所用的钢筋设计强度为 f_{y1}，钢筋总面积为 A_{s1}，代换后的钢筋设计强度为 f_{y2}，钢筋总面积为 A_{s2}，则应使 $A_{s1} \leqslant A_{s2}$，则 $n_2 \geqslant n_1 d_1{}^2/d_2{}^2$、$A_{s1} f_{y1} \leqslant A_{s2} f_{y2}$。

2. 等面积代换方法

当构件按最小配筋率配筋时，可按代换前后面积相等的原则进行代换，称“等面积代换”。代换时应满足下式要求：

$$n_2 \geqslant \frac{n_1 d_1^2 f_{y1}}{d_2^2 f_{y2}}$$

3. 裂缝宽度或挠度验算

当构件配筋受裂缝宽度或挠度控制时，代换后应进行裂缝宽度或挠度验算。

（二）代换注意事项

钢筋代换时，应办理设计变更文件，并应符合下列规定：

（1）重要受力构件（如吊车梁、薄腹梁、桁架下弦等）不宜用 HPB300 钢筋代换变形钢筋，以免裂缝开展过大。

（2）钢筋代换后，应满足混凝土结构设计规范中所规定的钢筋间距、锚固长度、最小钢筋直径、根数等配筋构造要求。

（3）梁的纵向受力钢筋应分别代换，以保证正截面与斜截面强度。

（4）有抗震要求的梁、柱和框架，不宜以强度等级较高的钢筋代换原设计中的钢筋；如必须代换时，其代换的钢筋检验所得的实际强度，应符合抗震钢筋的要求。

（5）预制构件的吊环，必须采用未经冷拉的HPB300钢筋制作，严禁以其他钢筋代换。

（6）当构件受裂缝宽度或挠度控制时，钢筋代换后应进行刚度、裂缝验算。

六、钢筋的绑扎与机械连接

钢筋的连接方式可分为两类：绑扎连接、焊接或机械连接。

纵向受力钢筋的连接方式应符合设计要求。

机械连接接头和焊接连接接头的类型及质量应符合国家现行标准的规定。

（一）钢筋绑扎连接

钢筋绑扎安装前，应先熟悉施工图纸，核对钢筋配料单和料牌，研究钢筋安装和与有关工种配合的顺序，准备绑扎用的铁丝、绑扎工具、绑扎架等。钢筋绑扎一般用18~22号铁丝，其中22号铁丝只用于绑扎直径12 mm以下的钢筋。

1. 钢筋绑扎要求

钢筋的交叉点应用铁丝扎牢。柱、梁的箍筋，除设计有特殊要求外，应与受力钢筋垂直；箍筋弯钩叠合处，应沿受力钢筋方向错开设置。柱中竖向钢筋搭接时，角部钢筋的弯钩平面与模板面的夹角，矩形柱应为45°，多边形柱应为模板内角的平分角。

板、次梁与主梁交叉处，板的钢筋在上，次梁的钢筋居中，主梁的钢筋在下；当有圈梁或垫梁时，主梁的钢筋应放在圈梁上。主筋两端的搁置长度应保持均匀一致。

2. 钢筋绑扎接头

同一构件中相邻纵向受力钢筋的绑扎搭接接头宜相互错开。

（二）钢筋机械连接

1. 套筒挤压连接

套筒挤压连接是把两根待接钢筋的端头先插入一个优质钢套管，然后用挤压机侧向加压数道，套筒塑性变形后即与带肋钢筋紧密咬合，达到连接的目的。

2. 锥螺纹连接

锥螺纹连接是用锥形螺纹套筒将两根钢筋端头对接在一起，利用螺纹的机械咬合力传递拉力或压力。所用的设备主要是套丝机，通常安放在现场对钢筋端头进行套丝。

3. 直螺纹连接

（1）等强直螺纹接头的制作工艺及其优点

等强直螺纹接头制作工艺分下列几个步骤：钢筋端部镦粗；切削直螺纹；用连接套筒对接钢筋。

直螺纹接头的优点：强度高；接头强度不受扭紧力矩影响；连接速度快；应用范围广；经济；便于管理。

（2）接头性能

为充分发挥钢筋母材强度，连接套筒的设计强度大于或等于钢筋抗拉强度标准值的 1.2 倍，直螺纹接头标准套筒的规格、尺寸见表 3-9。

表3–9　标准型套筒规格、尺寸

钢筋直径/mm	套筒外径/mm	套筒长度/mm	螺纹规格/mm
20	32	40	M24 × 2.5
22	34	44	M25 × 2.5
25	39	50	M29 × 3.0
28	43	56	M32 × 3.0
32	49	64	M36 × 3.0
36	55	72	M40 × 3.5
40	61	80	M45 × 3.5

（3）接头类型

根据不同应用场合，接头可分为表 3-10 所示的 6 种类型。

表3–10　直螺纹接头类型及使用场合

序号	形式	使用场合
1	标准型	正常情况下连接钢筋
2	加长型	用于转动钢筋困难的场合，通过转动套筒连接钢筋
3	扩口型	用于钢筋较难对中的场合
4	异径型	用于连接不同直径的钢筋
5	正反丝扣型	用于两端钢筋均不能转动而要求调节轴向长度的场合
6	加锁母型	用于钢筋完全不能转动，通过转动套筒连接钢筋，用锁母锁定套筒

4. 钢筋机械连接接头质量检查与验收

工程中应用钢筋机械连接时，应由该技术提供单位提交有效的检验报告。

钢筋连接工程开始前及施工过程中，应对每批进场钢筋进行接头工艺检验，工艺检验应符合设计图纸或规范要求。现场检验应进行外观质量检查和单向拉伸试验。接头的现场检验按验收批进行。对接头的每一验收批，必须在工程结构中随机截取 3 个试件做单向拉伸试验，按设计要求的接头性能等级进行检验与评定。在现场连续检验 10 个验收批。外观质量检验的质量要求、抽样数量、检验方法及合格标准由各类型接头的技术规程确定。

七、钢筋的焊接

钢筋常用的焊接方法有闪光对焊、电弧焊、电渣压力焊、埋弧压力焊和气压焊等。

钢筋焊接接头质量检查与验收应满足下列规定：

（1）钢筋焊接接头或焊接制品（焊接骨架、焊接网）应按规定进行质量检查与验收。

（2）钢筋焊接接头或焊接制品应分批进行质量检查与验收。质量检查应包括外观检查和力学性能试验。

（3）外观检查首先应由焊工对所焊接头或制品进行自检，然后再由质量检查人员进行检验。

（4）力学性能试验应在外观检查合格后随机抽取试件进行试验。

（5）钢筋焊接接头或焊接制品质量检验报告单中应包括下列内容：

①工程名称、取样部位；②批号、批量；③钢筋级别、规格；④力学性能试验结果；⑤施工单位。

（一）闪光对焊

根据钢筋级别、直径和所用焊机的功率，闪光对焊工艺可分为连续闪光焊、预热闪光焊、闪光 - 预热 - 闪光焊三种。

1. 连续闪光焊

连续闪光焊的工艺过程包括连续闪光和顶锻过程。施焊时，闭合电源使两钢筋端面轻微接触，此时端面接触点很快熔化并产生金属蒸气飞溅，形成闪光现象；接着徐徐移动钢筋，形成连续闪光过程，同时接头被加热；待接头烧平、闪去杂质和氧化膜、白热熔化时，立即施加轴向压力迅速进行顶锻，使两根钢筋焊牢。

连续闪光焊宜用于焊接直径 25 mm 以内的 HPB300、HRB335 和 HRB400 钢筋。

2. 预热闪光焊

预热闪光焊的工艺过程包括预热、连续闪光及顶锻过程，即在连续闪光焊前增加了一次预热过程，使钢筋预热后再连续闪光烧化进行加压顶锻。

预热闪光焊适宜焊接直径大于 25 mm 且端部较平坦的钢筋。

3. 闪光 - 预热 - 闪光焊

闪光 - 预热 - 闪光焊即在预热闪光焊前面增加了一次闪光过程，使不平整的钢筋端面烧化平整，预热均匀，最后进行加压顶锻。它适宜焊接直径大于 25 mm，且端部不平整的钢筋。

闪光对焊接头的质量检验，应分批进行外观检查和力学性能试验，并应按下列规定抽取试件：

（1）在同一台班内，由同一焊工完成的 300 个同级别、同直径钢筋焊接接头应作为一批。当同一台班内焊接的接头数量较少时，可在一周之内累计计算；累计仍不足 300 个接头，应按一批计算。

（2）外观检查的接头数量，应从每批中抽查 10%，且不得少于 10 个。

（3）力学性能试验时，应从每批接头中随机切取 6 个试件，其中 3 个做拉伸试验、3 个做弯曲试验。

（4）焊接等长的预应力钢筋（包括螺丝端杆与钢筋）时，可按生产时同等条件制作模拟试件。

（5）螺丝端杆接头可只做拉伸试验。

闪光对焊接头外观检查结果，应符合下列要求：

（1）接头处不得有横向裂纹。

（2）与电接触处的钢筋表面，HPB300、HRB335 和 HRB400 钢筋焊接时不得有明显烧伤，RRB400 钢筋焊接时不得有烧伤。

（3）接头处的弯折角不得大于 4%。

（4）接头处的轴线偏移，不得大于钢筋直径的 0.1 倍，且不得大于 2 mm。

闪光对焊接头拉伸试验结果应符合下列要求：

（1）3 个热轧钢筋接头试件的抗拉强度均不得小于该级别钢筋规定的抗拉强度；余热处理 HRB400 钢筋接头试件的抗拉强度均不得小于热轧 HRB400 钢筋规定的抗拉强度 570MPa。

（2）应至少有 2 个试件断于焊缝之外，并呈延性断裂。

（3）预应力钢筋与螺丝端杆闪光对焊接头拉伸试验结果，3 个试件应全部断于焊缝之外，呈延性断裂。

（4）模拟试件的试验结果不符合要求时，应从成品中再切取试件进行复验，其数量和要求应与初始试验时相同。

（5）做闪光对焊接头弯曲试验时，应将受压面的金属毛刺和镦粗变形部分消除，且与母材的外表齐平。

（二）电弧焊

电弧焊是利用弧焊机使焊条与焊件之间产生高温电弧，使焊条和电弧燃烧范围内的焊件熔化，待其凝固便形成焊缝或接头。

电弧焊广泛用于钢筋接头与钢筋骨架焊接、装配式结构接头焊接、钢筋与钢板焊接及各种钢结构焊接。

弧焊机有直流与交流之分，常用的是交流弧焊机。

焊条的种类很多，应根据钢材等级和焊接接头形式选择焊条，如结 420、结 500 等。

焊接电流和焊条直径应根据钢筋级别、直径、接头形式和焊接位置进行选择。

钢筋电弧焊的接头形式有三种：搭接接头、帮条接头及坡口接头。

搭接接头的长度、帮条的长度、焊缝的宽度和高度，均应符合规范的规定。

电弧焊接头外观检查时，应在清渣后逐个进行目测或量测。

钢筋电弧焊接头外观检查结果，应符合下列要求：

（1）焊缝表面应平整，不得有凹陷或焊瘤。

（2）焊接接头区域不得有裂纹。

（3）咬边深度、气孔、夹渣等缺陷允许值及接头尺寸的允许偏差，应符合相关规定。

（4）坡口焊、熔槽帮条焊和窄间隙焊接头的焊缝余高不得大于 3mm。

钢筋电弧焊接头拉伸试验结果应符合下列要求：

①热轧钢筋接头试件的抗拉强度均不得小于该级别钢筋规定的抗拉强度。

②接头试件均应断于焊缝之外，并应至少有 2 个试件呈延性断裂。

（三）电渣压力焊

电渣压力焊是利用电流通过渣池产生的电阻热将钢筋端部熔化，然后施加压力使钢筋焊合。

钢筋电渣压力焊分手工操作和自动控制两种。采用自动电渣压力焊时，主要设备是自动电渣焊机。

电渣压力焊的焊接参数为焊接电流、渣池电压和通电时间等，可根据钢筋直径选择。

电渣压力焊的接头应按规范规定的方法检查外观质量和进行试样拉伸试验。

电渣压力焊接头应逐个进行外观检查。

电渣压力焊接头外观检查结果应符合下列要求：

（1）四周焊包凸出钢筋表面的高度应大于或等于 4mm。

（2）钢筋与电极接触处，应无烧伤缺陷。

（3）接头处的弯折角不得大于 4%。

（4）接头处的轴线偏移不得大于钢筋直径的 0.1 倍，且不得大于 2mm。

电渣压力焊接头拉伸试验结果，3 个试件的抗拉强度均不得小于该级别钢筋规定的抗拉强度。

（四）埋弧压力焊

埋弧压力焊是利用焊剂层下的电弧，将两焊件相邻部位熔化，然后加压顶锻使两焊件焊合。具有焊后钢板变形小、抗拉强度高的特点。

（五）气压焊

钢筋气压焊是利用乙炔、氧气混合气体燃烧的高温火焰，加热钢筋接合端部，不待钢筋熔融在高温下加压接合。

气压焊的设备包括供气装置、加热器、加压器和压接器等。

气压焊操作工艺：

施焊前，钢筋端头用切割机切齐，压接面应与钢筋轴线垂直，如稍有偏斜，两钢筋间距不得大于 3mm。

钢筋切平后，端头周边用砂轮磨成小八字角，并将端头附近 50~100 mm 内钢筋表面上的铁锈、油渍和水泥清除干净。

施焊时，先将钢筋固定于压接器上，并加以适当的压力使钢筋接触，然后将火钳火口对准钢筋接缝处，加热钢筋端部至 1100℃ ~1300℃，表面发深红色时，当即加压油泵，对钢筋施以 40MPa 以上的压力。

第三节　混凝土工程

混凝土工程包括配料、搅拌、运输、浇筑、振捣和养护等工序。各施工工序对混凝土工程质量都有很大的影响。因此，要使混凝土工程施工能保证结构具有设计的外形和尺寸，确保混凝土结构的强度、刚度、密实性、整体性及满足设计和施工的特殊要求，必须严格保证混凝土工程每道工序的施工质量。

一、混凝土的原料

水泥进场时应对品种、级别、包装或散装仓号、出厂日期等进行检查。

当使用中对水泥质量有怀疑或水泥出厂超过 3 个月（快硬硅酸盐水泥超过 1 个月）时，应进行复验，并依据复验结果使用。

拌制混凝土宜采用饮用水；当采用其他水源时，水质应符合国家规定的相关标准。

混凝土原材料每盘称量的偏差应符合表 3-11 的规定。

表3–11　原材料每盘称量的允许偏差

材料名称	允许偏差
水泥、掺和料	± 2%
粗骨料、细骨料	± 3%
水、外加剂	± 2%

二、混凝土的施工配料

混凝土应按国家现行标准的有关规定，根据混凝土强度等级、耐久性和工作性等要求进行配合比设计。

施工配料时影响混凝土质量的因素主要有两个方面：一是称量不准；二是未按砂、石骨料实际含水率的变化进行施工配合比的换算。

混凝土的配合比是在实验室根据混凝土的施工配制强度经过试配和调整确定的，称为实验室配合比。

实验室配合比所用的砂、石都是不含水分的。而施工现场的砂、石一般都含有一定的水分，且砂、石含水率的大小随当地气候条件不断发生变化。因此，为保证混凝土配合比的质量，在施工中应适当扣除使用砂、石的含水量，经调整后的配合比，称为施工配合比。施工配合比可以经对实验室配合比做出如下调整得出。

设实验室配合比为水泥：砂：石子 =1 ：x ：y，水灰比为 W/C，并测得砂、石含水率分别为 W_x、W_y，则施工配合比应为：

$$\text{水泥：砂：石子} = 1 : x(1+W_x) : y(1+W_y)$$

按实验室配合比 1 m^3 混凝土水泥用量为 C（kN），计算时保持水灰比 W/C 不变，则 1 m^3 混凝土的各材料的用量（kN）为：

$$\text{水泥：} C'=C$$

$$\text{砂：} G'=C_x(1+W_x)$$

$$\text{石：} G'_{\text{石}}{}'=C_y(1+W_y)$$

$$\text{水：} W=W-C_xW_x-C_yW_y$$

混凝土配合比时，混凝土的最大水泥用量不宜大于 550 kg/m^3，且应保证混凝土的最大水灰比和最小水泥用量应符合表 3-12 的规定。

配制泵送混凝土的配合比时，骨料最大粒径与输送管内径之比，对碎石不宜大于 1 ：3，卵石不宜大于 1 ：2.5，通过 0.315 mm 筛孔的砂不应少于 15%；砂率宜控制在 40%~50%；最小水泥用量宜为 300 kg/m^3；混凝土的坍落度宜为 80~180 mm；混凝土内宜掺加适量的外加剂。泵送轻骨料混凝土的原材料选用及配合比，应由试验确定。

表3-12　混凝土的最大水灰比和最小水泥用量

混凝土所处的环境条件	最大水灰比	最小水泥用量/（kg/m^3）			
		普通混凝土		轻骨料混凝土	
		配筋	无筋	配筋	无筋
不受风雪影响的混凝土	不做规定	250	200	250	225
（1）受风雪影响的露天混凝土 （2）位于水中或水位升降范围内的混凝土 （3）在潮湿环境中的混凝土	0.70	250	225	275	250
（1）寒冷地区水位升降范围内的混凝土 （2）受水压作用的混凝土	0.65	275	250	300	275
严寒地区水位升降范围内的混凝土	0.60	300	275		300

①本表中的水灰比，对普通混凝土是指水与水泥（包括外掺混合材料）用量的比值；对轻骨料混凝土是指净用水量（不包括轻骨料的吸水量）与水泥（不包括外掺混合材料）

用量的比值。②本表中的最小水泥用量，对普通混凝土包括外掺混合材料，对轻骨料混凝土不包括外掺混合材料；当采用人工捣实混凝土时，水泥用量应增加 25 kg/m³；当掺用外加剂且能有效地改善混凝土的和易性时，水泥用量减少 25 kg/m³。③当混凝土强度等级低于 C10 时，可不受本表限制。④寒冷地区是指最冷月平均气温为 - 5℃ ~15℃；严寒地区是指最冷月份平均气温低于 - 15℃。

混凝土浇筑时的坍落度，宜按表 3-13 选用。坍落度测定方法应符合现行国家标准的规定。

表3-13　混凝土浇筑时的坍落度

结构种类	坍落度/mm
基础或地面垫层、无配筋的大体积结构（挡土墙、基础等）或配筋稀疏的结构	10~30
板、梁和大型及中型截面的柱等	30~50
配筋密列的结构（薄壁、斗仓、筒仓、细柱等）	50~70
配筋特密的结构	70~90

①本表是用机械振捣混凝土时的坍落度，当采用人工捣实混凝土时，其值可适当增大。②当需要配制大坍落度混凝土时，应掺用外加剂。③曲面或斜面结构混凝土的坍落度应根据实际需要另行选定。④轻骨料混凝土的坍落度，宜比表中数值减少 10~20 mm。

三、混凝土的搅拌

混凝土搅拌是将水、水泥和粗细骨料进行均匀拌和及混合的过程。同时，通过搅拌还要使材料达到强化、塑化的作用。混凝土可采用机械搅拌和人工搅拌。搅拌机械分为自落式搅拌机和强制式搅拌机。

（一）混凝土搅拌机

混凝土搅拌机按搅拌原理分为自落式和强制式两类。

自落式搅拌机多用于搅拌塑性混凝土和低流动性混凝土，根据其构造的不同又分为若干种。

强制式搅拌机多用于搅拌干硬性混凝土和轻骨料混凝土，也可以搅拌低流动性混凝土。

强制式搅拌机又分为立轴式和卧轴式两种。卧轴式有单轴、双轴之分，而立轴式又分为涡桨式和行星式。

（二）混凝土搅拌

1. 搅拌时间

混凝土的搅拌时间：从砂、石、水泥和水等全部材料投入搅拌筒起，到开始卸料为止所经历的时间。

搅拌时间与混凝土的搅拌质量密切相关，随搅拌机类型和混凝土的和易性不同而变化。

在一定范围内，随搅拌时间的延长，强度有所提高，但过长时间的搅拌既不经济，而且混凝土的和易性还将降低，影响混凝土的质量。加气混凝土还会因搅拌时间过长而使含气量下降。

混凝土搅拌的最短时间可按表 3-14 确定。

表3-14　混凝土搅拌的最短时间

混凝土坍落度/cm	搅拌机机型	最短时间/s		
		搅拌机容量＜250L	250~500L	＞500 L
≤3	自落式	90	120	150
	强制式	60	90	120
＞3	自落式	90	90	120
	强制式	60	60	90

2. 投料顺序

投料顺序应从提高搅拌质量，减少叶片、衬板的磨损，减少拌和物与搅拌筒的黏结，减少水泥飞扬，改善工作环境，提高混凝土强度及节约水泥等方面综合考虑确定。常用一次投料法和二次投料法。

（1）一次投料法是在上料斗中先装石子，再加水泥和砂，然后一次投入搅拌筒中进行搅拌。

自落式搅拌机要在搅拌筒内先加部分水，投料时砂压住水泥，使水泥不飞扬，而且水泥和砂先进搅拌筒形成水泥砂浆，可缩短水泥包裹石子的时间。强制式搅拌机出料口在下部，不能先加水，应在投入原材料的同时，缓慢均匀地加水。

（2）二次投料法，是先向搅拌机内投入水和水泥（和砂），待其搅拌 1 min 后再投入石子和砂继续搅拌到规定时间。这种投料方法，能改善混凝土性能，提高混凝土的强度，在保证规定的混凝土强度的前提下节约水泥。

目前常用的方法有两种：预拌水泥砂浆法和预拌水泥净浆法。

预拌水泥砂浆法是指先将水泥、砂和水加入搅拌筒内进行充分搅拌，成为均匀的水泥砂浆后，再加入石子搅拌成均匀的混凝土。预拌水泥净浆法是先将水泥和水充分搅拌成均匀的水泥净浆后，再加入砂和石子搅拌成混凝土。与一次投料法相比，二次投料法可使混凝土强度提高 10%~15%，节约水泥 15%~20%。

水泥裹砂石法混凝土搅拌工艺，用这种方法拌制的混凝土称为造壳混凝土（又称 SEC 混凝土）。它是分两次加水，两次搅拌。先将全部砂、石子和部分水倒入搅拌机拌和，使骨料湿润，称为造壳搅拌。搅拌时间以 45~75s 为宜，再倒入全部水泥搅拌 20s，加入拌和水和外加剂进行第二次搅拌，60s 左右完成，这种搅拌工艺称为水泥裹砂法。

3. 进料容量

进料容量是将搅拌前各种材料的体积累积起来的容量，又称干料容量。

进料容量与搅拌机搅拌筒的几何容量有一定比例关系。进料容量约为出料容量的 1.4~1.8 倍（通常取 1.5 倍），如任意超载（超载 10%），就会使材料在搅拌筒内无充分的空间进行拌和，影响混凝土的和易性。反之，装料过少，又不能充分发挥搅拌机的效能。

四、混凝土的运输

（一）混凝土运输的要求

运输中的全部时间不应超过混凝土的初凝时间。

运输中应保持匀质性，不应产生分层离析现象，不应漏浆；运至浇筑地点应具有规定的坍落度，并保证混凝土在初凝前能有充分的时间进行浇筑。

混凝土的运输道路要求平坦，应以最少的运转次数、最短的时间从搅拌地点运至浇筑地点。

从搅拌机中卸出后到浇筑完毕的延续时间不宜超过表 3-15 中的规定。

表3–15 混凝土从搅拌机中卸出后到浇筑完毕的延续时间

混凝土强度等级	延续时间/min	
	气温＜25℃	气温≥25℃
低于及等于C30	120	90
高于C30	90	60

注：①掺用外加剂成分，在采用快硬水泥拌制混凝土时，应按试验确定。②轻骨料混凝土的运输，浇筑延续时间应适当缩短。

（二）运输工具的选择

混凝土运输分地面水平运输、垂直运输和楼面水平运输等三种。

地面运输时，短距离多用双轮手推车、机动翻斗车，长距离宜用自卸汽车、混凝土搅拌运输车。

垂直运输可采用各种井架、龙门架和塔式起重机作为垂直运输工具。对于浇筑量大、浇筑速度比较稳定的大型设备基础和高层建筑，宜采用混凝土泵，也可采用自升式塔式起重机或爬升式塔式起重机运输。

（三）泵送混凝土

混凝土用混凝土泵运输，通常称为泵送混凝土。常用的混凝土泵有液压柱塞泵和挤压泵两种。

它是利用柱塞的往复运动将混凝土吸入和排出。

混凝土输送管有直管、弯管、锥形管和浇筑软管等，一般由合金钢、橡胶、塑料等材料制成，常用混凝土输送管的管径为 100~150 mm。

泵送混凝土对原材料的要求：

1. 粗骨料

碎石最大粒径与输送管内径之比不宜大于 1 ： 3；卵石不宜大于 1 ： 2.5。

2. 砂

以天然砂为宜，砂率宜控制在 40%~50%，通过 0.315 mm 筛孔的砂不少于 15%。

3. 水泥

最少水泥用量为 300 kg/m³，坍落度宜为 80~180 mm，混凝土内宜适量掺入外加剂。泵送轻骨料混凝土的原材料选用及配合比，应通过试验确定。

（四）泵送混凝土施工中应注意的问题

输送管的布置宜短直，尽量减少弯管数，转弯宜缓，管段接头要严密，少用锥形管。混凝土的供料应保证混凝土泵能连续工作；正确选择骨料级配，严格控制配合比。

泵送前，为减少泵送阻力，应先用适量与混凝土内成分相同的水泥浆或水泥砂浆润滑输送管内壁。泵送过程中，泵的受料斗内应充满混凝土，防止吸入空气形成阻塞。防止停歇时间过长，若停歇时间超过 45min，应立即用压力或其他方法冲洗管内残留的混凝土；泵送结束后，要及时清洗泵体和管道；用混凝土泵浇筑的建筑物，要加强养护，防止龟裂。

五、混凝土的浇筑与振捣

（一）混凝土浇筑前的准备工作

混凝土浇筑前，应对模板、钢筋、支架和预埋件进行检查。检查模板的位置、标高、尺寸、强度和刚度是否符合要求，接缝是否严密，预埋件位置和数量是否符合图纸要求。检查钢筋的规格、数量、位置、接头和保护层厚度是否正确；清理模板上的垃圾和钢筋上的油污，浇水湿润木模板；填写隐蔽工程记录。

（二）混凝土的浇筑

1. 混凝土浇筑的一般规定

混凝土浇筑前不应发生离析或初凝现象，如已发生，必须重新搅拌。混凝土运至现场后，其坍落度应满足表 3-16 的要求。

表3–16　混凝土浇筑时的坍落度

结构种类	坍落度/mm
基础或地面的垫层、无配筋的大体积结构（挡土墙、基础等）或配筋稀疏的结构	10~30
板、梁和大型及中型截面的柱子等	30~50
配筋密列的结构（薄壁、斗仓、筒仓、细柱等）	50~70
配筋特密的结构	70~90

混凝土自高处倾落时，其自由倾落高度不宜超过 2m；若混凝土自由下落高度超过 2m，应设串筒、斜槽、溜管或振动溜管等。

混凝土的浇筑工作，应尽可能连续进行。混凝土的浇筑应分段、分层连续进行，随浇随捣。混凝土浇筑层厚度应符合表 3-17 中的规定。

在竖向结构中浇筑混凝土时，不得发生离析现象。

表3-17　混凝土浇筑层厚度

项次	捣实混凝土的方法		浇筑层厚度/mm
1	插入式振捣		振捣器作用部分长度的1.25倍
2	表面振动		200
3	人工捣固	在基础、无筋混凝土或配筋稀疏的结构中	250
4		在梁、墙板、柱结构中	200
5		在配筋密列的结构中	150
6	轻骨料混凝土	插入式振捣器	300
7		表面振动（振动时必须加荷）	200

2. 施工缝的留设与处理

如果由于技术或施工组织上的原因，不能对混凝土结构一次连续浇筑完毕，而必须停歇较长的时间，其停歇时间已超过混凝土的初凝时间，致使混凝土已初凝；当继续浇混凝土时，形成了接缝，即为施工缝。

（1）施工缝的留设位置

施工缝设置的原则，一般宜留在结构受力（剪力）较小且便于施工的部位。柱子的施工缝宜留在基础与柱子交接处的水平面上，或梁的下面，或吊车梁牛腿的下面、吊车梁的上面、无梁楼盖柱帽的下面。

高度大于 1 m 的钢筋混凝土梁的水平施工缝，应留在楼板底面下 20~30 mm 处，当板下有梁托时，留在梁托下部；单向平板的施工缝，可留在平行于短边的任何位置；对于有主次梁的楼板结构，宜顺着次梁方向浇筑，施工缝应留在次梁跨度的中间 1/3 范围内。

（2）施工缝的处理

施工缝处继续浇筑混凝土时，应待混凝土的抗压强度不小于 1.2MPa 时方可进行。

施工缝浇筑混凝土之前，应除去施工缝表面的水泥薄膜、松动石子和软弱的混凝土层，并加以充分湿润和冲洗干净，不得有积水。

浇筑时，施工缝处宜先铺水泥浆（水泥：水 =1 ： 0.4），或与混凝土成分相同的水泥砂浆一层，厚度为 30~50 mm，以保证接缝的质量。浇筑过程中，施工缝应细致捣实，使其紧密结合。

3. 混凝土的浇筑方法

（1）多层钢筋混凝土框架结构的浇筑

浇筑框架结构首先要划分施工层和施工段，施工层一般按结构层划分，而每一施工层的施工段划分，要考虑工序数量、技术要求、结构特点等。混凝土的浇筑顺序：先浇捣柱子，在柱子浇捣完毕后，停歇 1~1.5h，使混凝土达到一定强度后，再浇捣梁和板。

（2）大体积钢筋混凝土结构的浇筑

大体积钢筋混凝土结构多为工业建筑中的设备基础及高层建筑中厚大的桩基承台或基础底板等。特点是混凝土浇筑面和浇筑量大，整体性要求高，不能留施工缝，以及浇筑后水泥的水化热量大且聚集在构件内部，形成较大的内外温差，易造成混凝土表面产生收缩裂缝等。为保证混凝土浇筑工作连续进行，不留施工缝，应在下一层混凝土初凝之前，将上一层混凝土浇筑完毕。要求混凝土按不小于下述的浇筑量进行浇筑：

$$Q=\frac{H}{T}$$

式中：

Q——代表混凝土最小浇筑量（m^3/h）；

F——代表混凝土浇筑区的面积（m^2）；

H——代表浇筑层厚度（m）；

T——代表下层混凝土从开始浇筑到初凝所容许的时间间隔（h）。

大体积钢筋混凝土结构的浇筑方案，一般分为全面分层、分段分层和斜面分层三种。

全面分层：在第一层浇筑完毕后，再回头浇筑第二层，如此逐层浇筑，直至完工。

分段分层：混凝土从底层开始浇筑，进行 2~3 m 后再回头浇第二层，同样依次浇筑各层。

斜面分层：要求斜坡坡度不大于 1/3，适用于结构长度超过厚度 3 倍的情况。

（三）混凝土的振捣

1. 混凝土振捣方式分为人工振捣和机械振捣两种。

（1）人工振捣

利用捣锤或插钎等工具的冲击力来使混凝土密实成型，其效率低、效果差。

（2）机械振捣

将振动器的振动力传给混凝土，使之发生强迫振动而密实成型，其效率高、质量好。

2. 混凝土振动机械按其工作方式分类

混凝土振动机械按其工作方式可以分为内部振动器、表面振动器、外部振动器和振动台等。这些振动机械的构造原理，主要是利用偏心轴或偏心块的高速旋转，使振动器因离心力的作用而振动。

（1）内部振动器

内部振动器又称插入式振动器，适用于振捣梁、柱、墙等构件和大体积混凝土。

插入式振动器操作要点：

插入式振动器的振捣方法有两种：一是垂直振捣，即振动棒与混凝土表面垂直；二是斜向振捣，即振动棒与混凝土表面呈 40°~45°。

振捣器的操作要做到快插慢拔，插点要均匀，逐点移动，顺序进行，不得遗漏，达到均匀振实。振动棒的移动，可采用行列式或交错式。

混凝土分层浇筑时，应将振动棒上下来回抽动 50~100mm；同时，还应将振动棒深入下层混凝土中 50mm 左右。

使用振动器时，每一振捣点的振捣时间一般为 20~30s。不允许将其支承在结构钢筋上或碰撞钢筋，不宜紧靠模板振捣。

（2）表面振动器

表面振动器又称平板振动器，是将电动机轴上装有左右两个偏心块的振动器固定在一块平板上而成。其振动作用可直接传递于混凝土面层上。这种振动器适用于振捣楼板、空心板、地面和薄壳等薄壁结构。

（3）外部振动器

外部振动器又称附着式振动器，它是直接安装在模板上进行振捣，利用偏心块旋转时产生的振动力通过模板传给混凝土，达到振实的目的。适用于振捣断面较小或钢筋较密的柱子、梁、板等构件。

（4）振动台

振动台一般用于振实干硬性混凝土和轻骨料混凝土。宜采用加压振动的方法，加压力为 1~3 kN/m²。

六、混凝土的养护

混凝土的凝结硬化是水泥水化作用的结果，而水泥水化作用必须在适当的温度和湿度条件下才能进行。混凝土的养护，就是使混凝土具有一定的温度和湿度，而逐渐硬化。混凝土养护分为自然养护和人工养护。自然养护就是在常温（平均气温不低于 5℃）下，用浇水或保水方法使混凝土在规定的时间内有适宜的温湿条件进行硬化。人工养护就是人工控制混凝土的温度和湿度，使混凝土强度增长，如蒸汽养护、热水养护、太阳能养护等，现浇结构多采用自然养护。

混凝土自然养护，是对已浇筑完毕的混凝土加以覆盖和浇水，并应符合下列规定：应在浇筑完毕后的 12 d 内对混凝土加以覆盖和浇水；混凝土浇水养护的时间，对采用硅酸盐水泥、普通硅酸盐水泥或矿渣硅酸盐水泥拌制的混凝土，不得少于 7d，对掺用缓凝型外加剂或有抗渗性要求的混凝土，不得少于 14d；浇水次数应能保持混凝土处于湿润状态；混凝土的养护用水应与拌制用水相同。

对不易浇水养护的高耸结构、大面积混凝土或缺水地区，可在已凝结的混凝土表面喷涂塑性溶液，等溶液挥发后，形成塑性膜，使混凝土与空气隔绝，阻止水分蒸发，以保证水化作用正常进行。

对地下建筑或基础，可在其表面涂刷沥青乳液，以防混凝土内水分蒸发。已浇筑的混凝土，强度达到 1.2 N/mm² 后，方允许人员在其上进行施工操作。

七、混凝土的质量检查与缺陷防治

混凝土质量检查包括施工过程中的质量检查和养护后的质量检查。

1. 混凝土在拌制和浇筑过程中的质量检查

混凝土在拌制和浇筑过程中应按下列规定进行检查：

第一，检查拌制混凝土所用原材料的品种、规格和用量，每一工作班至少两次。混凝土拌制时，原材料每盘称量的偏差，不得超过表 3-18 中允许偏差的规定。

表3–18　混凝土原材料称量的允许偏差（%）

材料名称	允许偏差
水泥、混合材料	±2
粗骨料、细骨料	±3
水、外加剂	±2

注：①各种衡器应定期校验保持准确。②骨料含水率应经常测定，雨天施工应增加测定次数。

第二，检查混凝土在浇筑地点的坍落度，每一工作班至少两次；当采用预拌混凝土时，应在商定的交货地点进行坍落度检查。实测坍落度与要求坍落度之间的允许偏差应符合表 3-19 的要求。

表3–19　混凝土坍落度与要求坍落度之间的允许偏差（mm）

要求坍落度	允许偏差/mm
＜50	±10
50~90	±20
＞90	±10

第三，在每一个工作班内，当混凝土配合比由于外界影响有变动时，应及时检查调整。

第四，混凝土的搅拌时间应随时检查，是否满足规定的最短搅拌时间要求。

2. 检查预拌混凝土厂家提供的技术资料

如果使用商品混凝土，应检查混凝土厂家提供的下列技术资料：

第一，水泥品种、标号及每立方米混凝土中的水泥用量。

第二，骨料的种类和最大粒径。

第三，外加剂、掺和料的品种及掺量。

第四，混凝土强度等级和坍落度。

第五，混凝土配合比和标准试件强度。

第六，对轻骨料混凝土还应提供其密度等级。

3. 混凝土质量的试验检查

检查混凝土质量应进行抗压强度试验。对有抗冻、抗渗要求的混凝土，还应进行抗冻性、抗渗性等试验。

用于检查结构构件混凝土质量的试件，应在混凝土的浇筑地点随机取样制作。试件的留置应符合下列规定。

第一，每拌制 100 盘且不超过 100 m² 的同配合比混凝土，取样不得少于一次。

第二，每工作班拌制的同配合比的混凝土不足 100 盘时，取样不得少于一次。

第三，对现浇混凝土结构，每一现浇楼层同配合比的混凝土取样不得少于一次；同一单位工程每一验收项目中同配合比的混凝土取样不得少于一次。

混凝土取样时，均应做成标准试件（边长为150mm标准尺寸的立方体试件），每组三个试件应在同盘混凝土中取样制作，并在标准条件下，相对湿度为90%以上，养护至28d龄期，按标准方法试验，则得混凝土立方体抗压强度。取三个试件强度的平均值作为该组试件的混凝土强度代表值；或者当三个试件强度中的最大值或最小值之一与中间值之差超过中间值的15%时，取中间值作为该组试件的混凝土强度的代表值；当三个试件强度中的最大值和最小值与中间值之差均超过中间值的15%，该组试件不应作为强度评定的依据。

4. 现浇混凝土结构的允许偏差检查

现浇混凝土结构的允许偏差，应符合表3-20的规定；当有专门规定时，还应符合相应的规定。混凝土表面外观质量要求：不应有蜂窝、麻面、孔洞、露筋、缝隙及夹层、缺棱掉角和裂缝等。

表3-20　现浇混凝土结构的尺寸允许偏差和检验方法

<table>
<tr><th colspan="3">项目</th><th>允许偏差/mm</th><th>抽验方法</th></tr>
<tr><td rowspan="4">轴线位置</td><td colspan="2">基础</td><td>15</td><td rowspan="4">钢尺检查</td></tr>
<tr><td colspan="2">独立基础</td><td>10</td></tr>
<tr><td colspan="2" rowspan="2">墙、柱、梁剪力墙</td><td>8</td></tr>
<tr><td>5</td></tr>
<tr><td rowspan="3">垂直度</td><td rowspan="2">层高</td><td>≤50 m</td><td>8</td><td>经纬仪或吊线、钢尺检查</td></tr>
<tr><td>>5 m</td><td>10</td><td>经纬仪或吊线、钢尺检查</td></tr>
<tr><td colspan="2">全高H</td><td>H/1000且≤30</td><td>经纬仪、钢尺检查</td></tr>
<tr><td rowspan="2">标高</td><td>层高</td><td></td><td>±10</td><td rowspan="2">水准仪或拉线、钢尺检查</td></tr>
<tr><td>全高</td><td></td><td>±30</td></tr>
<tr><td colspan="3" rowspan="2">截面尺寸</td><td>+8</td><td rowspan="2">钢尺检查</td></tr>
<tr><td>−5</td></tr>
<tr><td rowspan="2">电梯井</td><td colspan="2" rowspan="2">井筒长、宽对定位中心线</td><td>+25</td><td rowspan="2">钢尺检查</td></tr>
<tr><td>0</td></tr>
<tr><td colspan="3">井筒全高</td><td>H/1000且≤30</td><td>经纬仪或吊线、钢尺检查</td></tr>
<tr><td colspan="3">表面平整度</td><td>8</td><td>2m靠尺和塞尺检查</td></tr>
<tr><td rowspan="3">预埋设施中心线位置</td><td colspan="2">预埋件</td><td>10</td><td rowspan="3">钢尺检查</td></tr>
<tr><td colspan="2">预埋螺栓</td><td>5</td></tr>
<tr><td colspan="2">预埋管</td><td>5</td></tr>
<tr><td colspan="3">预留洞中心线位置</td><td>15</td><td>钢尺检查</td></tr>
</table>

八、混凝土结构工程如何加固

（一）良好的施工性是加固工程方案必须考虑的条件之一

加固工程方案的优劣，首先要把是否具有施工作业方便作为必要条件，没有良好的施工性是阻碍加固工程施工的一个拦路虎。有的加固方案虽然具有解决问题的可行性，但是，由于其方案在施工过程中增加了一定的施工难度，造成施工工期长、劳动用工大、安全系数低的弊端，结果是将影响到加固质量。例如，某工地大梁产生严重裂缝，需要加固处理，其设计的在砼加固施工方案为两种，分别是采取简易修补法（将大梁裂缝处出现的酥松混凝土凿除，露出钢筋后，将锈蚀的钢筋周圈进行除锈后，用环氧砂浆进行封闭，达到加固目的）和加大截面加固法（通过增大构件的截面和配筋，用以提高构件的强度、刚度、稳定性和抗裂性，并达到修补裂缝的目的）。

经对设计方案分析，这两种方案虽具有工程造价低的优点，也但存在以下几点不足之处：技术可行性差，由于此大梁跨度大，凿除混凝土梁则需分段进行，要用大量的临时支撑进行安全防护，造成周转材料的浪费；劳动强度高，在凿除混凝土梁时，因分段施工时，只能凿一米挪一米，成倍增加了劳动强度；工效低，大量的重复劳动和落后的施工作业方法，延误了施工工期并导致劳动效率下降；安全性差，因所有大梁必须将钢筋凿除外露，大梁承载力减小，在施工时，必须时刻注意防护措施是否到位，麻痹大意则易出现意外事故；产值效益小，大量的周转材料和人工费用的浪费，加大了生产成本，减少了生产效益；加大的截面影响房屋外观和空间尺寸。

基于这些原因，经与甲方和设计院商讨，改变加固方案，采用先进的外包钢加固施工方法，应用 QR 型建筑工程结构胶粘锚技术，对这些大梁进行加固，由于技术先进，加固性能好，占用空间小，施工周期短，材料消耗少，工艺简便、安全，降低了劳动强度，提高了加固质量，取得了良好的综合效益。

（二）不同类型加固工程与加固方案分析

一般来说，加固工程常采用的方法有加大截面加固法、外包钢加固法、预应力加固法和改变结构传力途径加固法等，随着科学技术的不断进步，应用新技术、新材料、新工艺进行工程加固的方法，如化学灌浆法、粘钢锚固法、碳纤维加固法应运而生，并开始广泛应用于各类加固工程中。具体哪个方案最能体现加固工程所要求的短、平、快、省的特点，应根据需要加固的构件情况，综合确定加固方案。

（1）以框架梁的加固为例，个人认为，较为合理、经济、技术先进的加固方案当数粘钢锚固法和碳纤维加固法，前者以造价低、施工简单、占用空间小、加固效果好，明显优于加大截面法和预应力加固法，后者除材料费用高外，则各种优势尽显其中，重要表现在自重轻，材料自身几乎不增加重量；强度高，固化后的碳纤维强度比钢材高十几倍；劳动强度小，一个作业面只需一至两人操作即可；施工工期短，熟练工人每人每天可完成 200m² 左右。但是，应用其在负弯矩部位进行加固效果不如钢板性能好。

（2）以框架柱的加固为例，较为常见的加固方法有外包钢加固法，即在混凝土柱四周包以型钢进行加固，这样既不增大混凝土截面尺寸，又大幅度地提高了混凝土柱的承载力，具体方法又分干法作业与湿作业法两种形式：干式加固法是将型钢（一般是角钢）直接外包于需要加固的混凝土柱四周，型钢与混凝土之间无连接，由于与混凝土没有形成一个整体，所以不能确保结合面传递剪力。湿式加固法有两种，一是用乳胶水泥浆或环氧树脂化学灌浆等材料，将角钢粘贴在混凝土柱上，二是角钢与混凝土之间留一定间距，中间浇筑混凝土，达到外包钢材与混凝土相结合。两种作业方法相比，干式作业法施工更为简单，价格低，施工时间短，但其承载力提高不如湿式作业法好。在方案选择时，应根据加固要求和原构件情况，合理挑选适当的方案进行加固。

另外，对于加固工程，还有焊接补筋加固法、套箍加固法、喷射混凝土补强法、化学灌浆修补法、粘钢加固法、碳纤维加固法等，每种加固方法各有其特点及适应范围，只要行之有效、技术成熟，既满足加固要求，又经济实用，均可采用。

（3）优秀的加固工程方案要在工法上体现出其可行性、科学性、先进性。

个人认为，化学补强法不失为当前加固工程中一种最为先进的工法。众所周知，一些加固工程采用过时的加固方法需要大量的人力、物力和时间，已不能满足当前加固工程质量、工期、安全、经济的要求，而化学补强加固方法越来越以其明显的优势成为加固工程中的优选方案。

在化学补强方法中，除粘钢加固外，碳纤维加固工艺也不失为一种先进的加固工法，与其他一般加固工艺相比，其更具有耐湿耐潮、抗腐蚀强、自重轻、强度高、施工便捷、质量好的特点，加固性能均优于目前其他加固方法。

可见，选择加固工程方案要有针对性，不同的加固工程应采取相应的加固措施，其方案在进行价格比、性能比、质量比的同时，还要体现出其工艺技术的科学性和先进性，这样的加固方案才是优秀的加固方案。

（三）几种典型加固方法的工程施工要求

工程加固的目的就是要通过加固施工达到修复、补强、提高承载力、增强使用功能、满足使用要求，因此，选择加固方案要以提高加固工程质量为根本目的。对于不同的加固方案也有不同的施工方法和质量评定标准。依照施工经验，不同的加固方法在施工时应有不同的重点。

1. 外包钢加固法

要把表面处理包括加固结合面和钢板贴合面处理作为加固施工过程中的关键，对于干式加固施工，为了使角钢能紧贴构件表面，混凝土表面必须打磨平整，无杂物和尘土；当采用混式加固施工时，应先在处理好的角钢及混凝土表面抹上乳胶水泥浆或配制环氧树脂化学灌浆料，对钢板进行除锈，混凝土进行除尘并用丙酣或二甲苯清洗钢板及混凝土表面，进行粘、灌。

2. 预应力加固法

采用预应力拉杆加固时，在安装前必须对拉杆事先进行调直校整，拉杆尺寸和安装位置必须准确，张拉前应对焊接接头、螺杆、螺帽质量进行检验，保证拉杆传力正确可靠，避免张拉过程中断裂或滑动，造成安全和质量事故；采用预应力撑杆加固时，要注意撑杆末端处角钢（及其热板）与混凝土构件之间的嵌入深度传力焊缝的质量检验，检验合格后，将撑杆两端用螺栓临时固定，然后用环氧砂浆或高强度水泥砂浆进行填充，加固的压杆肢、连接板、缀板和拉紧螺栓等均应涂防锈漆进行防腐。

3. 改变结构传力途径加固法

增设支点若采用湿式连接，在接点处梁及支柱与后浇混凝土的接触面，应进行凿毛，清除浮渣，洒水湿润，一般以微膨胀混凝土浇筑为宜。若采用型钢套箍干式连接，型钢套箍与梁接触面间应用水泥砂浆座浆，待型钢套箍与支柱焊牢后，再用较干硬砂浆将全部接缝隙塞紧填实；对于楔块顶升法，顶升完毕后，应将所有楔块焊连，再用环氧砂浆封闭。

4. 混凝土构件外部粘钢加固法

此法施工较为简单，但首先需要着重注意混凝土和钢板的表面处理，对于旧、脏严重的混凝土构件的黏合面，应先用硬毛刷沾高效洗涤剂，刷除表面油垢污物后用水冲洗，再对黏合面进行打磨，除去 2~3mm 厚表层，露出新面和平整，将粉尘清除干净；对于混凝土表面较好的，则可直接对黏合面进行打磨，去掉 1~2mm 厚表层，使之平整，清去粉尘，再用丙酮擦试表面即可；钢板表面处理应根据其锈蚀情况，可用喷砂、砂布、砂轮机打磨，使钢板出现金属光泽，打磨纹路尽量与受力方向垂直，然后用丙酣擦试干净。其次要注意对胶黏剂的选择，目前国内市场建筑结构胶粘剂鱼龙混杂，对胶粘剂的选择一定要慎重。首先要注意在配胶、粘贴过程中的细节，胶粘剂要严格按照说明书要求的比例配制，尤其是要掌握好固化剂的用量，搅拌要均匀，同时在粘贴时要保证粘贴面的饱满、密实。最后要注意在固化阶段不能对钢板有任何扰动。

第四章　防水工程

本章主要内容是防水工程的种类、作用、质量保证措施及发展方向；防水材料的种类、性能及应用；地下防水工程的防水方案、防水等级的划分。

第一节　防水材料

防水材料是防水工程的重要物质基础，是保证建筑物与构筑物防止雨水浸入、地下水等水分渗透的主要屏障，防水材料质量的优劣直接关系到防水层的耐久年限。由于建筑防水工程质量涉及选材、设计、施工、使用维护和管理等诸多环节，必须实施“防、排、截、堵相结合，刚柔相济，因地制宜，综合治理”的原则，才能得到可靠的保证。而在上述一系列环节中，做到恰当选材、精心设计、规范施工、定期维护、重视管理，则是提高防水工程质量、延长防水工程使用寿命的关键所在。

一、刚性防水材料

刚性防水的主要防水材料包括防水混凝土和防水砂浆，其防水机理是通过在混凝土或水泥砂浆中加入膨胀剂、减水剂、防水剂等，合理调整混凝土、水泥砂浆的配合比，改善孔隙结构特征，增强材料的密实性、憎水性和抗渗性，阻止水分子渗透，从而达到结构自防水的目的。这种防水方法成本低、施工较为简单，当出现渗漏时，只需修补渗漏裂缝即可，无须更换整个防水层。由于刚性防水的防水层易受结构层的变形而开裂，所以，一般工程的防水层采用刚柔互补的复合防水技术。

（一）防水混凝土

防水混凝土兼有结构层和防水层的双重功效。其防水机理是依靠结构构件（如梁、板、柱、墙体等）混凝土自身的密实性，再加上一些构造措施（如设置坡度、变形缝或者使用嵌缝膏、止水环等），达到结构自防水的目的。

防水混凝土一般包括普通防水混凝土、外加剂防水混凝土（引气剂防水混凝土、减水剂防水混凝土、三乙醇胺防水混凝土、氯化铁防水混凝土等）和膨胀剂防水混凝土（补偿收缩混凝土）三大类。

（二）防水砂浆

水泥砂浆防水层是通过严格的操作技术或掺入适量的防水剂、高分子聚合物等材料，提高砂浆的密实性，达到抗渗防水的目的。

水泥砂浆防水层按其材料成分的不同，分为刚性多层普通水泥砂浆防水、聚合物水泥砂浆防水和掺外加剂水泥砂浆防水三大类。

水泥砂浆防水仅适用于结构刚度大、建筑物变形小、基础埋深小、抗渗要求不高的工程，不适用于有剧烈振动、处于侵蚀性介质及环境温度高于100℃的工程。

二、卷材防水材料

防水卷材是建筑防水材料的主要品种之一，它应用广泛，其数量占我国整个防水材料的90%。防水卷材按材料的组成不同，分为普通沥青防水卷材、高聚物改性沥青防水卷材和合成高分子防水卷材三个系列，含几十个品种规格。

（一）普通沥青防水卷材

沥青防水卷材是用原纸、纤维织物、纤维毡等胎体材料浸涂沥青，表面撒布粉状、粒状或片状材料制成的可卷曲的片状防水材料。按胎体材料的不同分为三类，即纸胎油毡、纤维胎油毡和特殊胎油毡。纤维胎油毡包括织物类（玻璃布、玻璃席等）和纤维毡类（玻纤、化纤、黄麻等）等；特殊胎油毡包括金属箔胎、合成膜胎、复合胎等。

沥青防水卷材由于其价格低廉，具有一定的防水性能，故应用较广泛。

（二）高聚物改性沥青防水卷材

由于沥青防水卷材含蜡量高，延伸率低，温度的敏感性强，在高温下易流淌，低温下易脆裂和龟裂，因此只有对沥青进行改性处理，提高沥青防水卷材的拉伸强度、延伸率、在温度变化下的稳定性及抗老化等性能，才能适应建筑防水材料的要求。

沥青改性以后制成的卷材，叫作改性沥青防水卷材。目前，对沥青的改性方法主要有采用合成高分子聚合物进行改性、沥青催化氧化、沥青的乳化等。

合成高分子聚合物（简称高聚物）改性沥青防水卷材包括SBS改性沥青防水卷材、APP改性沥青防水卷材、PVC改性焦油沥青防水卷材、再生胶改性沥青防水卷材、废橡胶粉改性沥青防水卷材和其他改性沥青防水卷材等种类。

（三）合成高分子防水卷材

合成高分子防水卷材是以合成橡胶、合成树脂或塑料与橡胶共混材料为主要原料，掺入适量的稳定剂、促进剂、硫化物和改进剂等化学助剂及填料，经混炼、压延或挤出等工序加工而成的可卷曲片状防水材料。

合成高分子防水卷材有多个品种，包括三元乙丙橡胶防水卷材、丁基橡胶防水卷材、再生橡胶防水卷材、氯化聚乙烯防水卷材、聚氯乙烯防水卷材、聚乙烯防水卷材、氯磺化聚乙烯防水卷材、氯化聚乙烯-橡胶共混防水卷材、三元乙丙橡胶-聚乙烯共混防水卷材等。这些卷材的性能差异较大，堆放时，要按不同品种的标号、规格、等级分别放置，避免因混乱造成错用。

三、涂膜防水材料

涂膜防水材料是一种在常温下呈黏稠状液体的高分子合成材料。涂刷在基层表面后，经过溶剂的挥发或水分的蒸发或各组分间的化学反应，形成坚韧的防水膜，起到防水、防潮的作用。

涂膜防水层完整、无接缝，自重轻，施工简单、方便、工效高，易于修补，使用寿命长。若防水涂料配合密封灌缝材料使用，可增强防水性能，有效防止渗漏水，延长防水层的耐用期限。防水涂料按液态的组分不同，分为单组分防水涂料和双组分防水涂料两类。其中单组分防水涂料按液态类型不同，分为溶剂型和水乳型两种；双组分防水涂料属于反应型，防水涂料按基材组成材料的不同，分为沥青基防水涂料、高聚物改性沥青防水涂料和合成高分子防水涂料三大类。

四、密封防水材料

建筑密封防水材料是为了填堵建筑物的施工缝、结构缝、板缝、门窗缝及各类节点处的接缝，达到防水、防尘、保温、隔热、隔音等目的。

建筑密封防水材料应具备良好的弹塑性、黏结性、挤注性、施工性、耐候性、延伸性、水密性、气密性、贮存性、化学稳定性，并能长期抵御外力的影响，如拉伸、压缩、收缩、膨胀振动等。建筑密封防水材料品种繁多，它们的不同点主要表现在材质和形态两个方面。

建筑密封防水材料按形态不同，分为不定型密封材料和定型密封材料两大类。不定型密封材料是呈黏稠状的密封膏或嵌缝膏，将其嵌入缝中，具有良好的水密性、气密性、弹性、黏结性、耐老化性等特点，是建筑常用的密封材料。定型密封材料是将密封材料加工成特定的形状，如密封条、密封带、密封垫等，供工程中特殊的密封部位使用。

建筑密封防水材料按材质的不同，分为改性沥青密封材料和合成高分子密封材料两大类。

五、建筑防水工程新技术

（一）优秀的防水设计是防水工程成功的先决条件

建筑防水工程是建筑工程的一个重要的组成部分，建筑防水工程的设计，体现了设计师对建筑物实现不同防水功能要求的构想。建筑物防水工程按照工程所在部位，分为四项分项工程，即屋面防水工程、地下防水工程、厕浴间防水工程和外墙墙面及板缝防水密封工程。设计时必须考虑以下方面：

1. 根据工程的重要程度和防水等级，执行并达到国家规范的要求

在国家强制性标准中明确了一到四级的防水等级及设防要求和具体规定。设计人员应按建筑物的重要程度，分别按照使用功能及防水耐用年限等不同等级的防水设防要求进行防水构造设计。

2. 进行防水工程设计时，应充分分析该工程所处的工作环境条件

①水文、地质和大气环境（温度、湿度、是否直接接触紫外光、臭氧等）的影响；②建筑物结构情况：是否存在变形（一次性、长期反复变形）的可能；③相关工程的影响（保温层、找平层、保护层等所用建筑材料及施工方法的影响）；④是否有化学物质（酸雨、化学污染源、高浓度臭氧等）及霉菌、生物损害的影响；⑤是否有外力损伤的可能。通过对可能产生影响的各种环境因素，以及影响的主次程度的分析，设计选用最适宜的防水材料和最佳处理方案。

防水工程的设计除应达到规范规定的各项要求之外，还应特别注意下述重点部位的设计：①确保防水层的整体性，几个群体组合而成的工程如结构有贯通，必须考虑实现防水整体性要求的有效措施。②确保工程节点构造的妥善处理。节点部位的防水应按照规范的要求、标准图进行处理。③坚持防排结合的防水设计原则，并应根据工程的具体设防等级的要求，考虑采用刚柔结合、卷材与涂料、密封材料相结合等多道防水设防的设计。④选择最能满足本项工程防水要求的适宜的防水新材料。

（二）防水工程新材料的选择及应用

选好用好新型建筑防水材料是搞好建筑防水工程质量的基础条件。我国新型建筑防水材料的发展速度很快，目前新型防水材料主要可以分为五大类别：高聚物改性沥青类防水卷材；合成高分子防水卷材；防水涂料；密封材料；刚性防水材料。各种防水材料分别具有不同的性能特点，将其用于它所适宜的防水部位，可解决工程防水问题。

1. 高聚物改性沥青类防水卷材

传统的纸胎石油沥青类防水卷材是由原纸作为胎体、以石油沥青做涂盖层构成的厚度约 1mm 的卷材，这种因以石油沥青为涂盖物而造成低温易脆裂、耐高温能力差的卷材，因以纸为胎基而造成强度较低、无延伸率、吸油率低而胎基易腐烂、厚度过薄只能采用多

层热油施工作业，不但施工手段落后、生产效率低、劳动强度大，而且还污染环境，纸胎石油沥青防水卷材的综合性能决定了它的使用寿命一般只能有2~5年，因此使防水工程经常处于反复翻修状态。自20世纪80年代中期，我国开始自行研制和由先进国家引进高聚物改性沥青类防水卷材的生产技术和生产设备，目前我国已具备年产数千万平方米的高聚物改性沥青类防水卷材的生产能力。

2. 合成高分子防水卷材的品种和特点

合成高分子防水卷材具有传统的纸基石油沥青油毡无可比拟的高强度和高延伸率，很好的高低温性能，有的合成高分子防水卷材还具有很好的弹性和耐久性，几乎所有的合成高分子防水卷材都有很轻的质量，并可采用单层冷粘工法施工，改善了施工环境，因此合成高分子防水卷材具有较强的生命力。合成高分子卷材的品种繁多，目前在国内最有影响的品种为三元乙丙橡胶防水卷材、氯化聚乙烯橡胶共混防水卷材、聚氯乙烯卷材、氯化聚乙烯防水卷材、聚乙烯防水卷材等。

3. 防水涂料

建筑防水涂料是建筑防水工程中应用范围最广泛的另一大类重要的防水材料，防水涂料在应用前是可流动或黏稠的液体，经现场涂刷后固化形成防水层。防水涂料具有防水卷材所不具有的一些特点，如防水性能好，固化后可形成无接缝的防水层；操作方便，可适应各种形状复杂的防水基面；与基层黏结强度高；有良好的温度适应性；施工速度快，易于维修等。防水涂料的品种较多，按成膜物的成分分类，可以分为合成高分子涂料和改性沥青类涂料。合成高分子涂料中包括聚氨酯系列涂料、丙烯酸酯类系列涂料、硅橡胶系防水涂料以及合成橡胶系防水涂料（如氯磺化聚乙烯涂料等）。按涂料的溶剂类型分类，又可分为水乳型涂料和溶剂型涂料、聚合物水泥基复合涂料等。这些涂料的性能各具特色，决定了防水涂料有非常宽泛的应用范围。

4. 建筑密封材料

随着建筑形式的多样化及新型墙体材料的大量应用，建筑密封材料在防水密封工程中的作用越来越重要。建筑密封材料按产品形式分类，可分为三大类：定型密封材料（止水带、密封圈、密封带、密封件等）；半定型密封材料（遇水膨胀胶条等）；无定型密封材料（密封膏）。

5. 刚性防水材料

刚性防水材料主要可分为防水混凝土和防水砂浆。主要原理是将外加剂或合成高分子材料经合理掺配加入水泥砂浆或混凝土中，起到减少或抑制孔隙率、堵塞毛细孔、增加密实性的作用，而形成的具有一定抗渗能力的防水砂浆或防水混凝土。防水混凝土是建筑物地下防水设防中的重要防水措施。地下工程防水技术规范中已明确规定：建筑物主体结构的地下防水应以防水混凝土结构为主防水层。

第二节　地下防水工程

一、地下工程防水方案与防水等级

地下工程全埋或半埋于地下或水下，常年受到潮湿和地下水的有害影响，所以，对地下工程防水的处理比屋面防水工程的要求更高，防水技术难度更大。

地下防水工程施工期间，首先应做好排除地面水和降低地下水位的工作，以保持基坑内土体干燥，创造良好的施工条件。否则，不但影响施工质量，而且还会引起基坑塌方事故。尤其要注意整个工程施工期间，必须连续降低地下水位，使地下水位保持在地下工程底部最低标高以下不小于 300mm，保证施工期间地下防水结构或防水层的垫层基本干燥和不承受地下水的压力，直至地下工程施工全部完成为止。目前，地下防水工程的方案主要有以下几种：

1. 采用防水混凝土结构

通过调整配合比或掺入外加剂等方法来提高混凝土本身的密实度和抗渗性，使其成为具有一定的防水能力的整体式混凝土或钢筋混凝土结构。

2. 在地下结构表面另加防水层

在地下结构表面另加防水层，如抹水泥砂浆防水层或贴涂料防水层等。

3. 采用防水加排水措施

采用防水加排水措施即“防排结合”方案。排水方案通常可用盲沟排水、渗排水与内排法排水等方法把地下水排走，以达到防水的目的。

二、混凝土结构自防水施工

混凝土结构自防水是利用密实性好、抗渗性能高的防水混凝土作为结构的承重体系，结构本身既承重又防水。这种方法具有材料来源丰富，造价低廉，施工简单、方便等特点，是地下工程防水的有效措施。

混凝土结构自防水工程质量的优劣取决于设计的质量、材料的性质、配合成分和施工质量。因此，对施工中的各主要环节，如混凝土搅拌、运输、浇筑、振捣、养护等，均应严格遵循施工及验收规范和操作规程进行施工。施工人员应树立保证工程质量的责任心，对施工质量要高标准、严要求，做到思想重视、组织严密、措施落实、施工精细。

（一）模板安装

防水混凝土所有模板，除满足一般要求外，应特别注意模板拼缝严密不漏浆，构造应牢固稳定，固定模板的螺栓（或铁丝）不宜穿过防水混凝土结构。

当采用对拉螺栓固定模板时，应在预埋管或螺栓上加焊止水环。止水环直径应符合设计规定；若设计无规定，一般为8~10cm，且至少一环，采用对拉螺栓固定模板的方法有以下几种：

1. 工具式螺栓

用工具式螺栓将防水螺栓固定并拉紧，以压紧固定模板。拆模时，将工具式螺栓取下，再以嵌缝材料及聚合物水泥砂浆将螺栓凹槽封堵严密。

2. 螺栓加堵头

在结构两边螺栓周围做凹槽，拆模时将螺栓沿平凹底割去，再用膨胀水泥砂浆将凹槽封堵。

3. 螺栓加焊止水环

在对拉螺栓中部加焊止水环，止水环与螺栓必须满焊严密。拆模后应沿混凝土结构边缘将螺栓割断。

4. 预埋套管加焊止水环

套管采用钢管，其长度等于墙厚（或其长度加上两端垫木的厚度之和等于墙厚），兼具撑头作用，以保持模板之间的设计尺寸。止水环在套管上满焊严密。支模时在预埋套管中穿入对拉螺栓拉紧固定模板。拆模后将螺栓抽出，套管内以膨胀水泥砂浆封堵密实。套管内两端有垫木的，拆模时连同垫木一并拆除，除密实封堵套管外还应将两端垫木留下的凹坑用同样的方法封实。此法可用于一般抗渗要求的结构。

5. 对拉螺栓穿塑料管堵孔

这种做法适用于组装竹胶模板或大模板。具体做法：对拉螺栓穿过塑料套管（长度相当于结构厚度）将模板固定压紧，浇筑混凝土后拆模时将螺栓及塑料套管均拔出；然后用膨胀水泥砂浆将螺栓孔封堵严密，再涂刷养护灵养护。此做法可节约螺栓、加快施工进度、降低工程成本。

（二）钢筋绑扎

钢筋互相间应绑扎牢固，以防浇捣混凝土时，因碰撞、振动使绑扣松散、钢筋移位，造成露筋。绑扎钢筋时，应按设计规定留足保护层，不得有负误差。留设保护层应以相同配合比的涂料或水泥砂浆制成垫块，将钢筋垫起，严禁以钢筋垫钢筋，或将钢筋用铁钉或铅丝直接固定在模板上。

钢筋、铅丝均不得接触模板，若采用铁马凳架上加焊止水环，应防止水沿铁马凳渗入混凝土结构。当钢筋排列稠密，以致影响混凝土浇筑时，可同设计人员协商，采取措施，以保证混凝土的浇筑质量。

（三）混凝土搅拌

选定配合比时，其试配要求的抗渗水压值应较其设计值提高 0.2MPa，并准确计算及称量每种用料，投入混凝土搅拌机。外加剂的掺入方法应遵从所选外加剂的使用要求。防水混凝土应采用机械搅拌，搅拌时间不应小于 120s。掺入外加剂时，应根据外加剂的技术要求确定搅拌时间。适宜的搅拌时间也可通过现场实测选定。

（四）混凝土运输

混凝土在运输过程中要防止产生离析现象、坍落度和含气量的损失，同时要防止漏浆。拌好的混凝土要及时浇筑，常温下应于半小时内运至现场，于初凝前浇筑完毕。运送距离较远或气温较高时，可掺入缓凝型减水剂。浇筑前发生显著泌水离析现象时，应加入适量的原水灰比的水泥浆复拌均匀，方可浇筑。

（五）混凝土的浇筑和振捣

浇筑前，应清除模板内的积水、木屑、铅丝、铁钉等杂物，并以水湿润模板。使用钢模应保持其表面清洁无浮浆。

浇筑混凝土的自落高度不得超过 1.5m，否则应使用串筒、溜槽或溜管等工具进行浇筑，以防产生石子堆积，影响质量。在结构内若有密集管群，以及预埋件或钢筋稠密之处，不宜使混凝土浇捣密实时，应选用免振捣的自密实高性能混凝土进行浇筑，以保证质量。在浇筑大体积结构中，遇有预埋大管径套管或面积较大的金属板时，其下部的倒三角形区域因不易浇捣密实而形成空隙，造成漏水。为此，可在管底或金属板上预先留置浇筑振捣孔，以利于浇捣和排气，浇筑后再将孔补焊严密。混凝土浇筑应分层，每层厚度不应超过 30~40cm，相邻两层浇筑时间间隔不应超过 2h，夏季可适当缩短。防水混凝土必须采用高频机械振捣，振捣时间宜为 10~30s，以混凝土泛浆和不冒气泡为止，并应避免漏振、欠振和超振。混凝土振捣后，应用铁锹拍平、拍实，等混凝土初凝后用铁抹子压光，以增加表面致密性。

（六）混凝土的养护

防水混凝土的养护对其抗渗性能影响极大，特别是早期湿润养护更为重要，一般在混凝土进入终凝（浇筑后 4~6h）即应覆盖，浇水养护时间不得少于 14d。防水混凝土不宜用电热法或蒸汽养护。在特殊地区，必须使用蒸汽养护时，应注意以下方面：对混凝土表面不宜直接喷射蒸汽加热；及时排除聚在混凝土表面的冷凝水；防止结冰；控制升温和降温速度。升温速度：对表面系数小于 6 的结构，不宜超过 6℃ /h；对表面系数大于或等于 6 的结构，不宜超过 8℃ /h，恒温不得超过 50℃。降温速度不宜超过 5℃ /h。

（七）拆除模板

由于防水混凝土要求较严，因此不宜过早拆模。拆模时，混凝土的强度等级必须大于设计强度等级的 70%；拆模时，混凝土表面温度与环境温度之差不应大于 15℃，以防止混凝土表面产生裂缝；拆模时，应注意勿使模板和防水混凝土结构受损。

（八）防水混凝土结构的保护

地下工程的结构部分拆模后，应抓紧进行下一分项工程的施工，以便及时对基坑回填，这样可避免因干缩和温差引起开裂，并有利于混凝土后期强度的增长和抗渗性的提高，同时也可减轻涌水对工程的危害，起一道阻水线的作用。回填土应分层夯实，并严格按照施工规范的要求操作，控制回填土的含水率及干密度等指标。同时应做好建筑物周围的散水坡，以保护基坑回填土不受地面水的入侵。

混凝土结构浇筑后严禁打洞。对出现的小孔洞应及时修补，修补时先将孔洞冲洗干净，涂刷一道水灰比为 0.4 的水泥浆，再用配合比为 1 ∶ 0.5 ∶ 2.5 的水泥砂浆填实抹平。

（九）施工缝

施工缝是防水薄弱部位之一，应不留或少留施工缝。顶板、底板的混凝土应连续浇筑，不得留施工缝。墙体上不得留垂直的施工缝（垂直施工缝应与变形缝统一考虑），只准留水平施工缝并应高出底板表面不少于 300mm，距穿墙孔洞边缘不少于 300mm，并避免设在墙板承受弯矩或剪力最大的部位。

传统的施工缝防水措施是将施工缝接缝断面做成不同的形状，如平缝、凸缝、高低缝和钢板止水缝等。这些做法实际上没有起到止水作用，只是延长了渗水通道而已，而且施工难度大、钢板成本高、易生锈。为有效解决墙体施工缝的渗漏水问题，目前常用 SPJ 型遇水膨胀橡胶或 BW 型遇水膨胀橡胶止水条，对施工缝进行处理。BW 型遇水膨胀橡胶止水条的施工方法是撕掉其表面的隔离纸，将其直接粘贴在平整、干净的施工缝处，压紧粘牢，且每隔 1m 左右钉一个水泥钢钉，固定后即可进行下一步防水混凝土的浇筑。

（十）质量要求

防水混凝土的施工质量要求包括以下内容：

（1）防水混凝土的原材料、配合比及坍落度必须符合设计要求。施工中要检查出厂合格证、质量检验报告、计量措施和现场抽样试验报告。

（2）防水混凝土的抗压强度和抗渗压力必须符合设计要求。施工中要检查混凝土的抗压、抗渗试验报告。

（3）防水混凝土的变形缝、施工缝、后浇带、穿墙管道、埋设件等设置和构造，均需符合设计要求，严禁有渗漏。

（4）防水混凝土结构表面应坚实、平整，不得有露筋、蜂窝等缺陷；埋件位置正确。

（5）防水混凝土结构表面的裂缝宽度不应大于 0.2mm，并不得贯通。

（6）防水混凝土结构厚度不应小于 250mm，其允许偏差为 ±15mm；迎水面钢筋保护层厚度不应小于 50mm，其允许偏差为 ±10mm。

三、水泥砂浆抹面防水施工

水泥砂浆防水层可用于地下工程主体结构的迎水面或背水面，不应用于受持续振动或温度高于 80℃的地下工程防水。

水泥砂浆抹面防水层可分为刚性多层做法防水层（或称普通水泥砂浆防水层）、掺外加剂或掺和剂的水泥砂浆防水层和聚合物水泥砂浆防水层。防水层做法分为外抹面防水（一般指迎水面）和内抹面防水（一般指背水面）。防水层的施工程序，一般是先抹顶板，再抹墙面，最后抹地面。

（一）基层处理

基层处理是保证防水层与基层表面结合牢固，不空鼓和密实不透水的关键。基层处理包括清理、浇水、刷洗、补平等工序，使基层表面保持潮湿、清洁、平整、坚实、粗糙。

1. 混凝土基层的处理

（1）新建混凝土工程拆模后，立即用钢丝刷给混凝土表面刷毛，并在抹面前浇水冲刷干净。

（2）旧混凝土工程补做防水层时，需用钻子、剁斧、钢丝刷给表面凿毛，清理平整后再冲水，用棕刷刷洗干净。

（3）混凝土表面凹凸不平、蜂窝孔洞，应根据不同情况分别处理。超过 1cm 的棱角及凹凸不平，应剔成慢坡形，并浇水清洗干净，用素灰和水泥砂浆分层找平。混凝土表面的蜂窝孔洞应先将松散不牢的石子除掉，浇水冲洗干净，用素灰和水泥砂浆交替抹到与基层面相平。混凝土表面的蜂窝麻面不深，石子黏结较牢固，只需用水冲洗干净后，用素灰打底，水泥砂浆压实找平。

（4）混凝土结构的施工缝要沿缝剔成“八”字形凹槽，用水冲洗后，用素灰打底、水泥砂浆压实找平。

2. 砖砌体基层的处理

对于新砌体，应将其表面残留的砂浆等污物清除干净，并浇水冲洗。对于旧砌体，要将其表面酥松表皮及砂浆等污物清理干净，至露出坚硬的砖面，并浇水冲洗。对于石灰砂浆或混合砂浆砌的砖砌体，应将缝剔深 1cm，缝内呈直角。

（二）施工方法

1. 普通水泥砂浆防水层施工

（1）混凝土顶板与墙面防水层操作。

第一层：素灰层，厚 2mm。先抹一道厚 1mm 的素灰，用铁抹子往返用力刮抹，使素灰填实基层表面的孔隙。随即在已刮抹过素灰的基层表面再抹一道厚 1mm 的素灰找平层，抹完后，用湿毛刷在素灰层表面按顺序涂刷一遍，将素灰层在操作过程中由于多余水分的蒸发形成的毛细孔道打乱，从而形成一层坚硬不透水的水泥结晶层，成为防水层的第一道防线。

第二层：水泥砂浆层，厚 4~5mm。在素灰层初凝时抹第二层水泥砂浆层，要防止素灰层过软或过硬。过软素灰层将遭到破坏；过硬黏结不良，要使水泥砂浆层薄薄压入素灰层厚度的 1/4 左右，抹完后，在水泥砂浆初凝时用扫帚按顺序向一个方向扫出横向条纹。

第三层：素灰层，厚 2mm。在第二层水泥砂浆凝固并具有一定强度，适当浇水湿润后，方可进行第三层操作，其方法同第一层。

第四层：水泥砂浆层，厚 4~5mm。按照第二层的操作方法将水泥砂浆抹在第三层上，抹后在水泥砂浆凝固前水分蒸发过程中，分次用铁抹子压实，一般以抹压 3~4 次为宜，最后再压光。

第五层：在第四层水泥砂浆抹压两边后，用毛刷均匀地将水泥浆刷在第四层表面，随第四层抹实压光。

（2）砖墙面和拱顶防水层的操作。第一层是刷水泥浆一道，厚度约为 1mm，用毛刷往返涂刷均匀，涂刷后，立即抹第二、三、四层等，其操作方法与混凝土基层防水相同。

（3）地面防水层的操作。地面防水层的操作与墙面、顶板操作不同的地方是，素灰层（第一、三层）不采用刮抹的方法，而是把拌和好的素灰倒在地面上，用棕刷往返用力涂刷均匀，第二和第四层是在素灰层初凝前后把拌和好的水泥砂浆层按厚度要求均匀铺在素灰层上，按墙面、顶板操作要求抹压，各层厚度也均与墙面、顶板防水层相同。地面防水层在施工时要防止践踏，应由里向外顺序进行。

（4）特殊部位的施工。结构阴阳角处的防水层均需抹成圆角，阴角直径为 5cm，阳角直径为 1cm。防水层施工缝需留斜坡阶梯形槎，槎子的搭接要依照层次操作顺序层层搭接。留槎一般留在地面上，或在墙面上，所留的槎子均需离阴阳角 20cm 以上。

2. 掺外加剂或掺和料的防水砂浆的施工

（1）在处理好的基层上先涂刷一道防水净浆。

（2）抹底层防水砂浆，厚 12mm，要求分两次抹。第一次要用力抹压使之与基层结成一体，第一遍用木抹子均匀搓压形成麻面，待阴干后即按相同的方法抹压第二遍底层砂浆。

（3）底层砂浆抹完约 8h 后，即抹面层防水砂浆，厚 13mm，仍要分两次抹。在抹面层防水砂浆之前，应先在底层防水砂浆上涂刷一道防水净浆，并随涂刷随抹第一遍面层防水砂浆（厚度不超过 7mm），凝固前，用木抹子均匀搓压形成麻面，第一遍面层防水砂浆阴干后再抹第二遍面层防水砂浆，并在凝固前分次抹压密实，最后压光。

3. 聚合物水泥砂浆防水层施工

聚合物水泥砂浆弥补了普通水泥砂浆“刚性有余、韧性不足”的缺陷，使刚性抹面技术对防水工程的适应能力得以提高，同时也扩大了刚性抹面技术的适用范围。聚合物对水泥砂浆的改性，使砂浆在原有刚性及强度的基础上，又增加了弹性及柔韧性，从而使改性后的水泥砂浆获得优良的力学性能，其抗拉强度和抗折强度比普通水泥砂浆提高 1.5 倍，抗压强度也提高约 1 倍。此外，抗裂性、抗渗性、黏结性亦均优。聚合物水泥砂浆适用于工业与民用建筑的地下防水工程，以及建筑物的堵漏工程。

（三）质量要求

水泥砂浆防水层的施工质量要求包括以下内容：

（1）水泥砂浆防水层的原材料及配合比必须符合设计要求。施工中要检查出厂合格证、质量检验报告、计量措施和现场抽样试验报告。

（2）水泥砂浆防水层各层之间必须结合牢固，无空鼓现象。

（3）水泥砂浆防水层表面应密实、平整，不得有裂纹、起砂、麻面等缺陷；阴阳角处应做成圆弧形。

（4）水泥砂浆防水层施工缝留槎位置应正确，接槎按层次顺序操作，层层搭接紧密。

（5）水泥砂浆防水层的平均厚度应符合设计要求，最小厚度不得小于设计值的 85%。

四、卷材防水层施工

将卷材防水层铺贴在地下防水结构的外侧（迎水面），称为外防水。这种防水层的铺贴法可以借助土压力压紧并与承重结构一起抵抗有压地下水的渗透侵蚀作用，防水效果良好，应用比较广泛。外防水的卷材防水层铺贴方法，按其与地下防水结构施工的先后顺序分为外防外贴法（简称外贴法）与外防内贴法（简称内贴法）两种。

（一）外贴法

外贴法是在地下防水结构墙体做好以后，把卷材防水层直接铺贴在外墙表面上，然后砌筑保护墙。施工顺序如下：

1. 先浇筑需防水结构的底面混凝土垫层。

2. 在垫层上砌筑永久性保护墙，墙下铺一层干油毡。墙的高度不小于需防水结构底板厚度再加 100mm。

3. 在永久性保护墙上用石灰砂浆接砌临时性保护墙，墙高为 300mm。

4. 在永久性保护墙上抹 1 ∶ 3 水泥砂浆找平层，在临时性保护墙上抹石灰砂浆找平层，并刷石灰浆。如用模板代替临时性保护墙，应在其上涂刷隔离剂。

5. 待找平层基本干燥后，即可根据所选卷材的施工要求进行铺贴。

6. 在大面积铺贴卷材之前，应先在转角处粘贴一层卷材附加层，然后进行大面积铺贴，先铺平面，后铺立面。在垫层和永久性保护墙上应将卷材防水层空铺，而在临时性保护墙（或模板）上应将卷材防水层临时贴附，并分层临时固定在其顶端。

7. 当不设保护墙时，从底面折向立面的卷材的接槎部位应采取可靠的保护措施。

8. 浇筑需防水结构的混凝土底板和墙体。

9. 在需防水结构外墙外表面抹找平层。

10. 主体结构完成后，铺贴立面卷材时，应先将接槎部位的各层卷材揭开，并将其表面清理干净，如卷材有局部损坏，应及时修补。卷材接槎的搭接长度，高聚物改性沥青卷材为 150mm，合成高分子卷材为 100mm。当使用两层卷材时，卷材应错槎接缝，上层卷材应盖过下层卷材。

11. 待卷材防水层施工完毕，并经过检查验收合格后，即应及时做好卷材防水层的保护结构。保护结构的做法如下：

（1）砌筑永久性保护墙，并每隔 5~6m 在转角处断开，断开的缝中填以卷材条或沥青麻丝；保护墙与卷材防水层之间的空隙应随砌随以砌筑砂浆填实。保护墙完工后方可回填土。注意在砌保护墙的过程中切勿损坏防水层。

（2）抹水泥砂浆。在涂抹卷材防水层最后一道沥青胶结材料时，趁热撒上干净的热砂或散麻丝，冷却后随即抹一层 10~20mm 的 1 ∶ 3 水泥砂浆，水泥砂浆经养护达到要求的强度后，即可回填土。

（3）贴塑料板。在卷材防水层外侧直接用氯丁烯胶粘剂固定 5~6mm 厚的聚乙烯泡沫塑料板，完工后即可回填土。

上述做法亦可用聚醋酸乙烯乳液粘贴 40mm 厚的聚苯泡沫塑料板代替。

（二）内贴法

内贴法是在地下防水结构墙体未做以前，先砌筑保护墙，然后将卷材防水层铺贴在保护墙上，再进行构筑物墙体施工。施工顺序如下：

1. 在已施工好的混凝土垫层上砌筑永久性保护墙，保护墙全部砌好后，用 1 : 3 水泥砂浆在垫层和永久保护墙上抹找平层。保护墙与垫层之间需干铺一层油毡。

2. 找平层干燥后即涂刷冷底子油或基层处理剂，干燥后方可铺卷材防水层，铺贴时应先铺立面、后铺平面，先铺转角、后铺大面。在全部转角处应铺贴卷材附加层，可为两层同类油毡或一层抗拉强度较高的卷材，并应仔细粘贴紧密。

3. 卷材防水层铺完经验收合格后即应做好保护层，立面可抹水泥砂浆、贴塑料板，或用氯丁烯胶粘剂粘铺石油沥青纸胎油毡；平面可抹水泥砂浆，或浇筑不小于 50mm 厚的细石混凝土。

4. 施工需防水结构，将保护层压紧。如为混凝土结构，则永久性保护墙可当一侧模板；结构顶板卷材防水层上的细石混凝土保护层厚度不小于 70mm，防水层如为单层卷材，则其与保护层之间应设置隔离层。

5. 结构完工后，方可回填土。

（三）卷材铺贴要求

粘贴卷材的沥青胶结材料的厚度一般为 1.5~2.5mm。两幅卷材短边或长边的搭接宽度不应小于 100mm。铺设多层卷材时，上下两层和相邻两幅卷材的接缝应错开 1/3 幅宽，且上下两层卷材不得互相垂直铺贴：阴阳角应做成圆弧或 45°（135°）折角，并增铺 1~2 层相同品种的卷材，宽度不小于 500mm。

（四）质量要求

卷材防水层的施工质量要求包括以下内容：

1. 卷材防水层所用卷材及主要配件材料必须符合设计要求。施工中要检查出厂合格证、质量检验报告和现场抽样试验报告。

2. 卷材防水层及其转角处、变形缝、穿墙管道等细部做法均需符合设计要求。

3. 卷材防水层的基层应牢固，基面应洁净、平整，不得有空鼓、松动、起砂和脱皮现象；基层阴阳角处应做成圆弧形。

4. 卷材防水层的搭接缝应粘（焊）结牢固，密封严密，不得有皱褶、翘边和鼓泡等缺陷。

5. 侧墙卷材防水层的保护层与防水层应黏结牢固、结合紧密、厚度均匀一致。

6. 卷材搭接宽度的允许偏差为 ±10mm。

五、涂膜防水层施工

涂膜防水层施工可有外防外涂和外防内涂两种做法。

（一）外防外涂法施工

外防外涂法施工是指涂料直接涂在地下室侧墙板上（迎水面），再在外侧做保护层。这种做法是在底板防水层完成后，转角处在永久性保护墙上，待侧墙板主体结构完成后，再涂抹外侧涂料，接头留在永久性保护墙上。

（二）外防内涂法施工

外防内涂法施工是指涂料涂在永久性保护墙上，涂料上做砂浆保护层，然后施工侧墙。

（三）细部做法

1. 阳角、阴角做法

在基层涂布底层卷材之后，应先进行增强涂布，同时将玻璃纤维布铺贴好，然后再涂布第一道。

2. 第二道涂膜

管道用砂纸打毛，并用溶剂洗除油污，其周围应清洁干燥；在管根周围及基层涂刷底层卷材，底层卷材固化后做增强涂布；增强层固化后再涂布第二道涂膜。

3. 施工缝

施工缝处往往变形较大，应着重处理，先以嵌缝材料（勿用硅酮密封胶）填嵌裂隙再涂刷底层卷材，固化后沿裂缝涂抹绝缘卷材（溶剂溶解的石蜡或石油沥青）。

（四）质量要求

涂料防水层的施工质量要求包括以下内容：

1. 涂料防水层所用材料及配合比必须符合设计要求。施工中要检查出厂合格证、质量检验报告、计量措施和现场抽样试验报告。

2. 涂料防水层及其转角处、变形缝、穿墙管道等细部做法均需符合设计要求。

3. 涂料防水层的基层应牢固，基面应洁净、平整，不得有空鼓、松动、起砂和脱皮现象；基层阴阳角应做成弧形。

4. 涂料防水层应与基层黏结牢固，表面平整、涂刷均匀，不得有流淌、皱褶、鼓泡、露胎体和翘边等缺陷。

5. 涂料防水层的平均厚度应符合设计要求，最小厚度不得小于设计厚度的 80%。

6. 侧墙涂料防水层的保护层与防水层黏结牢固，结合紧密，厚度均匀一致。

第三节　屋面防水工程

一、屋面工程分类及防水等级

屋面防水工程，是指为防止雨水或人为因素产生的水从屋面渗入建筑物所采取的一系列结构、构造和建筑措施。按屋面防水工程的做法可分为卷材防水屋面、涂膜防水屋面、刚性防水屋面、块材防水屋面、金属防水屋面、防水混凝土自防水结构、整体屋面防水等。

按屋面防水材料可分为自防水结构材料和附加防水层材料两大类。补偿收缩混凝土、防水混凝土、高效预应力混凝土、防水块材属于自防水结构材料；附加防水层材料则包括卷材、涂料、防水砂浆、沥青砂浆、接缝密封材料、金属板材、胶结材料、止水材料、堵漏材料和各类瓦材等。本节仅就目前常用的屋面防水做法进行介绍。

二、刚性防水屋面

（一）一般构造及适用范围

刚性防水屋面是指利用刚性防水材料做防水层的屋面。主要有普通细石混凝土、补偿收缩混凝土、预应力混凝土及近来发展起来的钢纤维混凝土等防水屋面。由于刚性防水屋面的表面密度大、抗拉强度低，极限拉应变小，易受混凝土或砂浆的干湿变形、温度变形和结构变形的影响而产生裂缝。因此，刚性防水屋面主要适用于防水等级为I~II级的屋面防水，不适用于没有松散材料保温层的屋面、大跨度和轻型屋盖的屋面，以及受震动或冲击的建筑屋面。而且刚性防水层的节点部位应与柔性材料复合使用，才能保证防水的可靠性。

当屋面结构层为装配式钢筋混凝土屋面时应用细石混凝土嵌缝，其强度等级不应低于C20；灌缝的细石混凝土宜掺入膨胀剂。当屋面板的缝宽大于40mm或上窄下宽时，板缝内应设置构造钢筋。灌缝高度与板面平齐，板端应用密封材料嵌缝密封处理。施工环境温度宜为5℃~35℃，不得在负温或烈日暴晒下施工，也不宜在雪天或大风天气施工，以免混凝土、砂浆受冻或失水。

（二）隔离层施工

在结构层与防水层之间增加一层低强度等级砂浆、卷材、塑料薄膜等材料，起隔离作用，使结构层和刚性防水层变形互不受约束，以减少因结构变形使防水混凝土产生的拉应力导致防水层开裂。

1. 黏土砂浆隔离层施工

预制板缝填嵌细石混凝土后板面应清扫干净，洒水湿润，但不得有积水，按石灰膏：砂：黏土=1 ： 2.4 ： 3.6配比，将配比的材料拌和均匀，砂浆以干稠为宜，铺抹的厚度为10~20mm，要求表面平整、压实、抹光，待砂浆基本干燥以后，方可进行下道工序施工。

2. 石灰砂浆隔离层施工

施工方法同上。砂浆配合比为石灰膏：砂=1 ： 4。

3. 水泥砂浆找平层铺卷材隔离层施工

先用1 ： 3水泥砂浆将结构层找平，并压实抹光养护，再在干燥的找平层上铺一层3~8mm干细砂滑动层，在其上铺一层卷材，搭接缝用热沥青玛蹄脂，也可以在找平层上直接铺一层塑料薄膜。

做好隔离层继续施工时，要注意对隔离层加强保护，混凝土运输不能直接在隔离层表面进行，应采取垫板等措施，绑扎钢筋时不得扎破表面，浇捣混凝土时更不能振酥隔离层。

（三）细石混凝土防水层施工

1. 分格缝留置与铺设钢筋网片

（1）分格缝留置。分格缝留置是为了减少防水层因温差、混凝土干缩、徐变、荷载和振动、地基沉陷等变形而造成防水层开裂。分格缝部位应按设计要求设置。

（2）铺设钢筋网片。钢筋网片按设计要求铺设，一般钢筋直径为 4~6mm 间距为 100~200mm 双向。采用绑扎和焊接均可，其位置以居中偏上为宜，保护层不小于 10mm 钢筋要调直，除锈、去污，绑扎钢丝的搭接长度必须大于 250mm，焊接搭接长度不小于 25倍直径，在一个网片内的同一断面内接头不超过断面积的 1/4，但分格缝处的钢筋要断开。

2. 浇捣细石混凝土防水层

浇捣细石混凝土前，应将隔离层表面的浮渣、杂物清除干净，检查隔离层质量及平整度、排水坡度和完整性，支好分格缝模板，标出混凝土浇捣厚度，厚度不宜小于 40mm。细石混凝土不得使用火山灰水泥，当采用矿渣水泥时，应采取减少泌水性的措施。粗骨料和细骨料含泥量不应大于 1% 和 2%，水灰比不应大于 0.55，每立方米混凝土水泥用量不得少于 330kg，含砂率宜为 35%~40%，灰砂比宜为 1 ： 2~1 ： 2.5，混凝土强度等级不应低于 C20。

混凝土搅拌应采用机械搅拌，搅拌时间不宜小于 2min，混凝土在运输过程中，应防止漏浆和离析。混凝土的浇捣按“先远后近，先高后低”的原则进行。一个分格缝范围内的混凝土必须一次浇捣完成，不得留施工缝。

混凝土宜采用机械振捣，如无振捣器，可先用木棍等插捣，再用小滚（30~40kg，长 600mm 左右）来回滚压，边插捣边滚压，直至密实和泛浆，泛浆后用铁抹子压实抹平，并要确保防水层的厚度和排水坡度。

混凝土吸水初凝后，及时取出分格缝隔板，用铁抹子第二次压实抹光，并及时修补分格缝的缺损部位。做到平直整齐；待混凝土终凝前进行第三次压实抹光，要求做到表面平光，不起砂、起层，无抹板压痕为止，抹压时不得撒干水泥或干水泥砂浆。待混凝土终凝后必须立即进行养护，应优先采用表面喷洒养护剂养护，养护时间不得少于 14d。

（四）补偿收缩混凝土防水层施工

补偿收缩混凝土是在细石混凝土中掺入膨胀剂拌制而成。硬化后的混凝土产生微膨胀，以补偿普通混凝土的收缩。在配筋的情况下，由于钢筋限制其膨胀，从而使混凝土产生自应力，起到致密混凝土、提高混凝土强度和抗渗性的作用。其施工要求与普通细石混凝土防水层大致相同，但存在以下特殊要求：

1. 在直径为 4~6mm、间距为 100~200mm 配筋条件下，补偿收缩混凝土的自由膨胀率应为 0.05%~0.10%。

2. 混凝土配合比的确定，要根据条件参考有关数据和经验选定三个不同配合比。试验时按选定配合比拌合制作三组（每组三块）30mm × 30mm × 290mm。不同配合比的试件，经 24h 拆模，用卡尺量出试件的初始长度 L_0，然后置试件于水中养护，每天测量一次直至最大膨胀值。

3. 膨胀剂的掺量一般按内掺法计算，即取代水泥百分数。每立方米所用膨胀剂的重量与每立方米所用水泥的重量之和作为每立方米混凝土的水泥用量。

4. 原材料的配合比应按重量称量，其允许偏差值如下：水泥，± 1%；膨胀剂，± 1%；骨料，± 2%；水，± 1%。

5. 搅拌投料时，膨胀剂应与水泥同时加入，混凝土连续搅拌时间不得少于 3min。

（五）分格缝处理

细石混凝土防水层的分格缝，应设在屋面板的支承端、屋面转折处、防水层与突出屋面结构的交接处，其纵横间距不宜大于 6m。分格缝可采用嵌填密封材料并加贴防水卷材的办法进行处理，以增加防水的可靠性。

分格缝的嵌缝工作应在混凝土浇水或蓄水养护完毕后用水冲洗干净且达到干燥（含水率不大于 10%）进行。雾天、混凝土表面有冰冻或有霜露时不得施工。所有分格缝应纵横贯通，如有间隔应凿通，缝边如有缺边掉角必须修补完整，达到平整、密实，不得有蜂窝、露筋、起皮、松动现象，分格缝必须干净，缝壁和缝两外侧 50~60mm 处的水泥浮浆、残余砂浆和杂物，必须用刷缝机或钢丝刷刷除，并用吹尘工具吹净。

（六）质量要求

刚性防水屋面的施工质量要求包括以下内容：

1. 原材料及配合比必须符合设计要求。施工中要检查材料的出厂合格证、质量检验报告、计量措施和现场抽样复验报告。

2. 防水层不得有渗漏或积水现象。施工完成后要进行雨后或淋水、蓄水检验。

3. 防水层在天沟、檐沟、檐口、水落口、泛水、变形缝和伸出屋面管道的防水构造，必须符合设计要求。

4. 防水层表面平整、压实抹光，不得有裂缝、起壳、起砂等缺陷。

5. 防水层的厚度和钢筋位置应符合设计要求。

6. 分格缝的位置和间距应符合设计要求。

7. 细石混凝土防水层表面平整度的允许偏差为 5mm，施工中采用 2m 靠尺和楔形塞尺进行检查。

三、卷材防水屋面

（一）卷材防水屋面的特点、构造及适用范围

卷材防水屋面是指采用黏结胶粘贴卷材或采用带底面黏结胶的卷材进行热熔或冷粘贴于屋面基层进行防水的屋面。这种屋面具有重量轻、防水性能好的优点，其防水层的柔韧性好，能适应一定程度的结构振动和胀缩变形。所用卷材包括沥青防水卷材、高聚物改性沥青防水卷材和合成高分子防水卷材等三大系列。适用于防水等级为I~IV类的屋面防水。

（二）找平层施工

1. 一般规定

（1）找平层一般有水泥砂浆找平层和细石混凝土找平层。找平层的厚度和技术要求应符合规定。

（2）找平层宜留设分格缝，分格缝应留设在板端缝处，其纵横缝的最大间距如下：采用水泥砂浆或细石混凝土找平层时，不宜大于6m。分格缝宽宜为5~20mm，缝内嵌填密封材料。分格缝兼作排汽屋面的排汽道时，可适当加宽，并应与保温层连通。

（3）找平层表面应压实平整，排水坡度应符合设计要求。采用水泥砂浆找平层时，水泥砂浆抹平收水后应二次压光，充分养护，不得有疏松、起砂、起皮现象。

（4）基层与突出屋面结构（女儿墙、山墙、天窗壁、变形缝、烟囱等）的连接处，基层的转角处（水落口、檐口、天沟、檐沟、屋脊等）找平层均应做成圆弧。圆弧半径：沥青防水卷材应为100~150mm，高聚物改性沥青防水卷材应为150mm。内部排水的水落口周围，找平层应做成略低的凹坑。

（5）找平层的排水坡度应符合设计要求。平屋面采用结构找坡不应小于3%，采用材料找坡宜为2%；天沟、檐沟纵向找坡不应小于1%，沟底水落差不得超过200mm。

2. 水泥砂浆找平层

（1）基层处理。当基层为结构层时，屋面板应牢固安装，相邻板面高差应控制在10mm以内，缝口大小基本一致，上口缝不应小于20mm，靠非承重墙的一块板离开墙面应有20mm的缝隙。当板缝宽大于40mm时，板缝内必须配置构造钢筋。灌缝前，剔除板缝内的石渣，用高压水冲洗，支牢缝底模板，板缝内浇筑掺有微膨胀剂的细石混凝土。混凝土基层表面要清扫干净，充分洒水湿润，但不得积水。当基层为保温层时，厚度要均匀平整，否则应重铺或修整。保温层表面只能适当洒水湿润，不宜大量浇水。基层上均匀地涂刷素水泥浆一道。

（2）冲筋、设置分格缝。用与找平层相同的水泥砂浆做灰饼、冲筋，冲筋间距一般为1.0~1.5m。为了避免或减少找平层开裂，屋面找平层宜留设分格缝。按设计要求，在基层上弹线标出分格缝的位置，若为预制屋面板，则分格缝应与板缝对齐。其纵横缝的最大

间距不宜大于6m，安放分格缝的小木方应平直、连续，其高度同找平层，宽度应符合设计要求，一般上宽下窄，便于取出。

（3）铺设砂浆。按由远到近的顺序铺设砂浆，分格缝内宜一次连续铺完，同时严格掌握坡度，可用铝质直尺找坡、找平。待砂浆稍收水后，用木抹子压实、抹平，用铁抹子压光。终凝前，轻轻取出分格缝条。

（4）养护。找平层铺设12h以后，应覆盖洒水养护或喷涂冷底子油养护。

（5）含水率。柔性防水层要求基层的含水率必须达到规定的要求，否则会引起防水层起鼓和剥离。因此，防水层施工前应对基层含水率进行测试，一般可将1m²卷材平坦地干铺在找平层上，3~4h后掀开检查，找平层覆盖部位及卷材，尚未见水印时，即可铺设防水层。刚性防水层、粉状憎水材料防水层等的基层，对含水率要求不高，无明显水迹即可。

（6）修补。找平层施工及养护过程中都可能产生一些缺陷，防水层施工前应及时修补。

（三）卷材防水层施工

1. 材料选择

（1）基层处理剂。基层处理剂是为了增强防水材料与基层之间的黏结力，在防水层施工前，预先涂刷在基层上的涂料。其选择应与所用卷材的材性相容。常用的基层处理剂有用于沥青卷材防水屋面的冷底子油，用于高聚物改性沥青防水卷材屋面的氯丁胶沥青乳胶、橡胶改性沥青溶液、沥青溶液和用于合成高分子防水卷材屋面的聚胶酯煤焦油系的二甲苯溶液、氯丁胶乳溶液、氯丁胶沥青乳胶等。

（2）胶粘剂。卷材防水层的黏结材料，必须选用与卷材相应的胶粘剂。高聚物改性沥青卷材的胶粘剂主要为氯丁橡胶改性沥青胶粘剂。它是由氯丁橡胶加入沥青和助剂及溶剂等配制而成，外观为黑色液体，主要用于卷材与基层、卷材与卷材的黏结。

2. 卷材施工

（1）沥青卷材防水施工。沥青卷材防水层施工的一般工艺流程：基层表面清理、修补→涂刷冷底子油→节点附加层增强处理→定位、弹线、试铺→铺贴卷材→收头处理、节点密封→蓄水试验→保护层施工→检查验收。

1）铺设方向。沥青防水卷材的铺设方向应根据屋面坡度和屋面是否有振动来确定。当屋面坡度小于3%时，宜平行于屋脊铺贴；屋面坡度在3%~15%时，可平行或垂直于屋脊铺贴，屋面坡度大于15%或屋面受震动时，沥青防水卷材应垂直于屋脊铺贴，高聚物改性沥青防水卷材和合成高分子防水卷材可采用平行或垂直于屋脊铺贴。上下层卷材不得相互垂直铺贴。屋面坡度大于25%时，卷材宜垂直于屋脊铺贴，并应采取固定措施。固定点还应密封。

2）施工顺序。屋面防水层施工时，应先做好节点、附加层和屋面排水比较集中的部位（如屋面与水落口连接处、檐口、天沟、屋面转角处等）的处理，然后由屋面最低标高处向上施工。铺贴天沟、檐沟卷材时，宜顺天沟、檐口方向，尽量减少搭接。铺贴多跨和有高低跨的屋面时，应按先高后低、先远后近的顺序进行。大面积屋面施工时，应根据屋面特征、面积大小、施工工艺顺序、人员数量等因素合理划分流水施工段。施工段的界线宜设在屋脊、天沟、变形缝等处。

3）搭接方法及宽度要求。铺贴卷材采用搭接法，上下层及相邻两幅卷材的搭接缝应错开。平行于屋脊的搭接应顺流水方向；垂直于屋脊的搭接应顺主导方向。叠层铺设的各层卷材，在天沟与屋面的连接处，应采用叉接法搭接，搭接缝应错开，接缝宜留在屋面或天沟侧面，不宜留在沟底。

4）铺贴方法。沥青卷材的铺贴方法有浇油法、刷油法、刮油法、洒油法四种。通常采用浇油法或刷油法，在干燥的基层上满涂沥青胶，应随浇涂随铺油毡。铺贴时，油毡要展平压实，使之与下层紧密黏结，卷材的接缝，应用沥青胶赶平封严。对容易渗漏水的薄弱部位（如天沟、檐口、泛水、水落口处等），均应加铺1~2层卷材附加层。

（2）高聚物改性沥青卷材防水施工。其施工工艺流程与普通沥青卷材防水层相同。依据其特性，其施工方法有冷粘法、热熔法和自粘法之分。在立面或大坡面铺贴高聚物改性沥青防水卷材时，应采用满粘法并宜减少短边搭接。

1）冷粘法施工。冷粘法施工是利用毛刷将胶粘剂涂刷在基层或卷材上，然后直接铺贴卷材，使卷材与基层、卷材与卷材黏结。施工时，胶粘剂涂刷应均匀、不漏底、不堆积。铺贴的卷材下面的空气应排尽，并碾压黏结牢固。铺贴时应平整顺直，搭接尺寸准确，不得扭曲、皱褶，溢出的胶粘剂随即刮平封接口。接缝口应用密封材料封严，宽度不小于10mm。

2）热熔法施工。热熔法施工是指利用火焰加热器熔化热熔型防水卷材底层的热熔胶进行粘贴，施工时，在卷材表面热熔后（以卷材表面熔融至光亮黑色为度）应立即滚铺卷材，使之平展，并碾压黏结牢固。搭接缝处宜以溢出热熔的改性沥青为度，并应随即刮封接口。

3）自粘法施工。自粘法施工是指采用带有自粘胶的防水卷材，不用热施工，也不需涂胶结材料，而进行黏结。铺贴前，基层表面应均匀涂刷基层处理剂，待干燥后及时铺贴卷材。铺贴时，应先将自粘胶底面隔离纸完全撕净，排除卷材下面的空气，并碾压黏结牢固，搭接部位宜采用热风焊枪加热后随即粘贴牢固，溢出的自粘胶随即刮平封口。接缝口用不小于10mm宽的密封材料封严。

3. 合成高分子卷材防水施工。施工工艺流程与普通沥青卷材防水层相同。施工方法一般有冷粘法、自粘法和热风焊接法三种。

冷粘法、自粘法施工要求与高聚物改性沥青防水卷材基本相同，但冷粘法施工时搭接部位应采用与卷材配套的接缝专用胶粘剂，在搭接缝黏合面上涂刷均匀，并控制涂刷与黏合的间隔时间，排出空气，辊压黏结牢固。

热风焊接法是利用热空气焊枪进行防水卷材搭接黏合。焊接前卷材铺放应平整顺直，搭接尺寸准确；施工时焊接缝的结合面应清扫干净，先焊长边搭接缝，后焊短边搭接缝。

（四）屋面保护层施工

由于屋面防水层长期受阳光辐射、雨雪冰冻、上人活动等的影响，很容易使防水层遭到破坏，必须加以保护，以延长防水层的使用年限。常用的各种保护层的做法如下：

1. 浅色、反射涂料保护层

在卷材防水层上直接涂刷浅色或反射涂料，起阻止紫外线、臭氧和对阳光的反射作用，并可降低防水层表面温度。目前常用的有丙烯酸浅色涂料等。涂刷方法与用量按各种涂料使用说明书操作，基本和涂膜防水施工相同。

2. 水泥砂浆保护层

水泥砂浆保护层厚度一般为 15~25mm，配合比一般为水泥：砂 =1 ：2.5~1 ：3（体积比）或 M15 水泥砂浆。若为上人屋面时，砂浆层适当加厚。水泥砂浆保护层与防水层之间一般也应设置隔离层。

由于砂浆干缩较大，在保护层施工前，应根据结构情况每隔 4~6m 用木模设置纵横分格缝，铺设水泥砂浆时，应随铺随拍实，并用刮尺找平，排水坡度应符合设计要求。为了保证立面水泥砂浆保护层黏结牢固，在立面防水层施工时，预先在防水层表面粘上砂粒或小豆石，然后再做保护层。

3. 细石混凝土保护层

细石混凝土保护层施工前，应在防水层上铺设隔离层，并按设计要求支设好分格缝木模，当设计无要求时，每格面积不大于 36m²，分格缝宽度为 10~20mm。一个分格内的混凝土应尽可能连续浇筑，不留施工缝。振捣时宜采用铁辊滚压或人工拍实，不宜采用机械振捣，以免破坏防水层。振实后随即用刮尺按排水坡度刮平，并在初凝前用木抹子提浆抹平，初凝后及时取出分格缝木模，终凝前用铁抹子压光。抹平压光时不宜在表面掺加水泥砂浆或干灰，否则表面砂浆易产生裂缝或剥落现象。

若采用钢筋细石混凝土保护层时，钢筋网片的位置设置在保护层中间偏上部位，在铺设钢筋网片时用砂浆垫块支垫。

细石混凝土保护层浇筑完后应及时进行养护，养护时间不少于 7d。养护完后，将分格缝清理干净，嵌填密封材料。

4. 块材保护层

块材保护层的结合层一般采用砂或水泥砂浆。块材铺砌前应根据排水坡度要求挂线，以满足排水要求。保护层铺砌的块体应横平竖直。

在砂结合层上铺砌块体时，应洒水压实，并用刮尺刮平，以满足块体铺设的平整度要求。块体应对接铺砌，缝隙宽度为 10mm 左右。块体铺砌完成后，应适当洒水并轻轻压实，以免产生翘角现象。板缝先用砂填至一半的高度，然后用 1 ：2 水泥砂浆勾成凹缝，块体保护层每 100 ㎡内应留设分格缝，以防止因热胀冷缩造成板块拱起或板缝过大。分格缝缝宽 20mm，缝内嵌填密封材料。

（五）质量要求

卷材防水屋面的施工质量要求包括以下内容：

1. 卷材防水层所用卷材及其配套材料，必须符合设计要求。施工中要检查材料的出厂合格证、质量检验报告和现场抽样复验报告。

2. 卷材防水层不得有渗漏或积水现象。施工完成后要进行雨后或淋水、蓄水检验。

3. 卷材防水层在天沟、檐沟、檐口、水落口、泛水、变形缝和伸出屋面管道的防水构造，必须符合设计要求。

4. 卷材防水层的搭接应黏（焊）结牢固，密封严密，不得有皱褶、翘边和鼓泡缺陷；防水层的收头应与基层黏结并固定牢固，封口封严，不得翘边。

5. 卷材防水层的撒布材料和浅色涂料保护层应铺撒或涂刷均匀，黏结牢固；水泥砂浆、块体或细石混凝土保护层与卷材防水层间应设置隔离层；刚性保护层的分格缝留置应符合设计要求。

6. 屋面的排汽道应纵横贯通，不得堵塞。排气管应安装牢固，位置正确，封闭严密。

7. 卷材的铺贴方向应正确，卷材搭接宽度的允许偏差为 ±10mm。

四、涂膜防水屋面

（一）涂膜防水屋面的构造及适用范围

涂膜防水屋面是在屋面基层上涂刷防水涂料，经固化后形成一层有一定厚度和弹性的整体涂膜，从而达到防水目的的一种防水屋面形式。这种屋面具有施工操作简便、无污染、冷操作、无接缝、能适应复杂基层、防水性能好、温度适应性强、容易修补等特点。适用于防水等级为 II~IV 级的屋面防水，也可作为 I、II 级屋面多道防水设防中的一道防水层。

（二）基层做法及要求

涂膜防水层应满涂于找平层（基层）上，涂膜防水层的找平层应有一定的强度，且要有一定的平整度，尽可能避免裂缝的发生。

在基层上应设分格缝，缝宽 20mm，并应留在板的支撑处，其间距不宜大于 6m，分格缝应嵌填密封材料，基层转角处应抹成圆弧形，其半径不小于 50mm。通常涂膜防水层的找平层宜采用掺膨胀剂的混凝土，强度等级不低于 C20，厚度不低于 15mm。

分格缝应在浇筑找平层时预留，分格缝处应铺设带胎体增强材料的附加层，其宽度为 200~300mm。天沟、檐口等部位，均应加铺宽度不小于 200mm 的有胎体增强材料的附加层。水落口周围与屋面交接处，应做密封处理并加铺两层有胎体增强材料的附加层。涂膜深入水落口的深度不小于 50mm。

泛水处应加铺有胎体增强材料的附加层，此处的涂膜防水层宜直接涂刷至女儿墙压顶下，压顶应采用铺贴卷材或涂刷涂料等做防水处理。

涂膜防水层的收头应用防水涂料多边涂刷并用密封材料封固严密。

（三）涂膜防水层施工

涂膜防水施工的一般工艺流程：基层表面清理、修理→喷（刷）涂基层处理剂→特殊部位附加增强处理→涂布防水涂料及铺贴胎体增强材料→清理与检查修理→保护层施工。屋面基层（找平层）刮填修补、嵌缝等其他工序完成后，可进行整个屋面防水层的涂刷。防水涂料涂刷后，应在基层干燥后涂刷一层基层处理剂。基层处理剂可用冷底子油或用稀释后的防水涂料，基层处理剂要涂刷均匀、覆盖完全，等其干燥后再涂布涂膜防水层。防水涂料可采用手工抹压、涂刷和喷涂施工。

为了加强防水涂料层对基层开裂、房屋伸缩变形和结构较小沉陷的抵抗能力，在涂刷防水涂料时，可铺设胎体增强材料（聚酯无纺布、化纤无纺布）等，胎体增强材料的层数按设计要求。其搭接宽度，长边不少于 50mm，短边不少于 70mm，上、下及相邻两幅的搭接缝应错开 1/3 幅宽，上下两层不得相互垂直铺贴。对于天沟、檐沟、檐口、泛水等易产生渗漏的特殊部位，必须加铺胎体增强材料附加层，以提高防水层适应变形的能力。

（四）涂膜保护层

为了防止涂料过快老化，涂膜防水屋面应设置保护层。保护层材料可采用不透明的矿物粒料、浅色涂料、水泥砂浆或块材等。采用水泥砂浆或块材时，应在涂膜与保护层之间设置隔离层。当用不透明的矿物粒料时，应在最后一遍涂料涂刷后随即撒上，并用扫帚轻扫均匀、轻拍粘牢。当采用浅色涂料做保护层时，应在涂膜固化后进行。

（五）质量要求

涂料防水屋面的施工质量要求包括以下内容：

1. 防水涂料和胎体增强材料必须符合设计要求。施工中要检查材料的出厂合格证、质量检验报告和现场抽样复验报告。

2. 涂膜防水层不得有渗漏或积水现象。施工完成后要进行雨后或淋水、蓄水检验。

3. 涂料防水层在天沟、檐沟、檐口、水落口、泛水、变形缝和伸出屋面管道的防水构造，必须符合设计要求。

4. 涂膜防水层的平均厚度应符合设计要求，最小厚度不应小于设计厚度的 80%。

5. 涂膜防水层与基层应黏结牢固，表面平整，涂刷均匀，无流淌、皱褶、鼓泡、露胎体和翘边等缺陷。

6. 涂料防水层上的撒布材料或浅色涂料保护层应铺撒或涂刷均匀，黏结牢固；水泥砂浆、块体或细石混凝土保护层与涂料防水层间应设置隔离层；刚性保护层的分格缝留置应符合设计要求。

第五章 土木工程项目质量管理

本章从土木工程项目质量形成的过程、内涵出发，叙述了工程项目质量管理的基本概念和内容；重点介绍了工程项目质量控制、工程项目质量统计分析方法、工程项目质量事故处理方案与鉴定验收等知识点。施工阶段的质量控制，出现质量事故时的处理方案和工程项目质量鉴定与验收，对土木工程项目质量管理案例进行了具体分析。

第一节 概述

工程项目质量是基本建设效益得以实现的保证，是决定工程建设成败的关键。工程项目质量管理是为了保证达到工程合同规定的质量标准而采取的一系列措施、手段和方法，应当贯穿工程项目建设的整个寿命周期。工程项目质量管理是承包商在项目建造过程中对项目设计、项目施工进行的内部的自身的管理。针对工程项目业主，工程项目质量管理可保证工程项目按照工程合网规定的质量要求，实现项目业主的建设意图，取得良好的投资效益。针对政府部门，工程项目质量管理可维护社会公众利益，保证技术性法规和标准的贯彻执行。

一、工程项目质量管理

（一）工程项目质量管理与工程项目质量控制

1. 质量和工程质量

质量是指一组固有特性满足要求（包括明示的、隐含的和必须履行的）的程度。质量不仅是指产品质量，也可以是某项活动或过程的工作质量，还可以是质量管理体系的运行质量；固有是指事物本身所具有的，或者存在于事物中的特性，是指某事物区别于其他事物的特殊性质。对产品而言，特性可以是产品的性能，如强度等，也可以是产品的价格、交货期等。工程质量的固有特性通常包括使用功能、耐久性、可靠性、安全性、经济性以及与环境的协调性，这些特性满足要求的程度越高，质量就越好。

2. 工程项目质量形成的过程

工程项目质量是按照工程建设程序，经过工程建设的各个阶段逐步形成的。

工程项目质量形成的过程决定工程项目质量管理过程。

3. 质量管理和工程质量管理

质量管理是在质量方面指挥和控制组织协调活动的管理，其首要任务是确定质量方针、质量目标和质量职责，核心是要建立有效的质量管理体系，并通过质量策划、质量控制、质量保证和质量改进四大支柱来确保质量方针、质量目标的实施和实现。其中，质量策划是致力于制订质量目标并规定必要的进行过程和相关资源来实现质量目标；质量控制是致力于满足工程质量要求，为了保证工程质量满足工程合同、规范标准所采取的一系列措施、方法和手段；质量保证是致力于提供质量要求并得到信任；质量改进是致力于增强满足质量要求的能力。质量管理也可以理解为：监视和检测；分析判断；制订纠正措施；实施纠正措施。就工程项目质量而言，工程项目质量管理是为达到工程项目质量要求所采取的作业技术和活动。工程项目质量要求主要表现为工程合同、设计文件、规范规定的质量标准。工程项目质量管理就是为了保证达到工程合同规定的质量标准而采取的一系列措施、手段和方法。

4. 质量控制和工程项目质量控制

质量控制是质量管理的一部分，是致力于满足质量要求的一系列相关活动。这些活动主要包括以下方面：

（1）设定标准，即规定要求，确定需要控制的区间、范围、区域。

（2）测量结果，测量满足所设定标准的程度。

（3）评价，即评价控制的能力和效果。

（4）纠偏，对不满足设定标准的偏差及时纠正。保持控制能力的稳定性，工程项目质量控制是为达到工程项目质量目标所采取的作业技术和活动，贯穿于项目执行的全过程；是在明确的质量目标和具体的条件下，通过行动方案和资源配置的计划，实施、检查和监督，进行质量目标的事前预控、事中控制和事后纠偏控制，实现预期质量目标的系统过程。

（二）工程项目的质量管理总目标

结合工程项目建设的全过程及工程项目质量形成的过程，工程项目建设的各阶段对项目质量及项目质量的最终形成有直接影响。可行性研究阶段是确定项目质量目标和水平的依据；决策阶段确定项目质量目标和水平；设计阶段使项目的质量目标和水平具体化；施工阶段实现项目的质量目标和水平；竣工验收阶段保证项目的质量目标和水平；生产运行阶段保持项目的质量目标和水平。

由此可见，工程项目的质量管理总目标是在策划阶段进行目标决策时由业主提出的，是对工程项目质量提出的总要求，包括项目范围的定义，系统过程、使用功能与价值应达到的质量等级等。同时工程项目的质量管理总目标还要满足国家对建设项目规定的各项工程质量验收标准及用户提出的其他质量方面的要求。

（三）工程项目质量管理的责任体系

在工程项目建设中，参与工程项目建设的各方，应根据国家颁布的相关规定及合同协议及有关文件的规定承担相应的质量责任。

工程项目质量控制按其实施者不同，分为自控主体和监控主体。前者指直接从事质量职能的活动者；后者指对他人质量能力和效果的监控者。

（四）工程项目质量管理的原则

建设项目的各参与方在工程质量管理中，应遵循以下原则：质量第一的原则；以人为核心的原则；以预防为主的原则；质量标准的原则；科学、公正守法的职业道德规范。

（五）工程项目质量管理的思想和方法

工程项目质量具有影响因素多、质量波动大、质量变异大、隐蔽工程多、成品检验局限性大等特点，基于工程项目质量的这些特点，工程项目质量管理的思想和方法有以下几种：

1.PDCA 循环原理

工程项目的质量控制是一个持续的过程。首先在提出质量目标的基础上，制订实现目标的质量控制计划，有了计划，便要加以实施，将制订的计划落到实处。在实施过程中，必须经常进行检查监控，以评价实施结果是否与计划一致。最后，对实施过程中发现的工程质量问题进行处理，这一过程的原理就是 PDCA 循环。

PDCA 循环是建立质量体系和进行质量管理的基本方法。每一次循环都围绕着实现预期的目标，进行计划、实施、检查和处理活动，随着对存在问题的解决和改进，在一次一次的滚动循环中逐步上升，不断提高质量水平。

2. 三阶段控制原理

工程项目各个阶段的质量控制，按照控制工作的开展与控制对象实施的时间关系，均可概括为事前控制、事中控制和事后控制。

事前、事中、事后三阶段的控制不是孤立和截然分开的，它们之间构成有机的系统过程，实质上也就是 PDCA 循环具体化，并在每一次滚动循环中不断提高，达到质量控制的持续改进。

3. 三全控制原理

三全控制原理是指在企业或组织最高管理者的质量方针指引下，实行全面、全过程和全员参与的质量管理。

（1）全面质量管理

全面质量管理是指建设工程项目参与各方所进行的工程项目质量管理的总称，其中包括工程（产品）质量和工作质量的全面管理。全面质量管理要求参与工程项目的建设单位、勘察单位、设计单位、监理单位、施工总承包单位、施工分包单位、材料设备供应商等，都有明确的质量控制活动的内容。任何一方、任何环节的怠慢疏忽或质量责任不到位都会造成对建设工程质量的不利影响。

（2）全过程质量管理

全过程质量管理是指根据工程质量的形成规律，从源头抓起，全过程推进。全过程质量控制必须体现预防为主，不断改进为顾客服务的思想，要控制的主要过程如下：项目策划与决策过程；勘察设计过程；施工采购过程；施工组织与准备过程；检测设备控制与计量过程；施工生产的检验试验过程；工程质量的评定过程；工程竣工验收与交付过程；工程回访维修服务过程等。

（3）全员参与质量管理

按照全面质量管理的思想，组织内部的每个部门和工作岗位都承担着相应的质量职能，组织的最高管理者确定了质量方针和目标，就应组织和动员全体员工参与到实施质量方针的系统活动中，发挥自己的角色作用。开展全员参与质量管理的重要手段就是运用目标管理方法，将组织的质量总目标逐级进行分解，使之形成自上而下的质量目标分解体系和自下而上的质量目标保证体系，发挥组织系统内部每个工作岗位部门或团队在实现质量总目标过程中的作用。

二、工程项目质量控制基准与质量管理体系

（一）工程项目质量控制基准

工程项目质量控制基准是衡量工程质量、工序质量和工作质量是否合格或满足合同规定的质量标准，主要有技术性质量控制基准和管理性质量控制基准两大类。工程项目质量控制基准是业主和承包商在协商谈判的基础上以合同文件的形式确定下来的，是处于合同环境下的质量标准。工程项目质量控制基准的建立应当遵循以下原则：

1. 符合有关法律、法规。

2. 达到工程项目质量目标，让用户满意。

3. 保证一定的先进性。

4. 加强预防性。

5. 照顾特定性，坚持标准化。

6. 不追求过剩质量，追求经济合理性。

7. 有关标准应协调配套。

8. 与国际标准接轨。

9. 做到程序简化和职责清晰，可操作性强。

（二）企业质量管理体系的建立与认证

企业质量管理体系是企业为实施质量管理而建立的管理体系，通过第三方质量认证机构的认证，为该企业的工程承包经营和质量管理奠定基础。企业质量管理体系应按照我国相关规定进行建立和认证。

三、建筑施工检测

（一）建设工程质量检测见证制度

作为与我们的日常生活密切相关的大型综合产品，建筑工程的安全性、稳定性和耐用性逐渐引起人们的关注。因此，为了保证建设项目的质量，必须采用一些科学技术和科学管理方法。工程质量检查是工程质量监督管理的重要内容，也是做好工程质量的技术保证。中国建设项目质量检测工作逐步规范，项目质量检测机构不断完善，检测网络逐步完善。大多数城市，特别是大中城市，基本上都在建设项目的整个过程中实现了质量检测控制。见证取样是建设项目质量检测工作的重要组成部分，在建设项目质量控制中发挥着重要作用。为了规范建材和构筑物的质量检测，确保建设项目质量检测的科学性、公正性和准确性，实现项目质量检测的综合管理。

顾名思义，见证取样是指承包商根据相关规定对进入现场并在监督单位（建筑单位）检测和检查员的见证下的所有建筑材料和组件进行取样，这意味着发送符合资格要求的检测。见证取样涉及三方：建造者、见证方和试验人员。

1. 见证取样技术的目的以及取样的作用

由于见证取样是一种以数据格式完全表示建筑物质量的计划，因此建筑物取样技术的准确性直接影响着人们对整个项目质量的判断。见证取样技术可以拉近建筑商之间的关系，见证取样技术可以为客户提供可靠的施工结果。目前，中国将建筑取样的结果作为检测项目是否完成的重要标准。见证取样技术已成为确保客户权益的基本保证。高质量的建筑材料可以防止使用劣质的建筑材料影响建筑项目的质量，同时规范建筑工作的准确性并允许施工方学习专门的建筑技术。同时，它可以作为有力的武器来保障施工方的合法权益。如果施工方完全完成任务并且客户拖欠了施工方的资金，则可以将见证人取样检测结果用作证明项目高质量完成的依据，从而证明他们的权利。

2. 我国见证取样技术的现状及其原因

随着我国逐渐过渡到社会主义经济时代，建设项目的质量呈爆炸性增长，在这种情况下，我国积极倡导对建设项目质量的检测。然而，由于质量检测技术仍处于起步阶段，因此建筑工程质量检测过程的质量还不够高。当前，人们的意识还不够强，在整个检测项目中都出现了以下问题，影响了检测过程。首先，由于目前的评级体系不完善及我国检查人员缺乏监督，一些不具备见证取样资格的人将影响整个见证取样市场。其次，一些见证人员的自我意识低下，在见证过程中容易收受建筑商的贿赂。在整个见证取样过程中，一些重要细节被直接忽略。在见证人员默认的情况下，在检测关键结构零件并进一步检测的过程中，施工方可以窃取正在施工的标记模块并锻造混凝土模块。再次，质量检测员不能完全理解标准和规格，以非标准方式使用设备，并且在分析测试结果数据时会出错，这是影响整个检测过程质量的重要原因之一。最后，缺乏用于质量检测员的专用设备是难以提高整个质量检测的重要原因。由于人为错误，无法收集检查数据，或者质量检查过程中存在重大错误。目前，我国许多建筑公司都在盲目地缩短工期，以获得更多的经济效益。为了确保工程的质量，他们的不道德行为直接导致见证检测技术的应用效果低下。

3. 部分建筑材料和工程结构的质量检测

作为建设项目的基本要素，建筑材料的质量直接影响到项目的质量。工程结构的质量安全是工程安全的重要保证，关系到建设项目的整体牢固性和耐久性。因此，质量检测是建筑材料和工程结构质量控制的重要保证。首先是混凝土。混凝土是建筑工程必不可少的重要工程材料，具有品种多、成本低、适应性强、抗压强度高、耐久性好、结构方便等优点，其性能在工程上具有实用性。为了确保建筑结构的可靠性，在混凝土制造的各个阶段进行质量检测已成为建筑项目施工过程中不可忽略的环节。由于建筑物不同部分的环境和工作条件不同，因此特定的性能要求也有所不同。具体的质量控制通常分为两类。第一类是制造过程中的控件，第二类是经过认证的控件。即在交付之前，根据相关标准检查并批准了材料或组件的认证。特定样本必须由施工单位的样品运送人员及委托的监督单位的见证人运送。此外，试件应标明使用位置、设计强度等级、制造日期和其他方面。其次是水泥。水泥是一种广泛用于现代建筑项目中的重要建筑材料。水泥进入现场后，必须先检查水泥制造商是否具有产品制造许可证，然后检查水泥现场资格证书和现场检查报告。必须在相同批号的不同部分中平均采样，并且重量至少为 12 kg。套袋水泥和散装水泥应分别编号和取样。再次是工程桩。工程桩的检查一般分为静载荷试验、高应变动态试验和低应变动态试验。可以通过静载荷检测、高应变和低应变动态检测结果来判断工程桩的质量。当前，静载荷测试是一种高度准确、实用和直观的测试方法，但是其成本较高，检测时间较长。高应变和低应变动态测试方法具有快速、经济和方便的优点，可快速确定桩身混凝土的质量和特定缺陷的存在。当桩身混凝土需要维护时，应在 28 d 后进行工程桩的动态检测。最后是砌筑砂浆。砌筑砂浆的强度直接影响着承重墙的工程质量，这是砌砖工程的保证项目之一。如果在取样过程中未采取任何控制措施，则砂浆检测块的采样不符合要求。如果砂浆试块损坏，其强度将低于实际强度。砂浆样品应密封并存放，在主管的陪同下，同时填写采购订单并指明取样位置。

（二）桩基质量检测

1. 钢筋混凝土预制桩质量控制与检验

钢筋混凝土预制桩是指在地面预先制作成型并通过锤击或静压的方法沉至设计标高而形成的桩。

（1）钢筋混凝土预制桩质量控制

1）原材料质量控制

混凝土预制桩可在工厂生产，也可在现场支模预制。桩体在现场预制时，原材料质量应符合下列要求：

粗集料应采用质地坚硬的卵石、碎石，其粒径宜用 5~40 mm 连续级配，含泥量不大于 2%，无垃圾及杂物。

细集料应选用质地坚硬的中砂，含泥量不大于 3%，无有机物、垃圾、泥块等杂物。

水泥宜用强度等级为 32.5、42.5 的硅酸盐水泥或普通硅酸盐水泥，必须有出厂质量证明书和水泥现场取样复试试验报告，合格后方准使用。

钢筋应具有出厂质量证明书和钢筋现场取样复试试验报告，合格后方准使用。

拌和用水应用一般饮用水或洁净的自然水。

混凝土配合比依据现场材料和设计要求强度，采用经试验室试配后确定的混凝土配合比。

2）成品桩质量要求

预制桩钢筋骨架的质量检验标准应符合表 5-1 的规定。

表5-1　预制桩钢筋骨架质量检验标准

项目	序号	检查项目	允许偏差或允许值/mm	检查方法
主控项目	1	主筋距桩顶距离	±5	用钢尺量
	2	多节桩锚固钢筋位置	5	用钢尺量
	3	多节桩预埋铁件	±3	用钢尺量
	4	主筋保护层厚度	±5	用钢尺量
一般项目	1	主筋间距	±5	用钢尺量
	2	桩尖中心线	10	用钢尺量
	3	箍筋间距	±20	用钢尺量
	4	桩顶钢筋网片	±10	用钢尺量
	5	多节桩锚固钢筋长度	±10	用钢尺量

采用工厂生产的成品桩时，桩进场后应进行外观及尺寸检查，要有产品合格证书。

3）施工过程质量控制

做好桩定位放线检查复核工作，施工过程中应对每根桩桩位进行复核（特别是定位桩的位置），桩位的放样允许偏差：群桩为 20 mm，单排桩为 10 mm。

认真编制和审查钢筋混凝土预制桩的专项施工方案；施工时应认真逐级进行施工技术和安全技术交底。

压桩时的压力数值是判断桩基承载力的依据，也是指导压桩施工的一项重要参数。

打桩时，对于桩尖进入坚硬土层的端承桩，以控制贯入度为主，以桩尖进入持力层深度或桩尖标高为参考；桩尖位于软土层中的摩擦型桩，应以控制桩尖设计标高为主，贯入度可作为参考。

打桩时，采用重锤低速击桩和软桩垫施工，以减少锤击应力。

打桩时，在已有建（构）筑物群中及地下管线和交通道路边施工时，应采取措施防止造成损坏。

静力压桩法。施工前，应了解施工现场土层土质情况，检查装机设备，以免压桩时中途中断，造成土层固结，使压桩困难。

静力压桩，当桩压至接近设计标高时，不可过早停压，应使压桩一次成功，以免造成压不下或超压现象。

在施工过程中必须随时检查施工记录，并对照规定的施工工艺对每根桩进行质量检查。其检查重点包括压力值、接桩间歇时间、桩体垂直度、沉桩情况、桩顶完整状况、接桩质量等。

要保证桩体垂直度，就要认真检查桩机就位情况，保证桩架稳定垂直。

施工机组要在打桩施工记录中详细记录沉桩情况及桩顶完整状况。

接桩时若电焊质量较差，接头在锤击过程中易断开，尤其是接头对接的两端面不平整时，电焊更不容易保证质量，因此有必要对重要工程进行 X 光拍片检查。

接桩时宜选用半成品硫黄胶泥，浇筑温度应控制在 140℃ ~150℃。

施工结束后，应对承载力及桩体质量做检验。

混凝土桩的龄期对抗裂性有影响，这是经过长期试验得出的结果。

（2）钢筋混凝土预制桩质量检验

1）检验数量

对于主控项目，其检验数量的相关规定如下：

a. 承载力检验。关于静载荷试验桩的数量，如果施工区域地质条件单一，当地又有足够的实践经验，可根据实际情况按设计确定，并应符合下列要求：

当设计有要求或满足下列条件之一时，施工前应采用静载试验确定单桩竖向抗压承载力特征值：地基基础设计等级为甲级、乙级的桩基；地质条件复杂，桩施工质量可靠性低；本地区采用的新桩型或新工艺。检测数量：在同一条件下不应少于 3 根，且不宜少于总桩数的 1%；当工程桩总数在 50 根以内时，不应少于 2 根。

对单位工程内且在同一条件下的工程桩，当符合下列规定条件之一时，应采用单桩竖向抗压承载力静载试验进行验收检测；地基基础设计等级为甲级的桩基；地质条件复杂，桩施工质量可靠性低；本地区采用的新桩型或新工艺；挤土群桩施工时产生挤土效应。抽检数量：不应少于总桩数的1%，且不少于3根；当总桩数在50根以内时，不应少于2根。对上述规定条件外的工程桩，当采用竖向抗压静载试验进行验收承载力检测时，抽检数量宜按本数量要求执行。

对上述规定条件外的预制桩，可采用高应变法进行单桩竖向抗压承载力验收检测。当有本地区相近条件的对比验证资料时，高应变法也可作为上述规定条件下单桩竖向抗压承载力验收检测的补充。抽检数量：不宜少于总桩数的5%，且不得少于5根。

打入式预制桩有下列条件要求之一时，应采用高应变法对试打桩的打桩过程进行监测；控制打桩过程中的桩身应力；选择沉桩设备和确定工艺参数；选择桩端持力层。检测数量：在相同施工工艺和相近地质条件下，试打桩数量不应少于3根。

b. 混凝土桩的桩身完整性检测。桩身质量的检验方法很多，可按国家现行行业标准《建筑基桩检测技术规范》（JGJ 106—2014）所规定的方法执行。打入预制桩的质量容易控制，问题也较易发现，抽查数可较灌注桩少。

柱下三桩或三桩以下的承台。抽检数量：不得少于1根。

地基基础设计等级为甲级。抽检数量：不应少于总桩数的30%，且不得少于20根；其他桩基工程的抽检数量不应少于总桩数的20%，且不得少于10根。

当出现异常情况的桩（指施工质量有疑问的桩、设计方认为重要的桩、局部地质条件出现异常的桩及施工工艺不同的桩）数较多或为了全面了解整个工程基桩的桩身完整性情况时，应适当增加抽检数量。

c. 单桩竖向抗拔。水平承载力检测。对于承受拔力和水平力较大的桩基，应进行单桩竖向抗拔、水平承载力检测。检测数量：不应少于总桩数的1%，且不应少于3根。

d. 单桩承载力和桩身完整性验收。抽样检测的桩选择应符合下列规定：

施工质量有疑问的桩；设计方认为重要的桩；局部地质条件出现异常的桩；施工工艺不同的桩；承载力验收检测时适量选择完整性检测中判定的Ⅲ类桩；同类型桩宜均匀随机分布。

e. 除单桩承载力和桩身完整性验收外，其他主控项目应全部检查。

对于一般项目，除有明确规定外，其他可按20%抽查，但混凝土灌注桩应全部检查。

2）检验标准

钢筋混凝土预制桩工程质量检验标准见表5-2。

表5-2　钢筋混凝土预制桩质量检验标准

项目	序号	检查项目单位		允许偏差或允许值		检查方法
				单位	数值	
主控项目	1	桩体质量检验		按《建筑基桩检测技术规范》		按《建筑基桩检测技术规范》
	2	桩位偏差		见表5-3		用钢尺量
	3	承载力		按《建筑基桩检测技术规范》		按《建筑基桩检测技术规范》
一般项目	1	砂、石、水泥、钢材等原材料（现场预制时）		符合设计要求		查出厂质保文件或抽样送检
	2	混凝土配合比及强度（现场预制时）		符合设计要求		检查称量及查试块记录
	3	成品桩外形		表面平整，颜色均匀，掉角深度<10 mm，蜂窝面积小于总面积0.5%		直观
	4	成品桩裂缝（收缩裂缝或成吊、装运、堆放引起的裂缝）		深度<20 mm，宽度<0.25 mm，横向裂缝不超过边长的一半		裂缝测定仪，该项在地下水有侵蚀地区及锤击数超过500击的长桩不适用
	5	成品桩尺寸	横截面边长	mm	±5	用钢尺量
			桩顶对角线差	mm	<10	用钢尺量
			桩尖中心线	mm	<10	用钢尺量
			桩身弯曲矢高	mm	$<L/1000$	用钢尺量，l为桩长
			桩顶平整度	mm	<2	用水平尺量
	6	电焊接桩	焊缝质量	见表5-4		见表5-4
			电焊结束后停歇时间	min	>1.0	秒表测定
			上下节平面偏差	mm	<10	用钢尺量
			节点弯曲矢高	mm	$<L/1000$	用钢尺量，l为两节桩长
	7	硫黄胶泥接桩：胶泥浇筑时间		min	<7	秒表测定
		浇筑后停歇时间		min	>7	秒表测定
	8	桩顶标高		mm	±50	水准仪
	9	停锤标准		设计要求		现场实测或查沉桩记录

打(压)入桩(预制混凝土方桩、先张法预应力管桩、钢桩)的桩位偏差，必须符合表5-3、表5-4的规定。斜桩倾斜度的偏差不得大于倾斜角正切值的15%（倾斜角是桩的纵向中心线与铅垂线间的夹角）。

表5-3　预制桩（钢桩）桩位的允许偏差

序号	项目		允许偏差/mm
1	盖有基础梁的桩	垂直基础梁的中心线	100+0.01H
		沿基础梁的中心线	150+0.01H
2	桩数为1~3根桩基中的桩		100
3	桩数为4~16根桩基中的桩		1/2桩径或边长
4	桩数大于16根桩基中的桩	最外边的桩	1/3桩径或边长
		中间桩	1/2桩径或边长
注：H为施工现场地面标高与桩顶设计标高的距离。			

表5-4钢桩施工质量检验标准

项目	序号	检查项目	允许偏差或允许值		检查方法
			单位	数值	
主控项目	1	桩位偏差	见表5-3		用钢尺量
	2	承载力	按《基桩检测技术规范》		按《建筑基桩检测技术规范》
一般项目	1	电焊接桩焊接：			
		（1）上下节端部错口			
		（外径≥700 mm）	mm	≤3	用钢尺量
		（外径≤700 mm）	mm	≤2	用钢尺量
		（2）焊缝咬边深度	mm	≤0.5	焊缝检查仪
		（3）焊缝加强层高度	mm	2	焊缝检查仪
		（4）焊缝加强层宽度	mm	2	焊缝检查仪
		（5）焊缝电焊质量外观	无气孔，无焊瘤，无裂缝		直观
		（6）焊缝探伤检验	满足设计要求		按设计要求
	2	电焊结束后停歇时间	min	＞1.0	秒表测定
	3	节点弯曲矢高	mm	$<L/1000$	用钢尺量，1为两节桩长
	4	桩顶标高	mm	±50	水准仪
	5	停锤标准	设计要求		用钢尺量或沉桩记录

桩基工程的桩位验收，除设计有规定外，应按下述要求进行：

当桩顶设计标高与施工现场标高相同时，或桩基施工结束后有可能对桩位进行检查时，桩基工程的验收应在施工结束后进行。

当桩顶设计标高低于施工场地标高，送桩后无法对桩位进行检查时，对打入桩可在每根桩桩顶沉至场地标高时进行中间验收，待全部桩施工结束，承台或底板开挖到设计标高后，再做最终验收。中间验收有利于区分打桩及土方承包商的责任。

（3）钢筋混凝土预制桩质量记录

1）经审定的桩基工程施工组织设计、实施中的变更情况。

2）工程地质勘察报告、桩基工程图纸会审记录、设计变更记录、技术核定单、材料代用签证单等。

3）开工报告、技术交底。

4）桩基工程定位放线和定位放线验收记录。

5）钢材质量证明书、水泥出厂检验报告、电焊条质量证明书。

6）现场预制桩的钢筋物理性能检验报告，钢筋焊接检验报告，混凝土预制桩（钢筋骨架）工程检验批质量验收记录，水泥物理性能检验报告，砂、石检测报告，混凝土配合比通知单，现场混凝土计量和坍落度检验记录，钢筋骨架隐蔽工程验收记录，混凝土施工记录，混凝土试件抗压强度报告，混凝土强度验收统计表。

7）成品桩的出厂合格证及进场后对该批成品桩的检验记录。

8）打桩施工记录或汇总表、桩位中间验收记录、每根桩的接桩记录和硫黄胶泥试件试验报告或焊接桩的探伤报告。

9）桩基工程隐蔽工程验收记录。

10）混凝土预制桩工程检验批质量验收记录、分项工程质量验收记录。

11）工程竣工质量验收报告、桩基检测报告。

12）桩基施工总结或技术报告。

13）桩基工程竣工图（包括桩号、桩位偏差、桩顶标高、桩身垂直度）。

2. 钢筋混凝土灌注桩质量控制与检验

灌注桩是直接在桩位上就地成孔，然后在孔内安放钢筋笼，最后灌注混凝土而成的桩。

（1）钢筋混凝土灌注桩质量控制

1）原材料质量控制

粗集料应采用质地坚硬的卵石、碎石，其粒径宜用 5~40 mm 连续级配，含泥量不大于 2%，无垃圾等杂物。

细集料应选用质地坚硬的中砂，含泥量不大于 3%，无有机物、垃圾、泥块等杂物。

水泥宜采用强度等级为 32.5、42.5 级的硅酸盐水泥或普通硅酸盐水泥，使用前必须有出厂质量证明书和水泥现场取样复试试验报告，合格后方准使用。

钢筋应具有出厂质量证明书和钢筋现场取样复试试验报告，合格后方准使用。

拌和用水应为一般饮用水或洁净的自然水。

混凝土配合比依据现场材料和设计要求的强度，采用经试验室试配后出具的混凝土配合比。

2）施工过程质量控制

施工前，施工单位应当根据工程具体情况编制专项施工方案，监理单位应当编制切实可行的监理实施细则。

灌注桩每道工序开始前，应逐级做好安全技术和施工技术交底，并认真履行签字手续。

灌注桩施工前，应先做好建筑物的定位和测量放线工作，施工过程中应对每根桩桩位复查（特别是定位桩的位置），以确保桩位正确。

施工前应对水泥、砂、石子（如现场搅拌）、钢材等原材料进行检查，对进场的机械设备、施工组织设计中制订的施工顺序、监测手段（包括仪器、方法等）也应进行检查。

桩施工前，应进行“试成孔”。

试孔结束后应检查孔径、垂直度、孔壁稳定性、沉渣厚度等是否符合要求。

泥浆护壁成孔桩成孔过程中要检查钻机就位的垂直度和平面位置，开孔前应对钻头直径和钻具长度进行量测，并记录备查，还要检查护壁泥浆的容积密度及成孔后沉渣的厚度（影响钻孔灌注桩成桩质量的泥浆的性能指标主要是容积密度和黏度）。

钢筋笼宜分段制作，连接时 50% 的钢筋接头应错开焊接，并对钢筋笼立焊的质量要特别加强检查控制，确保钢筋接头质量。

孔壁坍塌一般是因预先未料到的复杂的不良地质情况、钢护筒未按规定埋设、泥浆黏度不够、护壁效果不佳、孔口周围排水不良或下钢筋笼及升降机具时碰撞孔壁等因素造成的，易造成埋、卡钻事故，应高度重视并采取相应措施予以解决。

扩径、缩径都是由于成孔直径不规则出现扩孔或缩孔及其他不良地质现象引起的。

混凝土的坍落度对成桩质量有直接影响，坍落度合理的混凝土可有效地保证混凝土的灌注性、连续性和密实性，坍落度一般应控制在 18~22 cm 内。

导管底端在混凝土面以下的深度是否合理关系成桩质量的好坏，必须予以严格控制。

（2）钢筋混凝土灌注桩质量检验

1）混凝土灌注桩钢筋笼质量检验标准。混凝土灌注桩钢筋笼质量检验标准见表 5-5。

表5–5　混凝土灌注桩钢筋笼质量检验标准

项目	序号	检验项目	允许偏差或允许值/mm	检验方法
主控项目	1	主筋间距	±10	用钢尺量
	2	长度	±100	用钢尺量
一般项目	1	钢筋材质检验	设计要求	抽样送检
	2	箍筋间距	±20	用钢尺量
	3	直径	±10	用钢尺量

2）灌注桩的平面位置和垂直度的允许偏差。灌注桩的平面位置和垂直度的允许偏差应符合表 5-6 的规定。

表5-6　灌注桩的平面位置和垂直度允许偏差

<table>
<tr><td rowspan="3">序号</td><td rowspan="3" colspan="2">成孔方法</td><td rowspan="3">桩径允许偏差/mm</td><td rowspan="2">垂直度允许偏差/%</td><td colspan="2">桩位允许偏差/mm</td></tr>
<tr><td>1~3根、单排桩基垂直于中心线方向和群桩基础的边桩</td><td>条形桩基沿中心线方向和群桩基础的中间桩</td></tr>
<tr><td></td><td></td><td></td></tr>
<tr><td rowspan="2">1</td><td rowspan="2">泥浆护壁钻孔桩</td><td>D≤1000 mm</td><td>±50</td><td rowspan="2"><1</td><td>D/6，且不大于100</td><td>D/4，且不大于150</td></tr>
<tr><td>D>1000 mm</td><td>±50</td><td>100+0.01H</td><td>150+0.01H</td></tr>
<tr><td rowspan="2">2</td><td rowspan="2">套管成孔灌注桩</td><td>D≤500 mm</td><td rowspan="2">−20</td><td rowspan="2"><1</td><td>70</td><td>150</td></tr>
<tr><td>D>500 mm</td><td>100</td><td>150</td></tr>
<tr><td>3</td><td colspan="2">干成孔灌注桩</td><td>−20</td><td><1</td><td>70</td><td>150</td></tr>
<tr><td rowspan="2">4</td><td rowspan="2">人工挖孔桩</td><td>混凝土护壁</td><td>+50</td><td><0.5</td><td>50</td><td>150</td></tr>
<tr><td>钢套管护壁</td><td>+50</td><td><1</td><td>100</td><td>200</td></tr>
<tr><td colspan="7">注：1.桩径允许偏差的负值是指个别断面。
2.采用复打、反插法施工的桩，其桩径允许偏差不受本表限制。
3.H为施工现场地面标高与桩顶设计标高的距离，D为设计桩径。</td></tr>
</table>

（3）钢筋混凝土灌注桩质量记录

1）经审定的桩基工程施工组织设计、实施中的变更情况。

2）工程地质勘察报告、桩基工程图纸会审记录、设计变更记录、技术核定单、材料代用签证单等。

3）开工报告、技术交底、桩基工程定位放线和定位放线验收记录。

4）钢材质量证明书、水泥出厂检验报告、电焊条质量证明书。

5）现场预制桩的钢筋物理性能检验报告，钢筋焊接检验报告，混凝土预制桩（钢筋骨架）工程检验批质量验收记录，水泥物理性能检验报告，砂、石检测报告，混凝土配合比通知单，现场混凝土计量和坍落度检验记录，钢筋骨架隐蔽工程验收记录，混凝土施工记录，混凝土试件抗压强度报告，混凝土强度验收统计表。

6）成品桩的出厂合格证及进场后对该批成品桩的检验记录。

7）打桩施工记录或汇总表，桩位中间验收记录，每根桩、每节桩的接桩记录，硫黄胶泥试件试验报告或焊接桩的探伤报告。

8）桩基工程隐蔽工程验收记录。

9）混凝土预制桩工程检验批质量验收记录，分项工程质量验收记录。

10）工程竣工质量验收报告、桩基检测报告。

11）桩基施工总结或技术报告。

12）桩基工程竣工图（包括桩号、桩位偏差、桩顶标高、桩身垂直度）。

（三）结构混凝土检测

1. 混凝土原材料及配合比的质量检验

（1）水泥

1）水泥进场时必须有产品合格证、出厂检验报告，并对水泥品种、级别、包装或散装仓号、出厂日期等进行检查验收。对其强度、安定性及其他必要的性能指标进行复试，其质量必须符合相关规定。

2）当使用中对水泥的质量有怀疑或水泥出厂超过三个月（快硬水泥超过一个月）时，应进行复试，并按复试结果使用。

3）钢筋混凝土结构、预应力混凝土结构中，严禁使用含氯化物的水泥。

4）水泥在运输和储存时，应有防潮、防雨措施，防止水泥受潮凝结结块、强度降低，不同品种和强度等级的水泥应分别储存，不得混存混用。

（2）骨料

1）混凝土中用的骨料有细骨料（砂）、粗骨料（碎石、卵石）。其质量必须符合国家现行标准的有关规定。

2） 骨料进场时，必须进行复验，按进场的批次和产品的抽样检验方案，检验其颗粒级配、含泥量及粗细骨料的针片状颗粒含量，必要时还应检验其他质量指标。对海砂，还应按批检验其氧盐含量，其检验结果应符合有关标准的规定。对含有活性二氧化硅或其他活性成分的骨料，应进行专门试验，待验证确认对混凝土质量无有害影响时，方可使用。

3）骨料在生产、采集、运输与存储过程中，严禁混入煅烧过的白云石或石灰块等影响混凝土性能的有害物质；骨料应按品种、规格分别堆放，不得混杂。

（3）水

拌制混凝土宜采用饮用水；当采用其他水源时，应进行水质试验，水质应符合国家现行标准的相关规定。不得使用海水拌制钢筋混凝土和预应力混凝土，不宜用海水拌制有饰面要求的素混凝土。

（4）外加剂

1）混凝土中掺用的外加剂应有产品合格证、出厂检验报告，并按进场的批次和产品的抽样检验方案进行复验，其质量及应用技术应符合现行国家标准及有关环境保护的规定。

2）预应力混凝土结构中，严禁使用含氯化物的外加剂。钢筋混凝土结构中，当使用含氯化物的外加剂时，混凝土中氯化物的总含量应符合现行国家标准的规定。选用的外加剂，需要时还应检验其氯化物、硫酸盐等有害物质的含量，经验证确认对混凝土无有害影响时方可使用。

3）不同品种外加剂应分别存储，做好标记，在运输和存储时不得混入杂物和遭受污染。

（5）掺和料

混凝土中使用的掺和料主要是粉煤灰，其掺量应通过试验确定。进场的粉煤灰应有出厂合格证，并应按进场的批次和产品的抽样检验方案进行复试。其质量应符合国家现行标准的规定。

（6）配合比

1）混凝土的配合比应根据现场采用的原材料进行配合比设计，再按普通混凝土拌合物性能试验方法等标准进行试验、试配，以满足混凝土强度、耐久性的要求，不得采用经验配合比。

2）施工前应审查混凝土配合比设计是否满足设计和施工要求，并应经济合理。

3）混凝土现场搅拌时应对原材料的计量进行检查，并经常检查坍落度，控制水灰比。

2. 混凝土施工工程质量检验

（1）混凝土施工工程质量控制

1）混凝土现场搅拌时应按常规要求检查原材料的计量坍落度和水灰比。

2）检查混凝土搅拌的时间，并在混凝土搅拌后和浇筑地点分别抽样检测混凝土的坍落度，每班至少检查两次，评定时应以浇筑地点的测值为准。

3）混凝土施工前检查混凝土的运输设备、道路是否良好畅通，保证混凝土的连续浇筑和良好的混凝土和易性。运至浇筑地点时的混凝土坍落度应符合规定要求。

4）泵送混凝土时应注意以下几个方面的问题：

操作人员应持证上岗，应有高度的责任感和职业素质，并能及时处理操作过程中出现的故障。

泵与浇筑地点联络畅通。

泵送前应先用水灰比为 0.7 的水泥砂浆湿润管道，同时要避免将水泥砂浆集中浇筑。

泵送过程严禁加水，需要增加混凝土的坍落度时，应加与混凝土相同品种水泥、水灰比相同的水泥浆。

应配专人巡视管道，发现异常及时处理。

在梁、板上铺设的水平管道泵送时振动大，应采取相应的防止损坏钢筋骨架（网片）的措施。

5）混凝土浇筑前应检查模板表面是否清理干净，防止拆模时混凝土表面粘模、出现麻面。检查木模板是否浇水湿润，防止出现由于木模板吸水黏结或脱模过早，拆模时缺棱、掉角导致露筋。

6）混凝土浇筑前应检查对已完钢筋工程的必要保护措施，防止钢筋被踩踏，产生位移或钢筋保护层减薄。

7）混凝土施工中检查控制混凝土浇筑的方法和质量。一是防止浇筑速度过快，避免在钢筋上面和墙与板、梁与柱交界处出现裂缝。二是防止浇筑不均匀，或接槎处处理不好易形成裂缝。混凝土浇筑应在混凝土初凝前完成，浇筑高度不宜超过 2 m，竖向结构不宜超过 3m，否则应检查是否采取了相应措施。控制混凝土一次浇筑的厚度，并保证混凝土的连续浇筑。

8）浇筑与墙、柱联成一体的梁和板时，应在墙、柱浇筑完毕 1~1.5h 后，再浇筑梁和板；梁和板宜同时浇筑混凝土。

9）浇筑墙、柱混凝土时应注意保护钢筋骨架，防止墙、柱钢筋产生位移。

10）浇筑混凝土时，施工缝的留设位置应符合有关规定。

11）混凝土浇筑时应检查混凝土振捣的情况，保证混凝土振捣密实。防止振捣棒撞击钢筋使钢筋位移。合理使用混凝土振捣机械，掌握正确的振捣方法，控制振捣的时间。

12）混凝土施工前应审查施工缝，后浇带处理的施工技术方案。检查施工缝、后浇带留设的位置是否符合规范和设计要求，其处理应按施工技术方案执行。

13）混凝土施工过程中应对混凝土的强度进行检查，在混凝土浇筑地点随机留取标准养护试件和同条件养护试件，其留取的数量应符合要求。

14）混凝土浇筑后应检查是否按施工技术方案进行养护，并对养护的时间进行检查落实。

（2）混凝土施工工程质量检验

1）混凝土施工工程检验批可根据施工及质量控制和专业验收需要按工作班、楼层、施工段、变形缝等进行划分，即每层、段可按基础、柱、剪力墙、梁板梯等构件进行划分。

2）用于检查结构构件混凝土强度的试件，应在混凝土的浇筑地点随机抽取。取样与留置应符合下列规定：

每拌制 100 盘且不超过 100m³ 的同配合比的混凝土，取样不得少于一次。

每工作班拌制的同一配合比混凝土不足 100 盘时，取样不得少于一次。

当一次连续浇筑超过 1 000m³ 时，同一配合比的混凝土每 200 m³ 取样不得少于一次。

每一楼层、同一配合比的混凝土，取样不得少于一次。

每次取样至少留置一组标准养护试件，同条件养护试件的留置组数应根据实际需要确定。

3）混凝土施工工程质量验收标准及检查方法。混凝土施工工程质量检验标准及检验方法详见现行国家有关施工质量验收规范及相关标准。

3. 混凝土现浇结构工程质量检验

（1）混凝土现浇结构工程质量控制

1）现浇混凝土结构待强度达到一定程度拆模后，应及时对混凝土外观质量进行检查（严禁未经检查擅自处理混凝土缺陷），主要针对结构性能和使用功能影响严重程度进行检查，应及时提出技术处理方案，待处理后对经处理的部位应重新检查验收。

2）现浇结构不应有影响结构性能和使用功能的尺寸偏差，混凝土设备基础不应有影响结构性能和设备安装的尺寸偏差。现浇结构的外观质量不应有严重缺陷。

3）对于现浇混凝土结构外形尺寸偏差，检查主要轴线、中心线位置时，应沿纵横两个方向量测，并取其中的较大值。

（2）混凝土现浇结构工程质量检验

1）按楼层、结构缝或施工段划分检验批。

2）现浇混凝土结构外观质量和尺寸偏差检验标准及检验方法详见现行国家有关施工质量验收规范及相关标准。

（3）根据混凝土试块强度评定混凝土验收批质量

混凝土的取样，宜根据规定的检验评定方法要求制订检验批的划分方案和相应的取样计划，即混凝土强度试样应在混凝土的浇筑地点随机抽取。试件的取样频率和数量应符合下列规定：每 100 盘，但不超过 100 m^3 的同配合比混凝土，取样次数不应少于一次；每一工作班拌制的同配合比混凝土，不足 100 盘和 $100m^3$ 时其取样次数不应少于一次；当一次连续浇筑的同配合比混凝土超过 $1000m^3$ 时，每 $200m^3$ 取样不应少于一次；对房屋建筑，每一楼层、同一配合比的混凝土，取样不应少于一次。

第二节　工程项目质量控制

工程项目的实施是一个渐进的过程，任何一个方面出现问题都会影响后期的质量，进而影响工程的质量目标。要实现工程项目质量的目标，建设一个高质量的工程，必须对整个工程项目过程实施严格的质量控制。

一、工程项目质量影响因素

工程项目质量管理涉及工程项目建设的全过程，在工程建设的各个阶段其具体控制内容不同，但影响工程项目质量的主要因素均可概括为人、材料、机械、方法及环境五个方面。因此，保证工程项目质量的关键是严格对这五大因素进行控制。

（一）人的因素

人指的是直接参与工程建设的决策者、组织者管理者和作业者。人的因素影响主要是指上述人员个人素质、理论与技术水平、心理生理状况等对工程质量造成的影响。在工程质量管理中，对人的控制具体来说，应加强思想政治教育、劳动纪律教育、职业道德教育，以增强人的责任感，建立正确的质量观；加强专业技术知识培训，提高人的理论与技术水平。同时，通过改善劳动条件，遵循因材适用、扬长避短的用人原则，建立公平合理的激励机制等措施，充分调动人的积极性。通过不断提高参与人员的素质和能力，避免人的行为失误，发挥人的主导作用，保证工程项目质量。

（二）材料的因素

材料包括原材料、半成品、成品、构配件等。各类材料是工程施工的物质条件，材料质量是工程质量的基础。因此，加强对材料质量的控制，是保证工程项目质量的重要基础。对工程材料的质量控制，主要应从以下几方面着手：采购环节，择优选择供货厂家，保证材料来源可靠；进场环节，做好材料进场检验工作，控制各种材料进场验收程序及质量文件资料的齐全程度、确保进场材料质量合格；材料进场后，加强仓库保管工作合理组织材料使用，健全现场材料管理制度；材料使用前，对水泥等有使用期限的材料再次进行检验，防止使用不合格材料。材料质量控制的内容主要有材料的质量标准、材料的性能、材料取样、材料的适用范围和施工要求等。

（三）机械设备的因素

机械设备包括工艺设备、施工机械设备和各类机器具。其中，组成工程实体的工艺设备和各类机具，如各类生产设备、装置和辅助配套的电梯、泵机，以及通风空调和消防、环保设备等，是工程项目的重要组成部分，其质量的优劣直接影响工程使用功能的发挥。施工机械设备是指施工过程中使用的各类机具设备，包括运输设备、吊装设备操作工具，测量仪器、计量器具，以及施工安全设施，其是所有施工方案得以实施的重要物质基础，合理选择和正确使用施工机械设备是保证施工质量的重要措施。

应根据工程具体情况，从设备选型、购置、检查验收、安装、试车运转等方面对机械设备加以控制。应按照生产工艺，选择能充分发挥效能的设备类型，并按选定型号购置设备；设备进场时，按照设备的名称、规格、型号、数量的清单检查验收；进场后，按照相关技术要求和质量标准安装机械设备，并保证设备试车运行正常，能配套投产。

（四）方法的因素

方法指在工程项目建设整个周期内所采取的技术方案、工艺流程、组织措施、检测手段、施工组织设计等。技术工艺水平的高低直接影响工程项目的质量。因此，结合工程实际情况，从资源投入、技术、设备、生产组织、管理等问题入手，对项目的技术方案进行研究，采用先进合理的技术、工艺完善组织管理措施，从而有利于提高工程质量，加快进度、降低成本。

（五）环境的因素

环境主要包括现场自然环境、工程管理环境和劳动环境。环境因素对工程质量具有复杂多变和不确定的影响。现场自然环境因素主要指工程地质、水文、气象条件及周边建筑、地下障碍物以及其他不可抗力等对施工质量的影响因素。这些因素不同程度地影响着工程项目施工的质量控制和管理。如在寒冷地区冬期施工措施不当，会影响混凝土强度，进而影响工程质量。工程管理环境因素指施工单位质量保证体系、质量管理制度和各参建施工单位之间的协调等因素。劳动环境因素主要指施工现场的排水条件，各种能源介质供应，施工照明、通风、安全防护措施。施工场地空间条件和通道，以及交通运输和道路条件等因素。

对影响质量的环境因素主要是根据工程特点和具体条件，采取有效措施，严加控制。施工人员要尽可能全面地了解可能影响施工质量的各种环境因素，采取相应的事先控制措施，确保工程项目的施工质量。

二、设计阶段与施工方案的质量控制

设计阶段是使项目已确定的质量目标和质量水平具体化的过程，其水平直接关系整个项目资源能否合理利用、工艺是否先进、经济是否合理、与环境是否协调等。设计成果决定着项目质量、工期、投资或成本等项目建成后的使用价值和功能。因此，设计阶段是影响工程项目质量的决定性环节。设计质量涉及面广，影响因素多。

（一）设计阶段质量控制及评定的依据

1. 有关工程建设质量管理方面的法律、法规。

2. 经国家决策部门批准的设计任务书。

3. 签订的设计合同。

4. 经批准的项目可行性研究报告、项目评估报告项目选址报告。

5. 有关建设主管部门核发的建设用地规划许可证。

6. 建设项目技术、经济、社会协作等方面的数据资料。

7. 有关的工程建设技术标准、各种设计规范以及有关设计参数的定额、指标等。

（二）设计阶段的质量控制

在设计准备阶段，通过组织设计招标或方案竞选，择优选择设计单位，以保证设计质量。在设计方案审核阶段保证项目设计符合设计纲要的要求，符合国家相关法律法规、方针、政策；保证专业设计方案工艺先进、总体协调；保证总体设计方案经济合理、可靠、协调，满足决策质量目标和水平，使设计方案能够充分发挥工程项目的社会效益、经济效益和环境效益。在设计图纸审核阶段，保证施工图符合现场的实际条件，使其设计深度能满足施工的要求。

（三）施工方案的质量控制

施工方案是根据具体项目拟订的项目实施方案，包括：施工组织方案、技术方案、材料供应方案、安全方案等。其中组织方案包括职能机构构成、施工区段划分、劳动组织等；技术方案包括施工工艺流程、方法、进度安排、关键技术预案等；安全方案包括安全总体要求、安全措施、重大施工步骤安全员预案等。因此，施工方案设计水平不仅影响施工质量，对工程进度和费用水平也有重要影响。对施工方案的质量控制主要包括以下内容：

1. 全面正确地分析工程特征、技术关键及环境条件等资料，明确质量目标、质量水平、验收标准、控制的重点和难点。

2. 制订合理有效的施工组织方案和施工技术方案。

3. 合理选用施工机械设备和施工临时设备，合理布置施工总平面图和各阶段施工平面图。

4. 选用和设计保证质量和安全的模具、脚手架等施工设备。

5. 编制工程所采用的新技术、新工艺、新材料的专项技术方案和质量管理方案。

6. 根据工程具体情况，编写气象地质等环境不利因素对施工的影响及其应对措施。

三、工序质量控制

工程项目施工过程是由一系列相互关联、相互制约的施工工序组成的，而工程实体的质量是在施工过程中形成的。因此，只有严格控制施工工序的质量，才能保证工程项目实体的质量，对工序的质量控制是施工阶段质量控制的基础和重点。

（一）工序质量控制的内容

工序质量控制主要包括对工序活动条件的控制和对工序活动效果的控制两个方面。

1. 工序活动条件的控制

工序施工条件是指从事工序活动的各生产要素质量及生产环境条件。对工序活动条件的控制，应当依据设计质量标准、材料质量标准、机械设备技术性能标准施工工艺标准及操作规程等。通过检查、测试、试验、跟踪监督等手段，对工序活动的各种投入要素质量和环境条件质量进行控制。

在工序施工前，对人、材、机进行严格控制，如保证施工操作人员符合上岗要求，保证材料质量符合标准，施工设备符合施工需要；在施工过程中，对施工方法、工艺、环境等进行严格控制，注意各因素的变化，对不利工序质量方面的变化进行及时控制或纠正。在各种因素中，材料及施工操作是最活跃易变的因素，应予以特别监督与控制，使其质量始终处于控制之中，保证工程质量。

2. 工序活动效果的控制

工序活动效果的控制主要反映在对工序产品质量性能的特征指标的控制上，属于事后控制，主要是指对工序活动的产品采取一定的检测手段获取数据，通过对统计分析所获取的数据，判定质量等级，并纠正质量偏差。其监控步骤为实测、分析、判断和纠偏或认可。

（二）工序质量控制实施要点

工序活动的质量控制工作，应当分清主次，抓住关键，依靠完善的质量保证体系和质量检查制度、完成施工项目工序活动的质量控制。其实施要点主要体现在以下四个方面：

1. 确定工序质量控制计划

工序质量控制计划是以完善的质量体系和质量检查制度为基础的，故工序质量控制计划，要明确规定以质量监控的工作内容和质量检查制度作为监理单位和施工单位共同遵守的准则。整个项目施工前，要求对施工质量控制制订计划，但这种计划一般较粗。在每一分部分项工程施工前，还应制订详细的工序质量计划，明确其控制的重点和难点。对某些重要的控制点，还应有具体计划作业程序和有关参数的控制范围。同时，通常要求每道工序完成后，对工序质量进行检查，当工序质量经检验认为合格后，才能进行下道工序施工。

2. 进行工序分析，分清主次，重点控制

所谓工序分析，即在众多影响工序质量的因素中，找出对特定工序或关键的质量特性指标起支配性作用或具有重要影响的因素。在工序施工中，针对这些主要因素制订具体的控制措施及质量标准，进行积极主动的预防性的具体控制。如在振捣混凝土这一工序中，振捣的振点和振捣时间是影响质量的主要因素。

选定分析对象，分析可能的影响因素，找出支配性的要素→针对支配性要素，拟订对策计划，并加以核实→将核实的支配性要素编入工序质量表，纳入标准和规范→将支配性要素落实责任，按标准的规定实施重点管理。

3. 对工序活动实施动态控制跟踪

影响工序活动质量的因素可能表现为偶然性和随机性，也可能表现为系统性。当其表现为偶然性或随机性时，工序产品的质量特征数据以平均值为中心，上下波动不定，呈随机性变化，工序质量基本稳定。如材料上的微小差异、施工设备运行的正常振动、检验误差等。当其表现为系统性时，工序产品质量特征数据方面出现异常大的波动或离散，其数据波动呈一定的规律性或倾向性变化，在质量管理上是不允许的，因此采取措施予以消除，如使用不合格的材料施工、施工机具设备严重磨损、违章操作、检验量具失准等。

施工管理者应当在整个工序活动中连续的实时动态跟踪控制。发现工序活动处于异常状态时，及时查找相关原因，纠正偏差，使其恢复正常状态，从而保证工序活动及其产品的质量。

4. 设置工序活动的质量控制点，进行预控

质量控制点是指为保证工序质量而确定的重点控制对象关键部位或薄弱环节。设置质量控制点是保证达到工序质量要求的必要前提。在拟订质量控制工作计划时，应予以详细考虑，并以制度来保证落实。对于质量控制点，一般要事先分析可能造成质量问题的原因，再针对原因制订对策和措施进行预控。

（三）质量控制点的设置

质量控制点的设置要准确、有效。对于一个具体的工程项目，应综合考虑施工难度、施工工艺、建设标准、施工单位的信誉等因素，结合工程实践经验选择那些对工程质量影响大、发生质量问题时危害大、工程质量难度大的对象为质量控制点，并设置其数量和位置。

四、施工项目、主要投入要素的质量控制

（一）材料的质量控制

原材料、半成品、成品、构配件等工程材料，构成工程项目实体，其质量直接关系工程项目的最终质量。因此，必须对工程项目建设材料进行严格控制。工程项目管理中，应从采购、进场、存放、使用几个方面把好材料的质量关。

1. 采购的质量控制

施工单位应根据施工进度计划制订合理的材料采购供应计划，并进行充分的市场信息调查，在广泛掌握市场材料信息的基础上，优选材料供货商，建立严格的合格供应方资格审查制度。材料进场时，应提供材质证明，并根据供料计划和有关标准进行现场质量验证和记录。

2. 进场的质量控制

进场材料、构配件必须具有出厂合格证、技术说明书、产品检验报告等质量证明文件，根据供料计划和有关标准进行现场质量验证和记录。质量验证包括材料的品种、型号、规格、数量，外观检查和见证取样，进行物理、化学性能试验。对某些重要材料，还进行抽样检验或试验，如对水泥的物理力学性能的检验、对钢筋的力学性能的检验、对混凝土的强度和外加剂的检验、对沥青及沥青混合料的检验、对防水涂料的检验等。通过严把进场材料构配件质量检验关，确保所有进场材料质量处于可控状态。对需要做材质复试的材料，应规定复试内容取样方法并应填写委托单，试验员按要求取样，送有资质的试验单位进行检验，检验合格的材料方能使用。如钢筋需要复验其屈服强度、抗拉强度、伸长率和冷弯性能，水泥需要复验其抗压强度、抗折强度、体积安定性和凝结时间，装饰装修用人造木板及胶粘剂需要复试其甲醛含量。建筑材料复试取样应符合以下原则：

（1）同一厂家生产的同一品种、同一类型、同一生产批次的进场材料应根据相应建筑材料质量标准与管理规程规范要求的代表数量确定取样批次、抽取样品进行复试，当合同另有约定时应按合同执行。

（2）材料需要在建设单位或监理人员见证下，由施工人员在现场取样，送至有资质的试验室进行试验。见证取样和送检次数不得少于试验总次数的 30%，试验总次数在 10 次以下的不得少于 2 次。

（3）进场材料的检测取样。必须从施工现场随机抽取，严禁在现场外抽取。试样应有唯一性标识，试样交接时，应对试样外观、数量等进行检查确认。

（4）每项工程的取样和送检见证人，由该工程的建设单位书面授权、委派在本工程现场的建设单位或监理人员 1 或 2 名担任。见证人应具备与工作相适应的专业知识。见证人及送检单位对试样的代表性、真实性负有法定责任。

（5）试验室在接受委托试验任务时，应由送检单位填写委托单。委托单上要设置见证人签名栏。委托单必须与同一委托试验的其他原始资料一并由试验室存档。

3. 存储和使用的质量控制

材料、构配件进场后的存放，要满足不同材料对存放条件的要求。如水泥受潮会结块，水泥的存放必须注意干燥、防潮。另外，对仓库材料要有定期的抽样检测以保证材料质量的稳定。如水泥储存期不宜过长，以免受潮变质或降低标号。

（二）机械设备的质量控制

施工机械设备是所有施工方案和工法得以实施的重要物质基础，综合考虑施工现场条件、建筑结构形式、机械设备性能、施工工艺和方法、施工组织与管理、建筑技术经济等因素进行多方案比较，合理选择和正确使用施工机械设备，保证施工质量。对施工机械设备的质量控制主要体现在机械设备的选型、主要性能参数指标的确定、机械设备使用操作要求三个方面。

1. 机械设备的选型

机械设备的选型，应本着因地制宜、因工程制宜技术上先进、经济上合理、生产上适用、性能上可靠、使用上安全、操作上方便的原则。选配适用工程项目、能够保证工程项目质量的机械设备。

2. 主要性能参数指标的确定

主要性能参数是选择机械设备的依据。正确的机械设备性能参数指标决定正确的机械设备型号，其参数指标的确定必须满足施工的需要，保证质量的要求。

3. 机械设备使用操作要求

合理使用机械设备，正确地进行操作，是保证项目施工质量的重要环节。应当贯彻“人机固定”的原则，实行定机、定人、定岗位职责的“三定”使用管理制度，操作人员在使用中必须严格遵守操作规程和机械设备的技术规定，防止出现安全质量事故，随时以“五好”（完成任务好、技术状况好、使用好、保养好、安全好）标准予以检查控制，确保工程施工质量。机械设备使用过程中应注意以下事项：

（1）操作人员必须正确穿戴个人防护用品。

（2）操作人员必须具有上岗资格，并且操作前要对设备进行检查，空车运转正常后，方可进行操作。

（3）操作人员在机械操作过程中严格遵守安全技术操作规程，避免发生机械事故损坏及安全事故。

（4）做好机械设备的例行保养工作，使机械设备保持良好的技术状态。

第三节 工程项目质量统计分析方法

数据是进行质量控制的基础，是工程项目质量监控的基本出发点。工程项目施工过程中，通过对质量数据的收集、整理、分析，可以科学有效地对施工质量进行控制。

一、质量数据的统计分析

质量数据的统计分析是在质量数据收集的基础上进行的。整理收集到的数据，由偶然性引起的波动可以接受，而由系统性因素引起的波动则必须予以重视，通过各种措施进行控制。

（一）数据收集

数据收集应当遵守机会均等的原则。常用的数据收集方法有以下几种：

1. 简单随机抽样

这种方法是用随机数表、随机数生成器生成随机数色子来进行抽样，广泛用于原材料、构配件的进货检验和分项工程、分部工程、单位工程竣工后的检验。

2. 系统抽样

系统抽样也称等距抽样或机械抽样，要求先将总体各个单位按照空间、时间或其他方式排列起来，第一次样本随机抽取，然后等间隔地依次抽取样本单位，如混凝土坍落度检验。

3. 分层抽样

分层抽样是将总体单位按其差异程度或某一特征分类、分层，然后在各类每层中随机抽取样本单位。这种方法适用于总体量大、差异程度较大的情况。分层抽样有等比抽样和不等比抽样之分，当总数各类差别过大时，可采用不等比抽样。砂、石、水泥等散料的检验和分层码放的构配件的检验，可用分层抽样抽取样品。

4. 整体抽样

整体抽样也称二次抽样，当总体很大时，可将总体分为若干批，先从这些批中随机地抽几批，再随机地从抽中的几批中抽取所需的样品，如对大批量的砖可用此法抽样。

（二）质量数据的波动

质量数据具有个体值的波动性、样本或总体数据的规律性，即在实际质量检测中，个体产品质量特性值具有互不相同性、随机性，但样本或总体呈现发展变化的内在规律性。

随机抽样取得的数据，其质量特性值的变化在质量标准允许范围内波动称为正常波动，一般是由偶然性原因引起的；超越了质量标准允许范围的波动则称为异常波动，一般是由系统性原因引起的，应予以重视。

1. 偶然性原因

在实际生产中，影响因素的微小变化具有随机发生的特点，是不可避免、难以测量和控制的，它们大量存在，但对质量的影响很小，属于允许偏差、允许位移范畴，一般不会造成废品。生产处于稳定状态，质量数据在平均值附近波动，这种微小的波动在工程上是允许的。

2. 系统性原因

当影响质量的人、材料、机械、方法、环境五类因素发生了较大变化，如原材料质量规格有显著差异等情况发生，且没有及时排除时，产品质量数据就会离散过大或与质量标准有较大偏离，表现为异常波动，次品、废品产生。这就是产生质量问题的系统性原因或异常原因。异常波动一般特征明显，容易识别和避免，特别是对质量的负面影响不可忽视，生产中应该随时监控，及时识别和处理。

（三）常用的统计分析方法

工程中的质量问题大多数可用简单的统计分析方法来解决，广泛地采用统计技术能使质量管理工作的效益和效率不断提高。工程质量控制中常用的六种工具和方法是：直方图法、排列图法、因果分析法、控制图法、分层法与列表分析法。

（四）质量样本数据的特征值

质量样本数据的特征值是由样本数据计算的描述样本质量数据波动规律的指标。统计推断就是根据这些样本数据特征值来分析判断总体的质量状况的。常用的样本数据特征值有描述数据分布集中趋势的算术平均数、中位数和描述数据分布离中趋势的极差、标准偏差、变异系数等。

二、直方图法

对产品质量波动的监控，通常用直方图法。直方图又称质量分布图、矩形图，是根据从生产过程中收集来的质量数据分布情况，以组距为底边、以频数为高度的一系列连接起来的直方型矩形图，它通过对数据加工整理、观察分析，来反映产品总体质量的分布情况，判断生产过程是否正常。同时可以用来判断和预测产品的不合格率、制订质量标准、评价施工管理水平等。

（一）直方图的绘制

1. 收集数据

收集某工程施工项目的质量特征数据 50~200 个作为样本数据，数据总数用 N 表示，然后列出样本数据表。

2. 统计报值

从样本数据表中找出最大值 Xmax 和最小值 Xmin。

3. 计算极差 R

根据从数据表中找到的最大值和最小值，计算这两个极值之差 R。

4. 确定组数 K

组数应根据数据多少来确定，组数少，会掩盖数据的分布规律；组数多，会使数据过于零乱分散，也不能显出质量分布状况。

5. 计算组距 h

组距是指每个数据组的时距，即每个数据组的上限与下限之差，计算公式为 h=R/K。

6. 确定组限

组限就是每组的最大值和最小值。

7 统计频数 f

根据范围内的数据个数，按照数据统计各组的顺数。根据每组的数据范围，按照样本数据表再统计上述数据即为统计频数 f。

8. 绘制规数分布直方图

以频数为纵坐标，以质量特性值为横坐标，根据各数据组的数据范围和规数绘制规数分布直方图。

（二）直方图的分析

1. 分布状态分析

通过对直方图的分布状态进行分析，可以判断生产过程是否正常。质量稳定的正常生产过程的直方圈呈正态分布。

2. 同标准规格的比较分析

当直方图的形状呈现正常型时，工序处于稳定状态。此时还需要进一步将直方图同质量标准进行比较，以分析判断实际施工能力。

三、排列图法

实践证明，工程中的质量问题往往是由少数关键影响因素引起的。在工程质量统计分析方法中，一般采用排列图法寻找影响工程质量的主次因素。排列图又叫主次因素分析图或帕累托图。排列图由两个纵坐标、一个横坐标、几个按高低顺序依次排列的直方形和一条累计百分比折线所组成。横坐标表示影响质量的各种因素，按影响程度的大小，从左至右顺序排列，左纵坐标表示对应某种质量因素造成不合格品的频数，右纵坐标表示累计频率。各直方形由大到小排列，分别表示质量影响因素的项目，由左至右累加每一影响因素的量值（以百分比表示），做出累计频率曲线，即帕累托曲线。

排列图按重要性顺序显示出了每个质量改进项目对整个质量问题的作用，在排列图分析中，累计频率在0~80%范围的因素称为A类因素，是主要因素，应当作为重点控制对象；累计频率在80%~90%范围内的因素称为B类因素，是次要因素，作为一般控制对象；累计频率在90%~100%范围内的因素称为C类因素，是一般因素，可不做考虑。

四、因果分析法

寻找质量问题的产生原因，可用因果分析法。因果分析法通过因果图表现出来，因果图又称特性要因图、鱼刺图或石川图。针对某种质量问题，项目经理发动大家谈看法、做分析，集思广益，将群众的意见反映在一张图上，即为因果图。

五、控制图法

采用控制图法，可以分析判断生产过程是否处于稳定状态。控制图又叫管理图，可动态地反映质量特性值随时间变化而变化。控制图一般有3条线，其中上控制线为控制上限，下控制线为控制下限，中心线为平均值。把控制对象发出的反映质量动态的质量特性值用图中某一相应点来表示，将连续打出的点顺次连接起来，即形成表示质量波动的控制图图形。

六、分层法

分层法又称为分类法或分组法，是将收集来的数据按不同情况和不同条件分组，每组叫作一层，从而把实际生产过程中影响质量变动的因素区别开来，进行分析。分层法的关键是调查分析的类别和层次划分，工程项目中，根据管理需要和统计目的，通常可按照分层方法取得原始数据。

经过第一次分层调查和分析，找出主要问题以后，还可以针对这个问题再次分层进行调查分析，一直到分析结果满足管理需要为止。层次类别划分越明确、越细致，就越能够准确有效地找出问题及其原因所在。

七、列表分析法

列表分析法又称调查分析法、检查表法，是收集和整理数据用的统计表，利用这些统计表对数据进行整理并粗略地进行原因分析。按使用的目的不同常用的检查表有工序分布检查表、缺陷位置检查表、不良项目检查表、不良原因检查表等。

分层法和列表分析法常常结合使用，从不同角度分析产品质量问题和影响因素。

第四节　工程质量事故处理

尽管事先有各种严格的预防、控制措施，但由于种种因素，质量事故仍不可避免。事故发生后，应当按照规定程序，及时进行综合治理。事故处理应当注重事故原因的消除，达到安全可靠、不留隐患、满足生产及使用要求、施工方便、经济合理的目的，并且要加强事故的检查验收工作。本节将从质量事故讲起，详细介绍常见质量事故的成因及质量事故发生后的处理方法与程序，并说明质量事故最后的检查与验收。

一、工程质量事故的特点与分类

（一）工程质量问题的分类

1. 工程质量缺陷

工程质量缺陷是建筑工程施工质量中不符合规定要求的检验项或检验点，按其程度可分为严重缺陷和一般缺陷。

2. 工程质量通病

工程质量的通病指各类影响工程结构使用功能和外形观感的常见性的质量损伤。

3. 工程质量事故

工程质量事故是指对工程结构安全、使用功能和外形观感影响较大、损失较大的质量损伤。

（二）工程质量事故的特点

工程项目实施的一次性，生产组织特有的流动性、综合性，劳动的密集性及协作关系的复杂性，共同导致了工程质量事故具有复杂性、隐蔽性、多发性、可变性、严重性的特点。

1. 复杂性

质量问题可能由一个因素引起，也可能由多个因素综合引起。同时，同一个因素可能对多个质量问题起作用。

2. 隐蔽性

工程项目质量问题的发生，在很多情况下是从隐藏部位开始的，特别是工程地基方面出现的质量问题，在问题出现的初期，从建筑物外观无法准确判断和发现。

3. 多发性

有些质量问题在工程项目建设过程中很容易发生。

4. 可变性

工程项目出现质量问题后，质量状态处于不断发展中。

5. 严重性

对于质量事故，必然造成经济损失，甚至人员伤亡。

（三）工程质量事故的分类

按事故造成的后果可分为：未遂事故、已遂事故。

按事故责任可分为：指导责任事故、操作责任事故、自然灾害事故。

二、工程质量事故原因分析

工程质量事故发生的原因错综复杂，而且一项质量事故常常是由多种因素引起的。工程质量事故发生后，首先要对事故情况进行详细的现场调查，充分了解与掌程质量事故的现象和特征，收集资料，进行深入调查，摸清质量事故对象在整个施工过程中所处的环境及面临的各种情况，或结合专门的计算进行验证，综合分析判断，得到质量事故发生的主要原因。

（一）违反基本建设程序

违反工程项目建设过程及其客观规律，即违反基本建设程序。项目未经过可行性研究就决策定案、未经过地质调查就仓促开工，边设计边施工、不按图纸施工等现象，是重大工程质量事故发生的重要原因。

（二）违反有关法规和工程合同的规定

如无证设计、无证施工、随意修改设计、非法转包或分包等违法行为。

（三）地质勘查失真

工程项目基础的形式主要取决于项目建设位置的地质情况。

1. 地质勘查报告不准确、不详细，会导致采用不恰当或错误的基础方案，造成地基不均匀沉降、基础失稳等问题，引发严重质量事故。

2. 未认真进行地质勘查，提供的地质资料、数据有误。

3. 地质勘查时，钻孔间距太大，不能全面反映地基的实际情况；地质勘查钻孔深度不够，没有查清地下软土层、滑坡、基穴、孔洞等地层结构。

（四）地基处理不当

对软弱土、杂填土、湿陷性黄土、膨胀土等不均匀地基处理不当，也是重大质量问题发生的原因。

（五）设计计算失误

盲目套用其他项目的设计图纸，结构方案不正确，计算简图与实际受力不符，计算荷载取值过小，内力分析有误，伸缩缝、沉降缝设置不当，悬挑结构未进行抗倾覆验算等均是引起质量事故的隐患。

（六）建筑材料及制品不合格

钢筋物理力学性能不良会导致钢筋混凝土结构产生裂缝或脆性破坏，保温隔热材料受潮将使材料的质量密度加大，不仅影响建筑功能，甚至可能导致结构超载，影响结构安全。

（七）施工与管理问题

施工与管理上的不完善或失误是质量事故发生的常见原因。施工单位或监理单位的质量管理体系不完善、检验制度不严密、质量控制不严格、质量管理措施落实不力、不按有关的施工规范和操作规程施工、管理混乱、施工顺序错误、技术交底不清、违章作业、疏于检查验收等，均可能引起质量事故。

（八）自然条件的影响

工程项目建设一般周期较长，露天作业多，应特别注意自然条件对其的影响，如空气温度、湿度、狂风暴雨、雷电等都可能引发质量事故。

（九）建筑结构使用不当

未经校核验收任意对建筑物加层，任意拆除承重结构部位，任意在结构物上开槽、打洞等都可能引发质量事故。

（十）社会、经济原因

经济因素及社会上存在的弊端和不正之风往往会造成建设中的错误行为，导致出现重大工程质量事故。如投标企业在投标报价中随意压低标价，中标后修改方案或用违法的手段追加工程款，甚至偷工减料；某些施工企业不顾工程质量盲目追求利润等。

工程质量事故必然伴随损失发生，在实际中，应当针对工程具体情况，采取适当的管理措施、组织措施、技术措施并严格落实，尽量降低质量事故发生的可能性。

三、工程质量事故处理方案与程序

质量事故发生后，应该根据质量事故处理的依据、质量事故处理程序，分析原因，制订相应的事故基本处理方案并进行事故处理和后续检查验收。

（一）工程质量事故处理的依据

1. 质量事故的实况资料

质量事故的实况资料包括：质量事故发生的时间、地点；质量事故状况的描述；质量事故发展变化；有关质量事故的观测记录，事故现场状态的照片或录像。

2. 有关合同及合同文件

其包括工程承包合同、设计委托合同、设备与器材购销合同、监理合同及分包合同等。

3. 有关的技术文件和档案

其主要是有关的设计文件、技术文件、档案和资料。

（二）工程质量事故处理程序

工程质量事故发生后，应当予以及时处理，工程质量事故一般按照以下程序进行处理。

1. 事故调查

质量事故发生后，应暂停有质量缺陷部位及其相关部位的施工，施工项目负责人按法定的时间和程序，及时上报事故的状况，积极组织事故调查。事故调查应力求及时、客观、全面、准确，以便为事故的分析与处理提供正确的依据。调查结果要整理撰写成事故调查报告，其主要内容包括：事故项目及各参建单位概况；事故发生经过和事故救援情况；事故造成的人员伤亡和直接经济损失；事故项目有关质量检测报告和技术分析报告；事故发生的原因和事故性质；事故责任的认定和事故责任者的处理建议；事故防范和整改措施。事故调查报告应当附具有关证据材料，事故调查组成员应当在事故调查报告上签字。

2. 原因分析

在事故情况调查的基础上，依据工程具体情况对调查所得的数据、资料进行详细深入的分析，去伪存真，找出事故发生的主要原因。

3. 制订相应的事故处理方案

在原因分析的基础上广泛听取专家及有关方面的意见，经科学论证、合理制订事故处理方案。方案要体现安全可靠、技术可行、不留隐患、经济合理、具有可操作性、满足建筑功能和使用要求的原则。

4. 事故处理

根据制订的质量事故处理方案，对质量事故进行认真的处理。处理的内容主要包括事故的技术处理和责任处罚。

5. 后续检查验收

事故处理完毕，应当组织有关人员对处理结果进行严格检查、鉴定及验收。由监理工程师编写质量事故处理报告，提交建设单位，并上报有关主管部门。

（三）工程质量事故的基本处理方案

工程质量事故的处理方案一般有不做处理、修补处理、加固处理、返工处理、限制使用及报废处理六类。

四、工程质量事故的检查与鉴定

工程质量事故的检查与鉴定，应严格按施工验收规范和相关质量标准的规定进行，必要时还应通过实际测量、试验和仪器检测等方法获取数据，以便准确地对事故处理的结果做出鉴定。

第五节　工程项目质量评定与验收

根据《建筑工程施工质量验收统一标准》（GB50300—2013），所谓验收，是指建筑工程在施工单位自行质量检查评定的基础上，参与建设活动的有关单位共同对检验批、分项工程、分部工程、单位工程的质量进行抽样复验，根据相关标准以书面形式对工程质量达到合格与否做出确认。

正确进行工程项目质量的检查评定与验收，是施工质量控制的重要手段。施工质量验收包括施工过程的质量验收及工程项目竣工质量验收两个部分。同时，在各施工过程质量验收合格后，对合格产品的成品保护工作必须足够重视，严防对已合格产品造成损害。

一、工程项目质量评定

工程项目质量评定是承包商进行质量控制结果的表现，也是竣工验收组织确定质量的主要方法和手段，主要由承包商来实施，并经第三方的工程质量监督部门或竣工验收组织确认。

工程项目质量评定验收工作。应将建设项目由小及大划分为检验批、分项工程、分部工程、单位工程，逐一进行。在质量评定的基础上，再与工程合同及有关文件相对照，决定项目能否验收。

（一）检验批

检验批是工程验收的最小单位，是分项工程乃至整个建筑工程质量验收的基础。检验批是施工过程中相同并有一定数量的材料、构配件或安装项目，由于其质量基本均匀一致，因此可作为检验的基础单位，并按批验收。构成一个检验批的产品，需要具备以下两个基本条件：①生产条件基本相同，包括设备、工艺过程、原材料等；②产品的种类型号相同。检验批的质量合格应符合下列规定：

1. 主控项目和一般项目的质量经抽样检验合格。

2. 具有完整的施工操作依据、质量检查记录。

检验批的合格质量主要取决于对主控项目和一般项目的检验结果。主控项目是对检验批的基本质量起决定性影响的检验项目，因此必须全部符合有关专业工程验收规范的规定。这意味着主控项目不允许有不符合要求的检验结果，即这种项目的检查具有否决权。鉴于主控项目对基本质量的决定性影响，必须从严要求。

（二）分项工程

分项工程质量验收合格应符合下列规定：

1. 分项工程的验收在检验批的基础上进行。在一般情况下，两者具有相同或相近的性质，只是批量的大小不同而已。因此，将有关的检验批汇集构成分项工程。

2. 分项工程所含的检验批均应符合合格质量的规定。分项工程所含的检验批的质量验收记录应完整。

（三）分部工程

分部工程的验收在其所含各分项工程验收的基础上进行，分部（子分部）工程质量验收合格应符合下列规定：

1. 分部（子分部）工程所含分项工程的质量均应验收合格。

2. 质量控制资料应完整。

3. 地基与基础、主体结构和设备安装等与分部工程有关的安全及功能的检验和抽样检测结果应符合有关规定。

4. 观感质量验收应符合要求。

（四）单位工程

单位工程质量验收合格应符合下列规定：

1. 单位（子单位）工程所含分部（子分部）工程的质量均应验收合格。

2. 质量控制资料应完整。

3. 单位（子单位）工程所含分部（子分部）工程有关安全和功能的检测资料应完整。

4. 主要功能项目的抽查结果应符合相关专业质量验收规范的规定。

5. 观感质量验收应符合要求。

二、工程项目竣工验收

工程项目竣工验收是工程建设的最后一个程序，是全面检查工程建设是否符合设计要求和施工质量的重要环节，也是检验承包合同执行情况、促进建设项目及时投产和交付使用、发挥投资积极效果的环节；同时，通过竣工验收，可以总结建设经验，全面考核建设成果，为施工单位今后的建设工作积累经验。

工程项目竣工验收是施工质量控制的最后一个环节，是对施工过程质量控制结果的全面检查。未经竣工验收或竣工验收不合格的工程，不得交付使用。

（一）项目竣工验收的基本要求

建筑工程施工质量应按下列要求进行验收：

1. 建筑工程质量应符合国家相关规定和相关专业验收规范的规定。

2. 建筑工程施工应符合工程勘察、设计文件的要求。

3. 参加工程施工质量验收的各方人员应具备规定的资格。

4. 工程质量的验收均应在施工单位自行检查评定的基础上进行。

5. 隐蔽工程在隐蔽前应由施工单位通知有关单位进行验收，并应形成验收文件。

6. 涉及结构安全的试块、试件以及有关材料，应按规定进行见证取样检测。

7. 检验批的质量应按主控项目和一般项目验收。

8. 对涉及结构安全和使用功能的重要分部工程应进行抽样检测。

9. 承担见证取样检测及有关结构安全检测的单位应具有相应资质。

10. 工程的观感质量应由验收人员通过现场检查，并应共同确认。

（二）竣工验收的程序

工程项目的竣工验收可分为验收前准备、竣工预验收和正式验收三个环节。整个验收过程由建设单位进行组织协调，涉及项目主管部门、设计单位、监理单位及施工总分包各方。在一般情况下大中型和限额以上项目由国家计委或其委托项目主管部门或地方政府部门组织验收委员会验收，小型和限额以下项目由主管部门组织验收委员会验收。

1. 验收前准备

施工单位全面完成合同约定的工程施工任务后，应自行组织有关人员进行质量检查评定，自检合格后，向建设单位提交工程竣工验收申请报告，要求组织工程竣工预验收。施工单位的竣工验收准备包括工程实体和相关工程档案资料两方面。工程实体方面指土建与设备安装、室内外装修、室内外环境工程等已全部完工，不留尾项。相关工程档案资料主要包括技术档案、工程管理资料、质量评定文件、工程竣工报告、工程质量保证资料。

2. 竣工预验收

建设单位收到工程竣工验收报告后，由建设单位组织，施工（含分包单位）、设计、勘察、监理等单位参与，进行工程竣工预验收。其内容主要是对各项文件、资料认真审查，检查各项工作是否达到了验收的要求，找出工作的不足之处并进行整改。

3. 正式验收

项目主管部门收到正式竣工验收申请和竣工验收报告后进行审查，确认符合竣工验收条件和标准时，及时组织正式验收。正式验收主要包含以下内容：

（1）由建设单位组织竣工验收会议，建设、勘察、设计、施工、监理单位分别汇报工程合同履约情况及工程施工各环节施工满足设计要求，质量符合法律、法规和强制性标准的情况；

（2）检查审核设计、勘察、施工、监理单位的工程档案资料及质量验收资料；

（3）实地查验工程外观质量，对工程的使用功能进行抽查；

（4）对工程施工质量管理各环节工作、工程实体质量及质保资料情况进行全面评价，形成经验收组人员共同确认签署的工程竣工验收意见；

（5）竣工验收合格，形成附有工程施工许可证、设计文件审查意见、质量检测功能性试验资料、工程质量保修书等法规所规定的其他文件的竣工验收报告；

（6）有关主管部门核发验收合格证明文件。

三、成品保护

成品保护是指在施工过程中，由于工序和工程进度的不同，有些分项工程已经完成，而其他分项工程尚在施工，或是在施工过程中，某些部位已完成，而其他部位正在施工。在这种情况下，施工单位必须采取妥善措施对已完工程予以保护，以免其受到来自后续施工以及其他方面的污染或损坏，影响整体工程质量。

1. 成品保护的要求

在施工单位向业主或建设单位提出竣工验收申请或向监理工程师提出分部分项工程的中间验收时。提请验收工程的所有组成部分均应符合并达到合同文件规定的或施工图等技术文件所要求的质量标准。

2. 成品保护的方法

在工程实践中，必须重视成品保护工作。对工程项目的成品保护，首先要加强教育，建立全员施工成品保护观念的环节。同时合理安排施工顺序，防止后道工序污损前道工序。在此基础上，可采取防护、包裹、覆盖、封闭等保护措施。

四、投资偏差的确定与控制

（一）资金使用计划的编制

1. 资金使用计划对工程造价的影响

资金使用计划的编制与控制在整个建设管理中处于重要而独特的地位，它对工程造价具有重要影响，具体表现在以下几方面：

（1）通过编制资金使用计划，合理确定工程造价的总目标值和各阶段的目标值，使工程造价的控制有所依据，并为资金的筹集与协调打下基础。如果没有明确的造价控制目标，就无法把工程项目的实际支出额与之进行比较，也就不能找出偏差，从而使控制措施缺乏针对性。

（2）通过资金使用计划的科学编制，可以对未来工程项目的资金使用和进度控制有所预测，消除不必要的资金浪费和进度失控，也能够避免在今后工程项目中由于缺乏依据而进行轻率判断所造成的损失，减少了盲目性，增加了自觉性，使现有资金充分发挥了作用。

（3）在建设项目的过程中，通过资金使用计划的严格执行，可以有效地控制工程造价上升，最大限度地节约投资，提高投资效益。

（4）对脱离实际的工程造价目标值和资金使用计划，应在科学评估的前提下，允许修订和修改，使工程造价更加趋于合理水平，从而保障建设单位和承包商各自的合法利益。

2. 资金使用计划的编制

（1）按子项目编制资金使用计划

一个建设项目往往由多个单项工程组成，每个单项工程还可能由多个单位工程组成，而单位工程总是由若干个分部分项工程组成。按不同项目划分资金的使用，进而做到合理分配，首先必须对工程项目进行合理划分，划分的粗细程度根据实际需要而定。在实际工作中，总投资目标按项目分解只能分到单项工程或单位工程，如果再进一步分解投资目标，就难以保证分目标的可靠性。

一般来说，将投资目标分解到各单项工程和单位工程是比较容易办到的，结果也是比较合理可靠的。按这种方式分解时，不仅要分解建筑工程费用，而且要分解安装工程、设备购置以及工程建设其他费用。这样分解将有助于检查各项具体投资支出对象是否明确和落实，并可从数字上校核分解的结果有无错误。

（2）按时间进度编制的资金使用计划

建设项目的投资总是分阶段、分期支出的，资金应用是否合理与资金时间安排有密切关系。为了编制资金使用计划，并据此筹措资金，尽可能减少资金占用和利息支付，有必要将总投资目标按使用时间进行分解，确定分目标值。

按时间进度编制的资金使用计划，通常可利用项目进度网络图进一步扩充后得到。利用网络图控制时间和投资，即要求在拟定工程项目的执行计划时，一方面确定完成某项施工活动所花的时间，另一方面也要确定完成这一工作的合适的支出预算。

利用确定的网络计划便可计算各项活动的最早及最迟开工时间，获得项目进度计划的网络图。在网络图的基础上便可编制按时间进度划分的投资支出预算，进而绘制时间-投资累计曲线（S形曲线）。

（二）投资偏差分析与纠正

1. 偏差的概念和表示方法

投资偏差指投资计划值与实际值之间存在的差异，即：

投资偏差＝已完工程实际投资－已完工程计划投资

上式中结果为正表示投资增加，结果为负表示投资节约。与投资偏差密切相关的是进度偏差，如果不加考虑就不能正确反映投资偏差的实际情况。所以，有必要引入进度偏差的概念：

进度偏差＝已完工程实际时间－已完工程计划时间

为了与投资偏差联系起来，进度偏差也可表示为：

进度偏差＝拟完工程计划投资－已完工程计划投资

所谓拟完工程计划投资是指根据进度计划安排在某一确定时间内所应完成的工程内容的计划投资。进度偏差为正值时，表示工期拖延；结果为负值时，表示工期提前。

2. 偏差的分析方法

常用的偏差分析方法有横道图法、表格法和曲线法。

（1）横道图法

用横道图进行投资偏差分析，是用不同的横道标识已完工程计划投资和实际投资以及拟完工程计划投资，横道的长度与其数额成正比。投资偏差和进度偏差数额可以用数字或横道表示，其优点是简单直观，便于了解项目投资的概貌，但这种方法的信息量较少，因而其应用有一定的局限性。

（2）表格法

表格法是进行偏差分析最常用的一种方法。可以根据项目的具体情况、数据来源、投资控制工作的要求等条件来设计表格，因而适用性较强。表格法的信息量大，可以反映各种偏差变量和指标，对全面深入地了解项目投资的实际情况非常有益；另外，表格法还便于用计算机辅助管理，提高投资控制工作的效率。

（3）曲线法

曲线法是用投资时间曲线进行偏差分析的一种方法。在用曲线法进行偏差分析时，通常有三条投资曲线，即已完工程实际投资曲线、已完工程计划投资曲线和拟完工程计划投资曲线。已完工程实际投资曲线与已完工程计划投资曲线的竖向距离表示投资偏差，与拟完工程计划投资曲线的水平距离表示进度偏差。它所反映的是累计偏差，而且主要是绝对偏差。用曲线法进行偏差分析，具有形象直观的优点，但不能直接用于定量分析，如果能与表格法结合起来，则会取得较好的效果。

3. 偏差产生的原因和类型

（1）偏差产生的原因

进行偏差分析，不仅要了解现实情况，而且要找出引起偏差的具体原因，从而有可能采取有针对性的措施，进行有效的造价控制。因此，客观全面地对偏差原因进行分析是偏差分析的一个重要任务。

要进行偏差分析，首先应将各种可能导致偏差的原因一一列举出来，并加以适当分类。对偏差原因分类时，不能过于笼统，否则就不能准确地分清每种原因在投资偏差中的作用；也不宜过于具体，否则会使分析结果缺乏综合性和一般性。

一般情况下，引起投资偏差的原因主要有四个方面，即客观原因、业主原因、设计原因和施工原因。

（2）偏差类型

为了便于分析，往往还需要对偏差类型做出划分。任何偏差都会表现出某种特点，其结果对造价控制的影响也各不相同。一般来说，偏差不外乎以下四种情况：

1）投资增加且工期拖延。

2）投资增加但工期提前。

3）工期拖延但投资节约。

4）投资节约且工期提前。

这种划分综合性较强，便于表述和应用，在实际分析中经常用到。

4. 纠正投资偏差的措施

对投资偏差原因进行分析后，就要采取强有力的措施加以纠正，尤其注重主动控制和动态控制，以尽可能地实现投资控制目标。

通常纠偏措施可分为组织措施、经济措施、技术措施、合同措施四个方面。

（1）组织措施

组织措施指从投资控制的组织管理方面采取的措施。例如，落实投资控制的组织机构和人员，明确各级投资控制人员的任务、职能分工、权力和责任，改善投资控制工作流程等。组织措施往往被人忽视，其实它是其他措施的前提和保障，而且一般无须增加什么费用，运用得当可以收到良好的效果。

（2）经济措施

经济措施最易为人们接受，但运用中要特别注意不可把经济措施简单地理解为审核工程量及相应的支付价款。应从全局出发来考虑问题，如检查投资目标分解是否合理、资金使用计划有无保障、会不会与施工进度计划发生冲突、工程变更有无必要等，解决这些问题往往是标本兼治、事半功倍的。另外，通过偏差分析和未完工程预测还可以发现潜在的问题，及时采取预防措施，从而取得造价控制的主动权。

（3）技术措施

从造价控制的要求来看，技术措施并不都是因为发生了技术问题才加以考虑的，也可以因为出现了较大的投资偏差而加以运用。不同的技术措施往往会有不同的经济效果，因此，运用技术措施纠偏时，要对不同的技术方案进行技术经济分析后加以选择。

（4）合同措施

合同措施在纠偏方面主要指索赔管理。在施工过程中，索赔事件的发生是难免的，造价工程师在发生索赔事件后，要认真审查有关索赔依据是否符合合同规定、索赔计算是否合理等，从主动控制的角度出发，加强日常的合同管理，落实合同规定的责任。

第六章　工程索赔管理

随着我国基本建设制度与国际接轨，计划经济向市场经济的彻底转变，建设项目施工过程中，工程索赔问题不可避免地变得尤为突出。变更索赔是合同管理的重要环节，也是项目管理的重要内容，如何面对索赔进行项目管理，是施工企业取得竞争优势、实现可持续发展的关键。本章的主要内容就是关于工程索赔的。

第一节　工程索赔基本理论

一、索赔的基本概念

在市场经济条件下，工程索赔在土木工程市场中是一种正常的现象。工程索赔在国际土木工程市场上是合同当事人保护自身正当权益、弥补工程损失、提高经济效益的重要和有效的手段。许多国际工程项目，承包人通过成功的索赔能使工程收入的增加达到工程造价的 10%~20%，有些工程的索赔额甚至超过了合同额本身。“中标靠低标，盈利靠索赔”便是许多国际承包人的经验总结。索赔管理以其本身花费较小、经济效果明显而受到承包人的高度重视。但在我国，由于工程索赔处于起步阶段，对工程索赔的认识尚不够全面、正确。在工程施工中，还存在发包人（业主）忌讳索赔，承包人索赔意识不强，监理工程师不懂如何处理索赔的现象。因此，应当加强对索赔理论和方法的研究，认真对待和搞好工程索赔。

（一）索赔的概念及特点

1. 索赔的含义

索赔(Claim)一词具有较为广泛的含义，其一般含义是指对某事、某物权利的一种主张、要求、坚持等。工程索赔通常是指在工程合同履行过程中，合同当事人方因非自身责任或对方不履行或未能正确履行合同而受到经济损失或权利损害时，通过一定的合法程序向对方提出经济或时间补偿的要求。索赔是一种正当的权利要求，是发包人、工程师和承包人之间一项正常的、大量发生而且普遍存在的合同管理业务，是一种以法律和合同为依据的、合情合理的行为。

2. 索赔的特征

（1）索赔是双向的，不仅承包人可以向发包人索赔，发包人同样也可以向承包人索赔。由于实践中发包人向承包人索赔发生的频率相对较低，而且在索赔处理中，发包人始终处于主动和有利的地位，他可以直接从应付工程款中扣抵或没收履约保留金、扣留保留金甚至留置承包商的材料设备作为抵押等来实现自己的索赔要求，不存在“索”。因此在工程实践中，大量发生的、处理比较困难的是承包人向发包人的索赔，也是索赔管理的主要对象和重点内容。承包人的索赔范围非常广泛，一般认为只要因非承包人自身责任造成的工程工期延长或成本增加，都有可能向发包人提出索赔。

（2）只有实际发生了经济损失或权利损害，一方才能向对方索赔。经济损失是指发生了合同外的额外支出，如人工费、材料费、机械费、管理费等额外开支；权利损害是指虽然没有经济上的损失，但造成了一方权利上的损害，如由于恶劣气候条件对工程进度的不利影响，承包人有权要求工期延长等。因此发生了实际的经济损失或权利损害，应是一方提出索赔的一个基本前提条件。

（3）索赔是一种未经对方确认的单方行为，它与工程签证不同。在施工过程中签证是承发包双方就额外费用补偿或工期延长等达成一致的书面证明材料和补充协议，它可以直接作为工程款结算或最终增减工程造价的依据，而索赔则是单方面行为，对对方尚未形成约束力，这种索赔要求能否得到最终实现，必须通过确认（如双方协商、谈判、调解或仲裁、诉讼）后才能实现。

归纳起来，索赔具有如下一些本质特征：

1）索赔是要求给予补偿（赔偿）的一种权利、主张。

2）索赔的依据是法律法规、合同文件及工程建设惯例，但主要是合同文件。

3）索赔是因非自身原因导致的，要求索赔一方没有过错。

4）与原合同相比较，已经发生了额外的经济损失或工期损害。

5）索赔必须有切实有效的证据。

6）索赔是单方行为，双方还没有达成协议。

许多人一听到“索赔”两字，很容易联想到争议的仲裁、诉讼或双方激烈的对抗，因此往往认为应当尽可能地避免索赔，担心因索赔而影响双方的合作或感情。实质上索赔的性质属于经济补偿行为，而不是惩罚。索赔是一种正当的权利或要求，是合情、合理、合法的行为，它是在正确履行合同的基础上争取合理的偿付，不是无中生有、无理争利。索赔同守约、合作并不矛盾、对立，索赔本身就是市场经济中合作的一部分，只要是符合有关规定的、合法的或者符合有关惯例的，就应该理直气壮地、主动地向对方索赔。大部分索赔都可以通过和解或调解等方式得到解决，只有在双方坚持已见而无法达成一致时才会提交仲裁或诉诸法院求得解决，即使诉诸法律程序，也应当被看成是遵法守约的正当行为。索赔的关键在于“索”，你不“索”，对方就没有任何义务主动地来“赔”，同样，“索”得乏力、无力，即索赔依据不充分、证据不足、方式方法不当，也是很难成功的。国际工程承包的实践经验告诉我们，一个不敢、不会索赔的承包人最终必然是要亏损的。

3. 索赔与违约责任的区别

（1）索赔事件的发生，不一定在合同文件中有约定；而工程合同的违约责任，则必然是合同所约定的。

（2）索赔事件的发生，可以是一定行为造成的（包括作为和不作为），也可以是不可抗力事件所引起的；而追究违约责任，必须有合同不能履行或不能完全履行的违约事实的存在，发生不可抗力可以免除追究当事人的违约责任。

（3）索赔事件的发生可以是合同当事人一方引起的，也可以是任何第三人行为引起的；而违反合同则是由于当事人一方或双方的过错造成的。

（4）一定要有造成损失的结果才能提出索赔，因此索赔具有补偿性；而合同违约不一定要造成损失结果，因为违约具有惩罚性。

（5）索赔的损失结果与被索赔人的行为不一定存在法律上的因果关系，如因业主（发包人）指定分包人原因造成承包人损失的，承包人可以向业主索赔等；而违反合同的行为与违约事实之间存在因果关系。

（二）索赔的起因

引起工程索赔的原因非常多而且复杂，主要有以下五个方面：

1. 工程项目的特殊性。由于现代工程规模大、技术性强、投资额大、工期长、材料设备价格变化快，所以工程项目的差异性大、综合性强、风险大，使得工程项目在实施过程中存在许多不确定变化因素。而合同则必须在工程开工前签订，它不可能对工程项目所有的问题都能做出合理的预见和规定，而且发包人在工程实施过程中还会有许多新的决策，这一切使得合同变更比较频繁，而合同变更必然会导致项目工期和成本的变化。

2. 工程项目内外部环境的复杂性和多变性。工程项目的技术环境、经济环境、社会环境、法律环境的变化，诸如气候条件变化、材料价格上涨、货币贬值、国家政策、法规的变化等，会在工程实施过程中经常发生，使得工程的实际情况与计划不一致，这些因素同样会导致工程工期和费用的变化。

3. 参与工程建设主体的多元性。由于工程参与单位多，一个工程项目往往会有发包人、总承包人、工程师、分包人、指定分包人、材料设备供应人等众多参加单位，各方面的技术、经济关系错综复杂，相互联系又相互影响，只要一方存在失误，不仅会造成自己的损失，而且会影响其他合作者，造成他人损失，从而导致索赔和争执。

4. 工程合同的复杂性及易出错性。工程合同文件多且复杂，经常会出现措辞不当、缺陷、图纸错误，以及合同文件前后自相矛盾或者可做不同解释等问题，容易造成合同双方对合同文件理解不一致，从而出现索赔。

5. 投标的竞争性。现代土木工程市场竞争激烈，承包人的利润水平逐步降低，在竞标时，大部分靠低标价甚至保本价中标，回旋余地较小。特别是在招标投标过程中，每个合同专用文件内的具体条款，一般是由发包人自己或委托工程师、咨询单位编写后列入招标文件，编制过程中承包人没有发言权，虽然承包人在投标书的致函内和与发包人进行谈判过程中，可以要求修改某些对他风险较大的条款的内容，但不能要求修改的条款数目过多，否则就构成对招标文件有实质上的背离而被发包人拒绝。因而工程合同在实践中往往发包人与承包人风险分担不公，把主要风险转嫁于承包人一方，稍遇条件变化，承包人即处于亏损的边缘，这必然迫使他寻找一切可能的索赔机会来减轻自己承担的风险。因此索赔实质上是工程实施阶段承包人和发包人之间在承担工程风险比例上的合理再分配。这也是目前国内外土木工程市场上，索赔在数量、款额上呈增长趋势的一个重要原因。

以上这些问题会随着工程的逐步开展而不断暴露出来，使工程项目必然受到影响，导致工程项目成本和工期的变化，这就是索赔形成的根源。因此，索赔的发生，不仅是一个索赔意识或合同观念的问题，从本质上来讲，索赔也是一种客观存在。

（三）索赔管理的特点和原则

要健康地开展索赔工作，必须全面认识索赔、完整理解索赔，端正索赔动机，这样才能正确对待索赔，规范索赔行为，合理地处理索赔事件。因此发包人、工程师和承包人必须全面认识和理解索赔工作的特点。

1. 索赔工作贯穿工程项目始终

合同当事人要做好索赔工作必须在招投标、合同签订阶段和履行合同的全过程中，注意采取预防保护措施，建立健全索赔业务的各项管理制度。在工程项目的招标、投标和合同签订阶段，作为承包人应仔细研究工程所在国的法律、法规及合同条件，特别是关于合同范围、义务、付款、工程变更、违约及罚款、特殊风险、索赔时限和争议解决等条款，必须在合同中明确规定当事人各方的权利和义务，以便为将来可能的索赔提供合法的依据和基础。在合同执行阶段，合同当事人应密切注视对方的合同履行情况，不断地寻求索赔机会；同时自身应严格履行合同义务，防止被对方索赔。一些缺乏工程承包经验的承包人，由于对索赔工作的重要性认识不够，往往在工程开始时并不重视这项工作，等到发现不能获得应当得到的偿付时才匆忙研究合同中的索赔条款，收集所需要的数据和论证材料，但已经陷入被动局面，有的经过旷日持久的争执、交涉乃至诉诸法律，仍难以索回应得的补偿或损失，影响了自身的经济效益。

2. 索赔是工程技术和法律相融的综合学问和艺术

索赔问题涉及的层面相当广泛，既要求索赔人员具备丰富的工程技术知识与实际施工经验，使得索赔问题的提出具有科学性和合理性，符合工程实际情况，又要求索赔人员通晓法律与合同知识，使得提出的索赔具有法律依据和事实证据，并且还要求在索赔文件的准备、编制和谈判等方面具有一定的艺术性，使索赔的最终解决表现出一定程度的伸缩性和灵活性。这就对索赔人员的素质提出了很高的要求，他们的个人品格和才能对索赔成功的影响很大。索赔人员应当是头脑冷静、思维敏捷、处事公正、性格刚毅且有耐心，并且具有上述多种才能的综合性人才。

3. 影响索赔成功的相关因素多，索赔能否获得成功，还与企业的项目管理基础工作密切相关，主要有以下四个方面：

（1）合同管理：合同管理与索赔工作密不可分，有的学者认为索赔就是合同管理的一部分。从索赔角度来看，合同管理可分为合同分析和合同日常管理两部分。合同分析的主要目的是为索赔提供法律依据。合同日常管理则是收集、整理施工中发生事件的一切记录，包括图纸、订货单、会谈纪要、来往信件、变更指令、气象图表、工程照片等，并加以科学归档和管理，形成一个能清晰描述和反映整个工程的数据库，其目的是为索赔及时提供全面、正确、合法有效的各种证据。

（2）进度管理：工程进度管理不仅可以指导整个施工的进程和次序，而且可以通过计划工期与实际进度的比较、研究和分析，找出影响工期的各种因素，分清各方责任，及时地向对方提出延长工期及相关费用的索赔，并为工期索赔值的计算提供依据和各种基础数据。

（3）成本管理：成本管理的主要内容有编制成本计划、控制和审核成本支出、进行计划成本与实际成本的动态比较分析等，它可以为费用索赔提供各种费用的计算数据和其他信息。

（4）信息管理：索赔文件的提出、准备和编制需要大量工程施工中的各种信息，这些信息要在索赔时限内高质量地准备好，这一切离开了当事人日常严格的信息管理是难以进行的。应该采用计算机进行信息管理。

（四）工程索赔的作用

随着世界经济全球化和一体化进程的加快，中国引进外资和涉外工程要求按照国际惯例进行工程索赔管理，中国建筑业走向国际建筑市场同样要求按国际惯例进行工程索赔管理。工程索赔的健康开展，对于培育和发展建筑市场、促进建筑业的发展、提高工程建设的效益，将发挥非常重要的作用。工程索赔的作用主要有如下六个方面：

1. 索赔是合同和法律赋予正确履行合同者免受意外损失的权利，索赔是一种当事人保护自己、避免损失、增加利润、提高效益的重要手段。

2. 索赔是落实和调整合同双方经济责、权、利关系的手段，也是合同双方风险分担的又一次合理再分配，离开了索赔，合同责任就不能全面体现，合同双方的责、权、利关系就难以平衡。索赔的正常开展，可以把原来打入工程报价中的一些不可预见费用，改为实际发生的损失支付，有助于降低工程报价，使工程造价更为实事求是。

3. 索赔是合同实施的保证。索赔是合同法律效力的具体体现，能对合同双方形成约束条件，特别能对违约者起到警戒作用，违约方必须考虑违约的后果，从而尽量减少其违约行为的发生。

4. 索赔对提高企业和工程项目管理水平起着重要的促进作用。承包人在许多项目上提不出或提不好索赔，与其企业管理松散混乱、计划实施不严、成本控制不力等有着直接关系。例如没有正确的工程进度网络计划就难以证明延误的发生及天数；又如没有完整翔实的记录，就缺乏索赔定量要求的基础等。因而索赔有利于促进双方加强内部管理，严格履行合同，有助于双方提高管理素质，加强合同管理，维护市场正常秩序。

5. 索赔有助于政府转变职能，使合同当事人双方依据合同和实际情况实事求是地协商工程造价和工期，可以使政府从烦琐的调整概算和协调双方关系等微观管理工作中解脱出来。

6. 索赔有助于承发包双方更快地熟悉国际惯例，熟练掌握索赔和处理索赔的方法与技巧，从而有助于对外开放和对外工程承包的开展。但是，也应当强调指出，如果承包人单靠索赔的手段来获取利润并非正途。往往一些承包人采取有意压低标价的方法以获取工程，为了弥补自己的损失，又试图靠索赔的方式来得到利润。从某种意义上来讲，这种经营方式有很大的风险。能否得到这种索赔的机会是难以确定的，其结果也不可靠，采用这种策略的企业也很难维持长久。因此承包人运用索赔手段来维护自身利益，以求增加企业效益和谋求自身发展，应基于对索赔概念的正确理解和全面认识，既不必畏惧索赔，也不可利用索赔搞投机钻营。

二、索赔的分类

由于索赔贯穿于工程项目全过程，可能发生的范围比较广泛，其分类随标准、方法的不同而不同，主要有以下几种分类方法。

（一）按索赔有关当事人分类

1. 承包人与发包人间的索赔。这类索赔大都是有关工程量计算、变更、工期、质量和价格方面的争议，也有中断或终止合同等其他违约行为的索赔。

2. 总包人与分包人间的索赔。其内容与承包人与发包人间的索赔大致相似，但大多数是分包人向总包人索要付款和赔偿及总包人向分包人罚款或扣留支付款等。

以上两种因涉及工程项目建设过程中施工条件、施工技术、施工范围等变化而引起的索赔，一般发生频率高，索赔费用大，有时也称为施工索赔。

3. 发包人或承包人与供货人、运输人间的索赔。其内容多系商贸方面的争议，如货品质量不符合技术要求、数量短缺、交货拖延、运输损坏等。

4. 发包人或承包人与保险人间的索赔。此类索赔多系被保险人受到灾害、事故或其他损害或损失，按保险单向其投保的保险人索赔。

以上两种是在工程项目实施过程中的物资采购、运输、保管、工程保险等方面活动引起的索赔事项，又称商务索赔。

（二）按索赔的依据分类

1. 合同内索赔。合同内索赔是指索赔所涉及的内容可以在合同文件中找到依据，并可根据合同规定明确划分责任。一般情况下，合同内索赔的处理和解决要顺利一些。

2. 合同外索赔。合同外索赔是指索赔所涉及的内容和权利难以在合同文件中找到依据，但可从合同条文引申含义和合同适用法律或政府颁发的有关法规中找到索赔的依据。

3. 道义索赔。道义索赔是指承包人在合同内或合同外都找不到可以索赔的依据，因而没有提出索赔的条件和理由，但承包人认为自己有要求补偿的道义基础，而对其遭受的损失提出具有优惠性质的补偿要求，即道义索赔。处理道义索赔的主动权在发包人手中。发包人一般在下面四种情况下，可能会同意并接受这种索赔：第一，若另找其他承包人，费用会更大；第二，为了树立自己的形象；第三，出于对承包人的同情和信任；第四，谋求与承包人更长久的合作。

（三）按索赔目的分类

1. 工期索赔。工期索赔即由于非承包人自身原因造成拖延工期的，承包人要求发包人延长工期，推迟原规定的竣工日期，避免违约误期罚款等。

2. 费用索赔。费用索赔即要求发包人补偿费用损失，调整合同价格，弥补经济损失。

（四）按索赔事件的性质分类

1. 工程延期索赔。因发包人未按合同要求提供施工条件，如未及时交付设计图纸、施工现场、道路等，或因发包人指令工程暂停或不可抗力事件等原因造成工期拖延的，承包人对此提出索赔。

2. 工程变更索赔。由于发包人或工程师指令增加或减少工程量，或者增加附加工程、修改设计、变更施工顺序等，造成工期延长和费用增加，承包人对此提出索赔。

3. 工程终止索赔。由于发包人违约或发生了不可抗力事件等造成工程非正常终止，使承包人蒙受经济损失而提出索赔。

4. 工程加速索赔。由于发包人或工程师指令承包人加快施工速度，缩短工期，引起承包人的人、财、物的额外开支而提出的索赔。

5. 意外风险和不可预见因素索赔。在工程实施过程中，因人力不可抗拒的自然灾害、特殊风险以及一个有经验的承包人通常不能合理预见的不利施工条件或客观障碍，如地下水、地质断层、溶洞、地下障碍物等引起的索赔。

6. 其他索赔。如因货币贬值、汇率变化、物价和工资上涨、政策法令变化等原因引起的索赔。这种分类能明确指出每一项索赔的根源所在，使发包人和工程师便于审核分析。

（五）按索赔处理方式分类

1. 单项索赔。单项索赔就是采取一事一索赔的方式，即在每一件索赔事项发生后，报送索赔通知书，编报索赔报告，要求单项解决支付，不与其他的索赔事项混在一起。单项索赔是针对某一干扰事件提出的，在影响原合同正常运行的干扰事件发生时或发生后，由合同管理人员立即处理，并在合同规定的索赔有效期内向发包人或工程师提交索赔要求和报告。单项索赔通常原因单一，责任单一，分析起来相对容易，由于涉及的金额一般较小，双方容易达成协议，处理起来也比较简单。因此合同双方应尽可能地用此种方式来处理索赔。

2. 综合索赔。综合索赔又称一揽子索赔，即对整个工程（或某项工程）中所发生的数起索赔事项，综合在一起进行索赔。一般在工程竣工前和工程移交前，承包人将工程实施过程中因各种原因未能及时解决的单项索赔集中起来进行综合考虑，提出一份综合索赔报告，由合同双方在工程交付前后进行最终谈判，以一揽子方案解决索赔问题。综合索赔产生的原因多种多样：有的因为在合同实施过程中，有些单项索赔问题比较复杂，不能立即解决，为不影响工程进度，经双方协商同意后留待以后解决；有的因为发包人或工程师对索赔采用拖延办法，迟迟不作答复，使索赔谈判旷日持久；还有的因为承包人未能及时采用单项索赔方式等，都有可能出现综合索赔。由于在综合索赔中许多干扰事件交织在一起，影响因素比较复杂而且相互交叉，责任分析和索赔值计算都很困难，索赔涉及的金额往往又很大，双方都不愿或不容易做出让步，使索赔的谈判和处理都很困难。因此综合索赔的成功率比单项索赔要低得多。

三、索赔事件

索赔事件又称干扰事件，是指那些使实际情况与合同规定不符合，最终引起工期和费用变化的那类事件。不断地追踪、监督索赔事件就是不断地发现索赔机会。在工程实践中，承包人可以提出的索赔事件通常有：

（一）发包人（业主）违约（风险）

1. 发包人未按合同约定完成基本工作。如发包人未按时交付合格的施工现场及行驶道路、接通水电等，未按合同规定的时间和数量交付设计图纸和资料，提供的资料不符合合同标准或有错误（如工程实际地质条件与合同提供资料不一致）等。

2. 发包人未按合同规定支付预付款及工程款等。一般合同中都有支付预付款和工程款的时间限制及延期付款计息的利率要求。如果发包人不按时支付，承包人可据此规定向发包人索要拖欠的款项并索赔利息，敦促发包人迅速偿付。对于严重拖欠工程款，导致承包人资金周转困难，影响工程进度，甚至引起终止合同的严重后果，承包人则必须严肃地提出索赔，甚至诉讼。

3. 发包人（业主）应该承担的风险。由于业主承担的风险发生而导致承包人的费用损失增大时，承包人可据此提出索赔。许多合同规定，承包人不仅对由此而造成工程、业主或第三人的财产的破坏和损失及人身伤亡不承担责任，而且业主应保护和保障承包人不受上述特殊风险后果的损害，并免于承担由此而引起的与之有关的一切索赔、诉讼及其费用。相反，承包人还应当可以得到由此损害引起的任何永久性工程及其材料的付款及合理的利润，以及一切修复费用、重建费用及上述特殊风险而导致的费用增加。如果由于特殊风险而导致合同终止，承包人除可以获得应付的一切工程款和损失费用外，还可以获得施工机械设备的撤离费用和人员遣返费用等。

4. 发包人或工程师要求工程加速。当工程项目的施工计划进度受到干扰，导致项目不能按时竣工、发包人的经济效益受到影响时，有时发包人或工程师会要求承包人加班赶工来完成工程项目，承包人不得不在单位时间内投入比原计划更多的人力、物力与财力进行施工，以加快施工进度。

（1）直接指令加速。如果工程师指令比原合同日期提前完成工程，或者发生可原谅延误，但工程师仍指令按原合同完工日期完工，承包人就必须加快施工速度，这种根据工程师的明示指令进行的加速就是直接指令加速。一项工程遇到各种意外情况或工程变更而必须延展工期，但是发包人由于自己的原因（例如，该工程已出售给买主，需要按协议时间移交给买主）坚持不予展期，这就迫使承包人要加班赶工来完成工程，从而导致成本增加，承包人可以要求赔偿工程赶工使现场管理费等附加费用增加的损失，同时要求补偿赶工措施费用，如加班工资、新增设备租赁和使用费、分包的额外成本等。但必须注意，只有非承包人过错引起的施工加速才是可补偿的，如果承包人发现自己的施工比原计划落后了而自己加速施工以赶上进度，则发包人无义务给予补偿，承包人还应赔偿发包人一笔附加监理费，因发包人多支付了监理费。

（2）推定加速。在有些情况下，虽然工程师没有发布专门的加速指令，但客观条件或工程师的行为已经使承包人合理意识到工程施工必须加速，这就是推定加速。推定加速与指令加速在合同实施中的意义是一样的，只是在确定是否存在推定指令时，双方比较容易产生分歧，不像直接指令加速那样明确。为了证明推定加速已经发生，承包人必须从以下几个方面来证明自己被迫比原计划更快地进行了施工：工程施工遇到了可原谅延误，按合同规定应该获准延长工期；承包人已经特别提出了要求延长工期的索赔申请；工程师拒绝或未能及时批准延长工期；工程师已以某种方式表明工程必须按合同时间完成；承包人已经及时通知工程师，工程师的行为已构成了要求加速施工的推定指令，这种推定加速实际上造成了施工成本的增加。

5. 发包人的错误指令。设计错误、发包人或工程师错误的指令或提供错误的数据等造成工程修改停工、返工、窝工，发包人或工程师变更原合同规定的施工顺序，打乱了工程施工计划等。由于发包人和工程师原因造成的临时停工或施工中断，特别是根据发包人和工程师不合理指令造成了工效的大幅度降低，从而导致费用支出增加，承包人可提出索赔。

6. 发包人不正当地终止工程。由于发包人不正当地终止工程，承包人有权要求补偿损失，其数额是承包人在被终止工程上的人工、材料、机械设备的全部支出，以及各项管理费用、保险费、贷款利息、保函费用的支出（减去已结算的工程款），并有权要求赔偿其盈利损失。

（二）不利的自然条件与客观障碍

不利的自然条件和客观障碍是指一般有经验的承包人无法合理预料到的不利的自然条件和客观障碍。“不利的自然条件”中不包括气候条件，而是指投标时经过现场调查及根据发包人所提供的资料都无法预料到的其他不利自然条件，如地下水、地质断层、溶洞、沉陷等。“客观障碍”是指经现场调查无法发现、发包人提供的资料中也未提到的地下（上）人工建筑物及其他客观存在的障碍物，如下水道、公共设施、坑、井、隧道、废弃的旧建筑物、其他水泥砖砌物，以及埋在地下的树木等。由于不利的自然条件及客观障碍，常常导致涉及工程变更、工期延长或成本大幅度增加，承包人可以据此提出索赔要求。

（三）工程变更

由于发包人或工程师指令增加或减少工程量而增加附加工程、修改设计、变更施工顺序、提高质量标准等，造成工期延长和费用增加，承包人可对此提出索赔。注意由于工程变更减少了工作量，也要进行索赔。比如在住房施工过程中，发包人提出将原来的 100 栋减为 70 栋，承包人可以对管理费、保险费、设备费材料费（如已订货）、人工费（多余人员已到）等进行索赔。工程变更索赔通常是索赔的重点，但应注意，其变更绝不能由承包人主动提出建议，而是必须由发包人提出，否则不能进行索赔。

（四）工期延长和延误

工期延长和延误的索赔通常包括两方面：一是承包人要求延长工期；二是承包人要求偿付由于非承包人原因导致工程延误而造成的损失。一般这两方面的索赔报告要求分别编制，因为工期和费用索赔并不一定同时成立。如果工期拖延的责任在承包人方面，则承包人无权提出索赔。

（五）工程师指令和行为

如果工程师在工作中出现问题、失误或行使合同赋予的权力造成了承包人的损失，业主必须承担相应合同规定的赔偿责任。工程师的这一类指令和行为通常表现为：工程师指令承包人加速施工、进行某项工作、更换某些材料、采取某种措施或停工，工程师未能在规定的时间内发出有关图纸、指示、指令或批复（如发出材料订货及进口许可过晚），工程师拖延发布各种证书（如进度付款签证、移交证书缺陷责任合格证书等），工程师的不适当决定和苛刻检查等。因为这些指令（包括指令错误）和行为而造成的成本增加和（或）

工期延误，承包人可以索赔。

（六）合同缺陷

合同缺陷常常表现为合同文件规定不严谨甚至前后矛盾、合同规定过于笼统、合同中的遗漏或错误。这不仅包括商务条款中的缺陷，也包括技术规范和图纸中的缺陷。在这种情况下，一般工程师有权做出解释，但如果承包人执行工程师的解释后引起成本增加或工期延长，则承包人可以索赔，工程师应给予证明，发包人应给予补偿。一般情况下，发包人作为合同起草人，他要对合同中的缺陷负责，除非其中有非常明显的含糊或其他缺陷，根据法律可以推定承包人有义务在投标前发现并及时向发包人指出。

（七）物价上涨

由于物价上涨的因素，带来了人工费、材料费甚至施工机械费的增长，导致工程成本大幅度上升，承包人的利润受到严重影响，也会引起承包人提出索赔要求。

（八）国家政策及法律、法规变更

国家政策及法律、法规变更，通常是指直接影响到工程造价的某些政策及法律、法规的变更。比如限制进口、外汇管制或税收及其他收费标准的提高。就国际工程而言，合同通常都规定：如果在投标截止日期前的第 28 天以后，由于工程所在国家或地方的任何政策和法规、法令或其他法律、规章发生了变更，导致了承包人成本增加，对承包人由此增加的开支，发包人应予补偿；相反，如果导致费用减少，则也应由发包人收益。就国内工程而言，因国务院各有关部委、各级建设行政主管部门或其授权的工程造价管理部门公布的价格调整，比如定额、取费标准税收、上缴的各种费用等，可以调整合同价款，如未予调整，承包人可以要求索赔。

（九）货币及汇率变化

就国际工程而言，合同一般规定：如果在投标截止日期前的第 28 天以后，工程所在国政府或其授权机构对支付合同价格的一种或几种货币实行货币限制或货币汇兑限制，发包人应补偿承包人因此而受到的损失。如果合同规定将全部或部分款额以一种或几种外币支付给承包人，则这项支付不应受上述指定的一种或几种外币与工程所在国货币之间的汇率变化的影响。

（十）其他承包人干扰

其他承包人干扰是指其他承包人未能按时、按序进行并完成某项工作，各承包人之间配合协调不好等给本承包人的工作带来干扰。大中型土木工程，往往会有几个独立承包人在现场施工，由于各承包人之间没有合同关系，工程师有责任组织协调好各个承包人之间的工作。否则，将会给整个工程和各承包人的工作带来严重影响，引起承包人的索赔。比如，某承包人不能按期完成他那部分工作，其他承包人的相应工作也会因此而拖延，此时，被迫延迟的承包人就有权向发包人提出索赔。在其他方面，如场地使用、现场交通等，各承包人之间也都有可能发生相互干扰的问题。

（十一）其他第三人原因

其他第三人的原因通常表现为因与工程有关的其他第三人的问题而引起的对本工程的不利影响，如银行付款延误、邮路延误、港口压港等。如发包人在规定时间内依规定方式向银行寄出了要求向承包人支付款项的付款申请，但由于邮路延误，银行迟迟没有收到该付款申请，因而造成承包人没有在合同规定的期限内收到工程款。在这种情况下，由于最终表现出来的结果是承包人没有在规定时间内收到款项，因此，承包人往往向发包人索赔。对于第三人原因造成的索赔，发包人给予补偿后，应该根据其与第三人签订的合同规定或有关法律规定再向第三人追偿。发包人可以提出的索赔事件通常有：

1. 施工责任。当承包人的施工质量不符合施工技术规程的要求，或在保修期未满以前未完成应该负责修补的工程时，发包人有权向承包人追究责任。如果承包人未在规定的时限内完成修补工作，发包人有权雇用他人来完成工作，发生的费用由承包人负担。

2. 工期延误。在工程项目的施工过程中，由于承包人的原因，使竣工日期拖后，影响到发包人对该工程的使用，给发包人带来经济损失时，发包人有权对承包人进行索赔，即由承包人支付延期竣工违约金。建设工程施工合同中的误期违约金，通常是由发包人在招标文件中确定的。

3. 承包人超额利润。如果工程量增加很多（超过有效合同价的 15%），使承包人预期的收入增大，因工程量增加承包人并不增加固定成本，合同价应由双方讨论调整，发包人有权收回部分超额利润。由于法规的变化导致承包人在工程实施中降低了成本，产生了超额利润，也应重新调整合同价格，发包人有权收回部分超额利润。

4. 指定分包商的付款。在工程承包人未能提供已向指定分包商付款的合理证明时，发包人可以直接按照工程师的证明书，将承包人未付给指定分包商的所有款项（扣除保留金）付给该分包商，并从应付给承包人的任何款项中如数扣回。

5. 承包人不履行的保险费用。如果承包人未能按合同条款为指定的项目投保，并保证保险有效，发包人可以投保并保证保险有效，发包人所支付的必要的保险费可在应付给承包人的款项中扣回。

6. 发包人合理终止合同或承包人不正当地放弃工程。如果发包人合理地终止承包人的承包，或者承包人不合理地放弃工程，则发包人有权从承包人手中收回由新的承包人完成工程所需的工程款与原合同未付部分的差额。

7. 其他。由于工伤事故给发包方人员和第三方人员造成的人身或财产损失的索赔，以及承包人运送建筑材料及施工机械设备时损坏了公路、桥梁或隧洞，交通管理部门提出的索赔等。当然，上述这些事件能否作为索赔事件进行有效的索赔，还要看具体的工程和合同背景、合同条件，不可一概而论。

四、索赔依据与证据

（一）索赔依据

索赔的依据主要是法律、法规及工程建设惯例，尤其是双方签订的工程合同文件。由于不同的具体工程有不同的合同文件，索赔的依据也就不完全相同，合同当事人的索赔权利也不同。

（二）索赔证据

索赔证据是当事人用来支持其索赔成立或和索赔有关的证明文件和资料。索赔证据作为索赔文件的组成部分，在很大程度上关系到索赔的成功与否。证据不全、不足或没有证据，索赔是很难获得成功的。

在工程项目的实施过程中，会产生大量工程信息和资料。这些信息和资料是开展索赔的重要依据。如果项目资料不完整，索赔就难以顺利进行。因此，在施工过程中应始终做好资料积累工作，建立完善的资料记录和科学管理制度，认真系统地积累和管理合同文件、质量、进度及财务收支等方面的资料。对于可能会发生索赔的工程项目，从开始施工时就要有目的地搜集证据资料，系统地拍摄现场，要妥善保管开支收据，有意识地为索赔文件积累所必要的证据材料。常见的索赔证据主要有：

1. 各种合同文件，包括工程合同及附件、中标通知书、投标书、标准和技术规范、图纸、工程量清单、工程报价单或预算书、有关技术资料和要求等。具体的如发包人提供的水文地质、地下管网资料，施工所需的证件、批件，临时用地占地证明手续、坐标控制点资料等。

2. 经工程师批准的承包人施工进度计划、施工方案、施工组织设计和具体的现场实施情况记录。各种施工报表有：（1）驻地工程师填制的工程施工记录表，这种记录能提供关于气候、施工人数、设备使用情况和部分工程局部竣工等情况；（2）施工进度表；（3）施工人员计划表和人工日报表；（4）施工用材料和设备报表等。

3. 施工日志及工长工作日志、备忘录等。施工中发生的影响工期或工程资金的所有重大事情均应写入备忘录存档。备忘录应按年、月、日顺序编号，以便查阅。

4. 工程有关施工部位的照片及录像等。保存完整的工程照片和录像能有效地显示工程进度。因而除了标书上规定需要定期拍摄的工程照片和录像外，承包人自己应经常注意拍摄工程照片和录像，注明日期，作为自己查阅的资料。

5. 工程各项往来信件、电话记录、指令、信函、通知、答复等。有关工程的来往信件内容常常包括某一时期工程进展情况的总结以及与工程有关的当事人，尤其是这些信件的签发日期对计算工程延误时间具有很大参考价值。因而来往信件应妥善保存，直到合同全部履行完毕及所有索赔均获解决为止。

6. 工程各项会议纪要、协议及其他各种签约、定期与业主雇员的谈话资料等。业主雇员对合同和工程实际情况掌握第一手资料，与他们交谈的目的是摸清施工中可能发生的意外情况，会碰到什么难处理的问题，以便做到事前心中有数，一旦发生进度延误，承包人即可提出延误原因，说明延误原因是业主造成的，为索赔埋下伏笔。在施工合同的履行过程中，业主、工程师和承包人定期或不定期的会谈所做出的决定或决议，是施工合同的补充，应作为施工合同的组成部分，但会谈纪要只有经过各方签署后方可作为索赔的依据。业主与承包人、承包人与分包人之间定期或临时召开的现场会议讨论工程情况的会议记录，能被用来追溯项目的执行情况：既能查阅业主签发工程内容变动通知的背景和签发通知的日期，也能查阅在施工中最早发现某一重大情况的确切时间。另外，这些记录也能反映承包人对有关情况采取的行动。

7. 发包人或工程师发布的各种书面指令书和确认书，以及承包人要求、请求、通知书等。

8. 气象报告和资料。如有关天气的温度、风力、雨雪的资料等。

9. 投标前业主提供的参考资料和现场资料等。

10. 施工现场记录。工程各项有关设计交底记录、变更图纸、变更施工指令等，工程图纸、图纸变更、交底记录的送达份数及日期记录，工程材料和机械设备的采购、订货、运输进场、验收、使用等方面的凭据及材料供应清单、合格证书，工程送电、送水、道路开通、封闭的日期及数量记录，工程停电、停水和干扰事件影响的日期及恢复施工的日期等。

11. 工程各项经业主或工程师签认的签证。如承包人要求预付通知、工程量核实确认单等。

12. 工程结算资料和有关财务报告。如工程预付款、进度款拨付的数额及日期记录，工程结算书、保修单等。

13. 各种检查验收报告和技术鉴定报告。由工程师签字的工程检查和验收报告反映出某一单项工程在某一特定阶段竣工的程度，并记录了该单项工程竣工的时间和验收的日期，应该妥为保管。如质量验收单、隐蔽工程验收单、验收记录、竣工验收资料、竣工图等。

14. 各类财务凭证。需要收集和保存的工程基本会计资料包括工卡、人工分配表、注销薪水支票、工人福利协议、经会计师核算的薪水报告单、购料定单、收讫发票、收款票据、设备使用单据、注销账应付支票、账目图表、总分类账、财务信件、经会计师核证的财务决算表、工程预算、工程成本报告书、工程内容变更单等。工人或雇请人员的薪水单据应按日期编存归档，薪水单上费用的增减能揭示工程内容增减的情况和开始的时间。承包人应注意保管和分析工程项目的会计核算资料，以便及时发现索赔机会，准确地计算索赔的款额，争取合理的资金回收。

15. 其他，包括分包合同、官方的物价指数、汇率变化表以及国家、省、市有关影响工程造价、工期的文件、规定等。

（三）索赔证据的基本要求

1. 真实性：索赔证据必须是在实施合同过程中确实存在和实际发生的，是施工过程中产生的真实资料，能经得住推敲。

2. 及时性：索赔证据的取得及提出应当及时。这种及时性反映了承包人的态度和管理水平。

3. 全面性：所提供的证据应能说明事件的全部内容。索赔报告中涉及的索赔理由、事件过程、影响、索赔值等都应有相应证据，不能零乱和支离破碎。

4. 关联性：索赔的证据应当与索赔事件有必然联系，并能够互相说明、符合逻辑，不能互相矛盾。

5. 有效性：索赔证据必须具有法律效力。一般要求证据是书面文件，有关记录、协议、纪要必须是双方签署的。工程中重大事件、特殊情况的记录、统计必须由工程师签证认可。

五、索赔文件（报告）

（一）索赔文件的一般内容

索赔文件也称索赔报告，是合同一方向对方提出索赔的书面文件。它全面反映了一方当事人对一个或若干个索赔事件的所有要求和主张，对方当事人也是通过对索赔文件的审核、分析和评价做出认可、要求修改、反驳甚至拒绝的回答，索赔文件也是双方进行索赔谈判或调解、仲裁、诉讼的依据，因此索赔文件的表达与内容对索赔的解决有重大影响。索赔方必须认真编写索赔文件。

在合同履行过程中，一旦出现索赔事件，承包人应该按照索赔文件的构成内容，及时地向业主提交索赔文件。单项索赔文件的一般格式如下：

1. 题目。索赔报告的标题应该能够简要准确地概括索赔的中心内容。如：关于……事件的索赔。

2. 事件。详细描述事件过程，主要包括：事件发生的工程部位、发生的时间、原因和经过、影响的范围以及承包人当时采取的防止事件扩大的措施、事件持续时间、承包人已经向业主或工程师报告的次数及日期、最终结束影响的时间、事件处置过程中的有关主要人员办理的有关事项等，也包括双方信件交往、会谈，并指出对方如何违约、证据的编号等。

3. 理由。指明索赔的依据，主要是法律依据和合同条款的规定。合理引用法律和合同的有关规定，建立事实与损失之间的因果关系，说明索赔的合理合法性。

4. 结论。指出事件造成的损失或损害及其大小，主要包括要求补偿的金额及工期，这部分只需列举各项明细数字及汇总数据即可。

5. 详细计算书（包括损失估价和延期计算两部分）。为了证实索赔金额和工期的真实性，必须指明计算依据及计算资料的合理性，包括损失费用、工期延长的计算基础、计算方法、计算公式、详细的计算过程及计算结果。

6. 附件。附件包括索赔报告中所列举事实、理由、影响等各种编过号的证明文件和证据、图表。对于一揽子索赔其格式比较灵活，它实质上是将许多未解决的单项索赔加以分类和综合整理。一揽子索赔文件往往需要很大的篇幅甚至几百页材料来描述其细节。一揽子索赔文件的主要组成部分如下：

（1）索赔致函和要点。

（2）总情况介绍（叙述施工过程、对方失误等）。

（3）索赔总表（将索赔总数细分、编号，每一条目写明索赔内容的名称和索赔额）。

（4）上述事件详述。

（5）上述事件结论。

（6）合同细节和事实情况。

（7）分包人索赔。

（8）工期延长的计算和损失费用的估算。

（9）各种证据材料等。

（二）索赔文件的编写要求

编写索赔文件需要实际工作经验，索赔文件如果起草不当，会失去索赔方的有利地位和条件，使正当的索赔要求得不到合理解决。对于重大索赔或一揽子索赔，最好能在律师或索赔专家的指导下进行。以下以承包人索赔为例，说明编写索赔文件的基本要求。

1. 符合实际，索赔事件要真实、证据确凿。索赔的根据和款额应符合实际情况，不能虚构和扩大，更不能无中生有，这是索赔的基本要求。这既关系到索赔的成败，也关系到企业的信誉。一个符合实际的索赔文件，可使审阅者看后的第一印象是合情合理，不会立即予以拒绝。相反如果索赔要求缺乏根据，不切实际地漫天要价，使对方一看就极为反感，甚至连其中合理的索赔部分也被置之不理，不利于索赔问题的最终解决。

2. 说服力强

（1）符合实际的索赔要求，本身就具有说服力，但除此之外索赔文件中责任分析应清楚、准确。一般承包人的索赔所针对的事件都是由于非承包人责任而引起的，因此，在索赔报告中要善于引用法律和合同中的有关条款，详细、准确地分析并明确指出对方应负的全部责任，并附上有关证据材料，不可在责任分析上模棱两可、含糊不清。对事件叙述要清楚明确，不应包含任何估计或猜测。

（2）强调事件的不可预见性和突发性。说明即使一个有经验的承包人对它也不可能有预见或有准备，也无法制止，并且承包人为了避免和减轻该事件的影响和损失已尽了最大的努力，及时采取措施，从而使索赔理由更加充分，更易于对方接受。

（3）论述要有逻辑。明确阐述由于索赔事件的发生和影响，使承包人的工程施工受到严重干扰，并为此增加了支出，拖延了工期。应强调索赔事件、对方责任、工程受到的影响和索赔之间有直接的因果关系。

3. 计算准确

索赔文件中应完整列出索赔值的详细计算资料，指明计算依据、计算原则、计算方法、计算过程及计算结果的合理性，必要的地方应做详细说明。计算结果要反复校核，做到准确无误，要避免高估冒算。计算上的错误，尤其是扩大索赔款的计算错误，会给对方留下恶劣的印象，对方会认为提出的索赔要求太不严肃，其中必有多处弄虚作假，从而会直接影响索赔。

4. 简明扼要

索赔文件在内容上应结构合理、条理清楚，各种定义、论述、结论正确且逻辑性强，既能完整地反映索赔要求，又简明扼要，使对方很快地理解索赔的本质。索赔文件最好采用活页装订，印刷清晰。同时，用语应尽量婉转，避免使用强硬、不礼貌的语言。

六、索赔工作程序

索赔工作程序是指从索赔事件产生到最终处理的全过程所包括的工作内容和工作步骤。由于索赔工作的实质是承包人和业主在分担工程风险方面的重新分配，涉及双方的众多经济利益，因而是一个烦琐、细致、耗费精力和时间的过程。因此，合同双方必须严格按照合同规定办事，按合同规定的索赔程序工作，才能获得成功的索赔。具体工程的索赔工作程序，应根据双方签订的施工合同产生。在工程实践中，比较详细的索赔工作程序一般可分为如下主要步骤：

（一）索赔意向通知

索赔意向通知是一种维护自身索赔权利的文件。在工程实施过程中，承包人发现索赔或意识到存在潜在的索赔机会后，要做的第一件事是要在合同规定的时间内将自己的索赔意向用书面形式及时通知业主或工程师，亦即向业主或工程师就某一个或若干个索赔事件表示索赔愿望、要求或声明保留索赔的权利。索赔意向的提出是索赔工作程序中的第一步，其关键是抓住索赔机会，及时提出索赔意向。

索赔意向通知，一般仅仅是向业主或工程师表明索赔意向，所以应当简明扼要。通常只要说明以下几点内容：索赔事由发生的时间、地点、简要事实情况和发展动态；索赔所依据的合同条款和主要理由；索赔事件对工程成本和工期产生的不利影响。

FIDIC 合同条件及我国建设工程施工合同条件都规定：承包人应在索赔事件发生后的 28 天内，将其索赔意向以正式函件通知工程师。反之，如果承包人没有在合同规定的期限内提出索赔意向或通知，承包人则会丧失在索赔中的主动和有利地位，业主和工程师也有权拒绝承包人的索赔要求，这是索赔成立的有效和必备条件之一。

因此在实际工作中，承包人应避免合理的索赔要求由于未能遵守索赔时限的规定而导致无效。在实际的工程承包合同中，对索赔意向提出的时间限制不尽相同，只要双方经过协商达成一致并写入合同条款即可。施工合同要求承包人在规定期限内首先提出索赔意向，是基于以下考虑的：

1. 提醒业主或工程师及时关注索赔事件的发生、发展等全过程。

2. 为业主或工程师的索赔管理做准备，如可进行合同分析、搜集证据等。

3. 如属业主责任引起索赔，业主有机会采取必要的改进措施，防止损失的进一步扩大。

（二）准备索赔资料

从提出索赔意向到提交索赔文件，是属于承包人索赔的内部处理阶段和索赔资料准备阶段。此阶段的主要工作有：

1. 跟踪和调查干扰事件，掌握事件产生的详细经过和前因后果。

2. 分析干扰事件产生的原因，划清各方责任，确定由谁承担，并分析这些干扰事件是否违反了合同规定，是否在合同规定的赔偿或补偿范围内，即确定索赔根据。

3. 损失或损害调查或计算。通过对比实际和计划的施工进度和工程成本，分析经济损失或权利损害的范围和大小，并由此计算出工期索赔和费用索赔值。

4. 搜集证据。从干扰事件产生、持续直至结束的全过程，都必须保留完整的当时记录，这是索赔成功的重要条件。在实际工作中，许多承包人的索赔要求都因没有或缺少书面证据而得不到合理解决，这个问题应引起承包人的高度重视。

5. 起草索赔文件。按照索赔文件的格式和要求，将上述各项内容系统反映在索赔文件中。索赔的成功很大程度上取决于承包人对索赔做出的解释和真实可信的证明材料。即使抓住了合同履行中的索赔机会，如果没有索赔证据或证据不充分，其索赔要求往往也难以成功或被大打折扣。因此，承包人在正式提出索赔报告前的资料准备工作极为重要。这就要求承包人注意记录和积累保存工程施工过程中的各种资料，并可随时从中提取与索赔事件有关的证明资料。

（三）提交索赔文件

承包人必须在合同规定的索赔时限内向业主或工程师提交正式的书面索赔文件。FIDIC 合同条件和我国建设工程施工合同条件都规定，承包人必须在发出索赔意向通知后的 28 天内或经工程师同意的其他合理时间内，向工程师提交一份详细的索赔文件和有关资料。如果干扰事件对工程的影响持续时间长，承包人则应按工程师要求的合理间隔（一般为 28 天），提交中间索赔报告并在干扰事件影响结束后的 28 天内提交一份最终索赔报告。如果承包人未能按时间规定提交索赔报告，则他就失去了该项事件请求补偿的索赔权利，此时他所受到损害的补偿，将不超过工程师认为应主动给予的补偿额，或把该事件损害提交仲裁解决时，仲裁机构依据合同和同期记录可以证明的损害确定补偿额。

（四）工程师审核索赔文件

工程师是受业主的委托和聘请，对工程项目的实施进行组织、监督和控制工作。在业主与承包人之间的索赔事件的处理解决过程中，工程师是个核心人物。工程师在接到承包人的索赔文件后，必须以完全独立的身份，站在客观公正的立场上审查索赔要求的正当性，必须对合同条件、协议条款等有详细的了解，以合同为依据来公平处理合同双方的利益纠纷。工程师应该建立自己的索赔档案，密切关注事件的影响和发展，有权检查承包人的有关同期记录材料，随时就记录内容提出他的不同意见或他认为应予以增加的记录项目。工程师根据业主的委托或授权，对承包人索赔的审核工作主要分为判定索赔事件是否成立和核查承包人的索赔计算是否正确、合理两个方面，并可在业主授权的范围内做出自己独立的判断。承包人索赔要求的成立必须同时具备如下四个条件：

1. 与合同相比较，事件已经造成了承包人实际的额外费用增加或工期损失。

2. 费用增加或工期损失不是由于承包人自身的责任所造成的。

3. 这种经济损失或权利损害也不是由承包人应承担的风险所造成的。

4. 承包人在合同规定的期限内提交了书面的索赔意向通知和索赔文件。

上述四个条件没有先后主次之分，并且必须同时具备，承包人的索赔才能成立。工程师对索赔文件的审查重点主要有两步：

（1）重点审查承包人的申请是否有理有据，即承包人的索赔要求是否有合同依据，所受损失确属不应由承包人负责的原因造成，提供的证据是否足以证明索赔要求成立，是否需要提交其他补充材料等。

（2）工程师应以公正的立场、科学的态度，重点审查并核算索赔值的计算是否正确、合理，分清责任，对不合理的索赔要求或不明确的地方提出反驳和疑问，或要求承包人做出进一步的解释和补充，并拟定自己计算的合理索赔款项和工期延展天数。

（五）工程师对索赔的处理与决定

工程师核查后初步确定应补偿的额度，往往与承包人的索赔报告中要求的额度不一致，甚至差额较大，主要原因大多为对承担事件损害责任的界限划分不一致、索赔证据不充分、索赔计算的依据和方法分歧较大等，因此双方应就索赔的处理进行协商。通过协商达不成共识的话，工程师有权单方面做出处理决定，承包人仅有权得到所提供的证据满足工程师认为索赔成立那部分的付款和工期延展。不论工程师通过协商与承包人达成一致，还是他单方面做出的处理决定，批准给予补偿的款额和延展工期的天数如果在授权范围之内，则可将此结果通知承包人，并抄送业主。补偿款将计入下月支付工程进度款的支付证书内，业主应在合同规定的期限内支付，延展的工期加到原合同工期中去。如果批准的额度超过工程师的权限，则应报请业主批准。

对于持续影响时间超过 28 天的工期延误事件，当工期索赔条件成立时，对承包人每隔 28 天报送的阶段索赔临时报告审查后，每次均应做出批准临时延长工期的决定，并于事件影响结束后 28 天内承包人提出最终的索赔报告后，批准延展工期总天数。应当注意的是：最终批准的总延展天数，不应少于以前各阶段已同意延展天数之和。规定承包人在事件影响期间每隔 28 天提出一次阶段报告，可以使工程师及时根据同期记录批准该阶段应予延展工期的天数，避免事件影响时间太长而不能准确确定处理意见。

工程师经过对索赔文件的认真评审并与业主、承包人进行了较充分的讨论后，应提出自己的索赔处理决定。通常，工程师的处理决定不是终局性的，对业主和承包人都不具有强制性的约束力。

我国建设工程施工合同条件规定，工程师收到承包人送交的索赔报告和有关资料后应在28天内给予答复或要求承包人进一步补充索赔理由和证据。如果在28天内既未予答复，也未对承包人做进一步要求，则视为承包人提出的该项索赔要求已经认可。

（六）业主审查索赔处理

当索赔数额超过工程师权限范围时，由业主直接审查索赔报告，并与承包人谈判解决，工程师应参加业主与承包人之间的谈判，工程师也可以作为索赔争议的调解人。业主首先根据事件发生的原因、责任范围、合同条款审核承包人的索赔文件和工程师的处理报告，再依据工程建设的目的、投资控制、竣工投产日期要求以及针对承包人在施工中的缺陷或违反合同规定等的有关情况，决定是否批准工程师的处理决定。例如，承包人某项索赔理由成立，工程师根据相应条款的规定，既同意给予一定的费用补偿，也批准延展相应的工期，但业主权衡了施工的实际情况和外部条件的要求后，可能不同意延展工期，而宁愿给承包人增加费用补偿额，要求他采取赶工措施，按期或提前完工，这样的决定只有业主才有权做出。索赔报告经业主批准后，工程师即可签发有关证书。对于数额比较大的索赔，一般需要业主、承包人和工程师三方反复协商才能做出最终处理决定。

（七）索赔最终处理

如果承包人同意接受最终的处理决定，索赔事件的处理即告结束。如果承包人不同意，则可根据合同约定，将索赔争议提交仲裁或诉讼，使索赔问题得到最终解决。在仲裁或诉讼过程中，工程师作为工程全过程的参与者和管理者，可以作为见证人提供证据、做答辩。

工程项目实施中会发生各种各样、大大小小的索赔、争议等问题，应该强调：合同各方应该争取尽量在最早的时间、最低的层次，尽最大可能以友好协商的方式解决索赔问题，不要轻易提交仲裁或诉讼。因为对工程争议的仲裁或诉讼往往是非常复杂的，要花费大量的人力、物力、财力，对工程建设也会带来不利，有时甚至是严重的影响。

七、索赔技巧与艺术

索赔工作既有科学严谨的一面，又有艺术灵活的一面。对于一个确定的索赔事件往往没有预定的、确定的解，它受制于双方签订的合同文件、各自的工程管理水平和索赔能力以及处理问题的公正性、合理性等因素。因此索赔成功不仅需要令人信服的法律依据、充足的理由和正确的计算方法，索赔的策略、技巧和艺术也相当重要。如何看待和对待索赔，实际上是个经营战略问题，是承包人对利益、关系、信誉等方面的综合权衡。首先承包人应防止两种极端倾向：

1. 只讲关系、义气和情意，忽视应有的合理索赔，致使企业遭受不应有的经济损失。

2. 不顾关系，过分注重索赔，斤斤计较，缺乏长远和战略目光以致影响合同关系、企业信誉和长远利益。

此外合同双方在开展索赔工作时，还要注意以下索赔技巧和艺术：

（1）索赔是一项十分重要和复杂的工作，涉及面广，合同当事人应设专人负责索赔工作，指定专人收集、保管一切可能涉及索赔论证的资料，并加以系统分析研究，做到处理索赔时以事实和数据为依据。对于重大的索赔，双方应不惜重金聘请专家（懂法律和合同，有丰富的施工管理经验，懂会计学，了解施工中的各个环节，善于从图纸、技术规范、合同条款及来往信件中找出矛盾、找出有依据的索赔理由）指导，组成强有力的谈判小组。

（2）正确把握提出索赔的时机。索赔过早提出，往往会遭到对方反驳或在其他方面可能施加的挑衅、报复等；过迟提出，则容易留给对方借口，索赔要求遭到拒绝。因此索赔方必须在索赔时效范围内适时提出。如果老是担心或害怕影响双方合作关系，有意将索赔要求拖到工程结束时才正式提出，可能会事与愿违、适得其反。

（3） 及时、合理地处理索赔。索赔发生后，必须依据合同的准则及时地对索赔进行处理。如果承包人的合理索赔要求长时间得不到解决，单项工程的索赔积累下来，有时可能影响整个工程的进度。此外，拖到后期综合索赔往往还牵涉到利息、预期利润补偿、工程结算以及责任的划分、质量的处理等，大大增加了处理索赔的难度。因此尽量将单项索赔在执行过程中加以解决，这样做不仅对承包人有益，同时也体现了处理问题的水平，既维护了业主的利益，又照顾了承包人的实际情况。

（4）加强索赔的前瞻性，有效避免过多索赔事件的发生。由于工程项目的复杂多变、现场条件及气候环境的变化、标书及施工说明中的错误等因素不可避免，索赔是不可避免的。在工程的实施过程中，工程师要将预料到的可能发生的问题及时告诉承包人，避免由于工程返工所造成的工程成本上升，这样也可以减轻承包人的压力，减少其想方设法通过索赔途径弥补工程成本上升所造成的利润损失。另外，工程师在项目实施过程中应对可能引起的索赔有所预测，及时采取补救措避免过多索赔事件的发生。

（5）注意索赔程序和索赔文件的要求。承包人应该以正式书面的方式向工程师提出索赔意向和索赔文件，索赔文件要求符合实际、根据充分、条理清楚、数据准确。

（6）索赔谈判中注意方式方法。合同一方向对方提出索赔要求，进行索赔谈判时，措辞应婉转，说理应透彻，以理服人，而不是得理不饶人，尽量避免使用抗议式提法。在一般情况下少用或不用如“你方违反合同”“使我方受到严重损害”等类词句，最好采用“请求贵方做公平合理的调整”“请在 ××× 合同条款下加以考虑”等，既要正确表达自己的索赔要求，又不伤害双方的和气和感情，以达到索赔的良好效果。如果对于一次次合理的索赔要求，对方拒不合作或置之不理，并严重影响工程的正常进行，索赔方可以采取较为严厉的措辞和切实可行的手段，以实现自己的索赔目标。

（7）索赔处理时做适当必要的让步。在索赔谈判和处理时应根据情况做出必要的让步，扔“芝麻”抱“西瓜”，有所失才有所得。可以放弃金额小的小项索赔，坚持大项索赔。这样容易使对方做出让步，达到索赔的最终目的。

（8）发挥公关能力。除了进行书信往来和谈判桌上的交涉外，有时还要发挥索赔人员的公关能力，采用合法的手段和方式，营造适合索赔争议解决的良好环境和氛围，促使索赔问题早日圆满解决。

索赔既是一门科学，同时又是一门“艺术”，它是一门融自然科学、社会科学于一体的边缘科学，涉及工程技术、工程管理、法律、财会、贸易、公共关系等在内的众多学科知识，因此索赔人员在实践过程中，应注重对这些知识的有机结合和综合应用，不断学习，不断体会，不断总结经验教训，才能更好地开展索赔工作。

第二节 工期索赔

一、工程延误的合同规定

工程延误是指工程实施过程中任何一项或多项工作实际完成日期迟于计划规定的完成日期，从而可能导致整个合同工期的延长。工程工期是施工合同中的重要条款之一，涉及业主和承包人多方面的权利和义务关系。工程延误对合同双方一般都会造成损失。业主因工程不能及时交付使用投入生产，就不能按计划实现投资效果，失去盈利机会，损失市场利润；承包人因工期延误而会增加工程成本，如现场工人工资开支、机械停滞费用、现场和企业管理费等，生产效率降低，企业信誉受到影响，最终还可能导致合同规定的误期损害赔偿费处罚。因此工程延误的后果是形式上的时间损失、实质上的经济损失，无论是业主还是承包人，都不愿意无缘无故地承担由工程延误给自己造成的经济损失。工程工期是业主和承包人经常发生争议的问题之一，工期索赔在整个索赔中占据了很高的比例，也是承包人索赔的重要内容之一。

（一）关于工期延误的合同一般规定

如果由于非承包人自身原因造成工程延期，在土木工程合同和房屋建造合同中，通常都规定承包人有权向业主提出工期延长的索赔要求。如果能证实因此造成了额外的损失或开支，承包人还可以要求经济赔偿，这是施工合同赋予承包人要求延长工期的正当权利。

（二）关于误期损害赔偿费的合同一般规定

如果由于承包人自身原因未能在原定的或工程师同意延长的合同工期内竣工，承包人则应承担误期损害赔偿费，这是施工合同赋予业主的正当权利。具体内容主要有以下两点：

1. 如果承包人没有在合同规定的工期内或按合同有关条款重新确定的延长期限内完成工程，工程师将签署一个承包人延期的证明文件。

2. 根据此证明文件，承包人应承担违约责任，并向业主赔偿合同规定的延期损失。业主可从他自己掌握的已属于或应属于承包人的款项中扣除该项赔偿费，且这种扣款或支付，不应解除承包人对完成此项工程的责任或合同规定的承包人的其他责任与义务。

（三）承包人要求延长工期的目的

1. 根据合同条款的规定，免去或推卸自己承担误期损害赔偿费的责任。

2. 确定新的工程竣工日期及其相应的保修期。

3. 确定与工期延长有关的赔偿费用，如由于工期延长而产生的人工费、材料费、机械费、分包费、现场管理费、总部管理费、利息、利润等额外费用。

二、工程延误的分类、识别与处理原则

（一）工程延误的分类和识别

1. 按工程延误原因划分

（1）因业主及工程师自身原因或合同变更原因引起的延误

1）业主拖延交付合格的施工现场。在工程项目前期准备阶段，由于业主没有及时完成征地拆迁、安置等方面的有关前期工作，或未能及时取得有关部门批准的施工执照或准建手续等，造成施工现场交付时间推迟，承包人不能及时进驻现场施工，从而导致工程拖期。

2）业主拖延交付图纸。业主未能按合同规定的时间和数量向承包人提供施工图纸，尤其是目前国内较多的边设计边施工的项目，从而引起工期索赔。

3）业主或工程师拖延审批图纸、施工方案、计划等。

4）业主拖延支付预付款或工程款等。

5）业主提供的设计数据或工程数据延误。如有关放线的资料不准确。

6）业主指定的分包商违约或延误。

7）业主未能及时提供合同规定的材料或设备。

8）业主拖延关键线路上工序的验收时间，造成承包人下道工序施工延误。工程师对合格工程要求拆除或对暴露部分工程予以检查，造成工程进度被打乱，影响后续工程的开展。

9）业主或工程师发布指令延误，或发布的指令打乱了承包人的施工计划。业主或工程师原因暂停施工导致的延误。业主对工程质量的要求超出原合同的约定。

10）业主设计变更或要求修改图纸，业主要求增加额外工程，导致工程量增加，工程变更或工程量增加引起施工程序的变动。业主的其他变更指令导致工期延长等。

（2）因承包人（商）原因引起的延误

由承包人原因引起的延误一般是其内部计划不周、组织协调不力、指挥管理不当等原因引起的。

1）施工组织不当，如出现窝工或停工待料现象。

2）质量不符合合同要求而造成的返工。

3）资源配置不足，如劳动力不足，机械设备不足或不配套，技术力量薄弱、管理水平低，缺乏流动资金等造成的延误。

4）开工延误。

5）劳动生产率低。

6）承包人雇用的分包人或供应商引起的延误等。

显然上述延误难以得到业主的谅解，也不可能得到业主或工程师给予延长工期的补偿。承包人若想避免或减少工程延误的罚款及由此产生的损失，只有通过加强内部管理或增加投入，或采取加速施工的措施。

（3）不可控制因素导致的延误

1）人力不可抗拒的自然灾害导致的延误。如有记录可查的特殊反常的恶劣天气、不可抗力引起的工程损坏和修复。

2）特殊风险如战争、叛乱、革命、核装置污染等造成的延误。

3）不利的自然条件或客观障碍引起的延误等，如现场发现化石、古钱币或文物。

4）施工现场中其他承包人的干扰。

5）合同文件中某些内容的错误或互相矛盾。

6）罢工及其他经济风险引起的延误。如政府抵制或禁运而造成工程延误等。

2. 按工程延误的可能结果划分

（1）可索赔延误

可索赔延误是指非承包人原因引起的工程延误，包括业主或工程师的原因和双方不可控制的因素引起的延误，并且该延误工序或作业一般应在关键线路上，此时承包人可提出补偿要求，业主应给予相应的合理补偿。根据补偿内容的不同，可索赔延误可进一步分为以下三种情况：

1）只可索赔工期的延误

这类延误是由业主、承包人双方都不可预料、无法控制的原因造成的延误，如上文所述的不可抗力、异常恶劣气候条件、特殊社会事件、其他第三方等原因引起的延误。对于这类延误，一般合同规定：业主只给予承包人延长工期，不给予费用损失的补偿。但有些合同条件（如 FIDIC）中对一些不可控制因素引起的延误，如“特殊风险”和“业主风险”引起的延误，业主还应给予承包人费用损失的补偿。

2）只可索赔费用的延误

这类延误是指由于业主或工程师的原因引起的延误，但发生延误的活动对总工期没有影响，而承包人却由于该项延误负担了额外的费用损失。在这种情况下，承包人不能要求延长工期，但可要求业主补偿费用损失，前提是承包人必须能证明其受到了损失或发生了额外费用，如因延误造成的人工费增加、材料费增加、劳动生产率降低等。

3）可索赔工期和费用的延误

这类延误主要是由于业主或工程师的原因直接造成工期延误并导致经济损失。如业主未及时交付合格的施工现场，既造成承包人的经济损失，又侵犯了承包人的工期权利。在这种情况下，承包人不仅有权向业主索赔工期，而且有权要求业主补偿因延误而发生的、与延误时间相关的费用损失。在正常情况下，对于此类延误，承包人首先应得到工期延长的补偿。但在工程实践中，由于业主对工期要求的特殊性，对于即使因业主原因造成的延误，业主也不批准任何工期的延长，即业主愿意承担工期延误的责任，却不希望延长总工期。业主这种做法实质上是要求承包人加速施工。由于加速施工所采取的各种措施而多支出的费用，就是承包人提出费用补偿的依据。

（2）不可索赔延误

不可索赔延误是指因可预见的条件或在承包人控制之内的情况或由于承包人自己的问题与过错而引起的延误。如果没有业主或工程师的不合适行为，没有上面所讨论的其他可索赔情况，则承包人必须无条件地按合同规定的时间实施和完成施工任务，而没有资格获准延长工期，承包人不应向业主提出任何索赔，业主也不会给予工期或费用的补偿。相反，如果承包人未能按期竣工，还应支付误期损害赔偿费。

3. 按延误事件之间的时间关联性划分

（1）单一延误。单一延误是指在某一延误事件从发生到终止的时间间隔内，没有其他延误事件的发生，该延误事件引起的延误称为单一延误或非共同延误。

（2）共同延误。当两个或两个以上的单个延误事件从发生到终止的时间完全相同时，这些事件引起的延误称为共同延误。共同延误的补偿分析比单一延误要复杂。

（3）交叉延误。当两个或两个以上的延误事件从发生到终止只有部分时间重合时，称为交叉延误。由于工程项目是一个复杂的系统工程，影响因素众多，常常会出现多种原因引起的延误交织在一起，这种交叉延误的补偿分析比较复杂。实际上，共同延误是交叉延误的一种特殊情况。

4. 按延误发生的时间分布划分

（1）关键线路延误

关键线路延误是指发生在工程网络计划关键线路上活动的延误。由于在关键线路上全部工序的总持续时间即为总工期，因而关键线路上的任何工序的延误都会造成总工期的推迟。因此，非承包人原因引起的关键线路延误，必定是可索赔延误。

（2）非关键线路延误

非关键线路延误是指在工程网络计划非关键线路上活动的延误。由于非关键线路上的工序可能存在机动时间，因而当非承包人原因发生非关键线路延误时，会出现两种可能性:

1）延误时间少于该工序的机动时间。在此种情况下，所发生的延误不会导致整个工程的工期延误，因而业主一般不会给予工期补偿。但若因延误发生额外开支，承包人可以提出费用补偿要求。

2）延误时间多于该工序的机动时间。此时，非关键线路上的延误会全部或部分转化为关键线路延误，从而成为可索赔延误。

（二）工程延误的一般处理原则

1. 工程延误的一般处理原则

工程延期的影响因素可以归纳为两大类：第一类是合同双方均无过错的原因或因素而引起的延误，主要指不可抗力事件和恶劣气候条件等；第二类是由于业主或工程师原因造成的延误。一般地说，根据工程惯例对于第一类原因造成的工程延误，承包人只能要求延长工期，很难或不能要求业主赔偿损失。对于第二类原因，假如业主的延误已影响了关键线路上的工作，承包人既可要求延长工期，又可要求相应的费用赔偿；如果业主的延误仅影响非关键线路上的工作，且延误后的工作仍属非关键线路，而承包人能证明因此（如劳动窝工、机械停滞等）引起的损失或额外开支，则承包人不能要求延长工期，但完全有可能要求费用赔偿。

2. 共同和交叉延误的处理原则

共同延误可分两种情况：在同一项工作上同时发生两项或两项以上延误；在不同的工作上同时发生两项或两项以上延误，是从对整个工程的综合影响方面讲的“共同延误”。第一种情况主要有以下几种基本组合:

（1）可索赔延误与不可索赔延误同时存在。在这种情况下，承包人无权要求延长工期和费用补偿。可索赔延误与不可索赔延误同时发生时，则可索赔延误就变成不可索赔延误，这是工程索赔的惯例之一。

（2）两项或两项以上可索赔工期的延误同时存在，承包人只能得到一项工期补偿。

（3）一项可索赔工期的延误与一项可索赔工期和费用的延误同时存在，承包人可获得一项工期和一项费用补偿。

（4）两项只可索赔费用的延误同时存在，承包人可得两项费用补偿。

（5）一项可索赔工期的延误与两项可索赔工期和费用的延误同时存在，承包人可获得一项工期和两项费用补偿。即对于多项可索赔延误同时存在时，费用补偿可以叠加，工期补偿不能叠加。

第二种情况比较复杂。由于各项工作在工程总进度表中所处的地位和重要性不同，同等时间的相应延误对工程进度所产生的影响也就不同。所以对这种共同延误的分析就不像第一种情况那样简单。比如，不同工作上业主延误（可索赔延误）和承包人延误（不可索赔延误）同时存在，承包人能否获得工期延长及经济补偿？对此应通过具体分析才能回答。首先我们要分析不同工作上业主延误和承包人延误分别对工程总进度造成了什么影响，然后将两种影响进行比较，对相互重叠部分按第一种情况的原则处理。最后，看看剩余部分是业主延误还是承包人延误造成的：如果是业主延误造成的，则应该对这一部分给予延长工期和经济补偿；如果是承包人延误造成的，就不能给予任何工期延长和经济补偿。对其他几种组合的共同延误也应具体问题具体分析：

1）在初始延误是由承包人原因造成的情况下，随之产生的任何非承包人原因的延误都不会对最初的延误性质产生任何影响，直到承包人的延误缘由和影响已不复存在。因而在该延误时间内，业主原因引起的延误和双方不可控制因素引起的延误均为不可索赔延误。

2）如果在承包人的初始延误已解除后，业主原因的延误或双方不可控制因素造成的延误依然在起作用，那么承包人可以对超出部分的时间进行索赔。

3）反之，如果初始延误是由于业主或工程师原因引起的，那么其后由承包人造成的延误将不会使业主摆脱（尽管有时或许可以减轻）其责任。此时承包人将有权获得从业主的延误开始到延误结束期间的工期延长及相应的合理费用补偿。

4）如果初始延误是由双方不可控制因素引起的，那么在该延误时间内，承包人只可索赔工期，而不能索赔费用。只有在该延误结束后，承包人才能对由业主或工程师原因造成的延误进行工期和费用索赔。

三、工期索赔的分析

（一）工期索赔的依据与合同规定

我国建设工程施工合同条件和 FIDIC 合同条件都有有关工期延误与索赔的规定。工期索赔的依据主要有：合同约定的工程总进度计划；合同双方共同认可的详细进度计划，如网络图、横道图等；合同双方共同认可的月、季、旬进度实施计划；合同双方共同认可的对工期的修改文件，如会谈纪要、来往信件、确认信等；施工日志、气象资料；业主或工程师的变更指令；影响工期的干扰事件；受干扰后的实际工程进度；其他有关工期的资料等。此外在合同双方签订的工程施工合同中有许多关于工期索赔的规定，它们可以作为工期索赔的法律依据，在实际工作中可供参考。

（二）工期索赔的程序

不同的工程合同条件对工期索赔有不同的规定。在工程实践中，承包人应紧密结合具体工程的合同条件，在规定的索赔时限内提出有效的工期索赔。下面从承包人的角度来分析几种不同合同条件下进行工期索赔时承包人的职责和一般程序。

1. 建设工程施工合同条件

如果发包人未能按合同约定履行自己的各项义务或发生错误以及应由发包人承担责任的其他情况，造成承包人工期延误的，承包人可按照索赔条款规定的程序向发包人提出工期索赔。

2. 水利水电土建工程施工合同条件

水利水电土建工程施工合同条件第 19 条第二款规定，属于下列任何一种情况引起的暂停施工，均为发包人的责任，由此造成的工期延误，承包人有权要求延长工期：

（1）由于发包人违约引起的暂停施工。

（2）由于不可抗力的自然或社会因素引起的暂停施工。

（3）其他由于发包人原因引起的暂停施工。

该合同条件第 20 条规定，在施工过程中，发生下列情况之一使关键项目的施工进度计划拖后而造成工期延误时，承包人可要求发包人延长合同规定的工期：

（1）增加合同中任何一项的工作内容。

（2）增加合同中关键项目的工程量超过专用合同条款规定的百分比。

（3）增加额外的工程项目。

（4）改变合同中任何一项工作的标准或特性。

（5）本合同中涉及的由发包人责任引起的工期延误。

（6）异常恶劣的气候条件。

（7）非承包人原因造成的任何干扰或阻碍。

发生上述事件后，承包人应按下列程序办理：

（1）发生上述事件时，承包人应立即通知发包人和监理人，并在发出该通知后的 28 天内，向监理人提交一份细节报告，详细说明该事件的情节和对工期的影响程度，并按合同规定修订进度计划和编制赶工措施报告报送监理人审批。若发包人要求修订的进度计划仍应保证工程按期完工，则应由发包人承担由于采取赶工措施所增加的费用。

（2）若事件的持续时间较长或事件影响工期较长，当承包人采取了赶工措施而无法实现工程按期完工时，除应按上述第（1）项规定的程序办理外，承包人应在事件结束后的 14 天内，提交一份补充细节报告，详细说明要求延长工期的理由，并修订进度计划。此时发包人除按上述第（2）项规定承担赶工费用外，还应按以下第（3）项规定的程序批准给予承包人延长工期的合理天数。

（3）监理人应及时调查核实上述第（1）和第（2）项中承包人提交的细节报告和补充细节报告，并在审批修订进度计划的同时与发包人和承包人协商确定延长工期的合理天数和补偿费用的合理额度，并通知承包人。

（三）FIDIC 施工合同条件

FIDIC 施工合同条件第 85 款规定，如果出现下列情形，承包商有权提出竣工时间的延长：

1. 变更（无须遵守第 202 款 [索赔款项和 / 或 EOT] 规定的程序）。

2. 根据本合同条件某款，有权获得延长工期的原因。

3. 异常不利的气候条件：根据业主按第 25 款 [现场数据和参照项] 提供给承包商的数据和（或）项目所在国发布的关于现场的气候数据，这些发生在现场的不利的气候条件是不可预见的。

4. 由于流行病或政府行为导致不可预见的人员或货物（或业主供应的材料）的短缺。

5. 由业主、业主人员或在现场的业主的其他承包商造成或引起的任何延误、妨碍或阻碍。

在上述通知之后的 28 天内，或在工程师可能同意的其他合理的期限内，向工程师提交承包商认为他有权要求的任何延期的详细申述，以便可以及时对他申述的情况进行研究。工程师详细复查全部情况后，应在与业主和承包商适当协商之后，决定竣工日期延长的时间，并相应地通知承包商，同时将一份副本呈交业主。

（四）JCT80 合同条件

英国合同审定联合会（Joint Contract Tribunal）制定的标准合同文本 JCT 条件规定，承包商在进行工期索赔时必须遵循如下步骤：

1. 一旦承包商认识到工程延误正在发生或即将发生，就应该立即以书面形式正式通知工程师，而且该延误通知书中必须指出引起延误的原因及相关事件。

2. 承包商应尽可能快地详细给出延误事件的可能后果。

3. 承包商必须尽快估算出竣工日期的推迟时间，而且必须单独说明每一个延误事件的影响，以及延误事件之间的时间相关性。

4. 若承包商在延误通知书中提及了任一指定分包商，他就必须将延误通知书、延误的细节及估计后果等复印件送交该指定分包商。

5. 承包商必须随时向建筑师递交关于延误的最新发展状况及其对竣工日期的影响报告，同时将复印件送交有关的指定分包商。承包商有责任在合同执行的全过程中，随时报告延误的发生、发展及其影响，直至工程已实际完成。

6. 承包商必须不断地尽最大努力阻止延误发展并尽可能减少延误对竣工日期的影响。这不是说承包商必须增加支出以挽回或弥补延误造成的时间损失，但是承包商应确信工程进度是积极、合理的。

7. 承包商必须完成建筑师的所有合理要求。如果业主要求并批准采用加速措施，并支付合理的费用，承包商就有责任完成工程加速。

（五）工期索赔的分析与计算方法

1. 工期索赔的分析流程

工期索赔的分析流程包括延误原因分析、网络计划（CPM）分析、业主责任分析和索赔结果分析等步骤。

（1）原因分析。分析引起工期延误是哪一方的原因，如果由于承包人自身原因造成的，则不能索赔，反之则可索赔。

（2）网络计划分析。运用网络计划方法分析延误事件是否发生在关键线路上，以决定延误是否可索赔。注意：关键线路并不是固定的，随着工程的进展，关键线路也在变化，而且是动态变化的。关键线路的确定，必须是依据最新批准的工程进度计划。在工程索赔中，一般只限于考虑关键线路上的延误，或者一条非关键线路因延误已变成关键线路。

（3）业主责任分析。结合 CPM 分析结果，进行业主责任分析，主要是为了确定延误是否能索赔费用。若发生在关键线路上的延误是由业主原因造成的，则这种延误不仅可索赔工期，而且可索赔因延误而发生的额外费用，否则，只能索赔工期。若由于业主原因造成的延误发生在非关键线路上，则只可能索赔费用。

（4）索赔结果分析。在承包人索赔已经成立的情况下，根据业主是否对工期有特殊要求，分析工期索赔的可能结果。如果由于某种特殊原因，工程竣工日期客观上不能改变，即对索赔工期的延误，业主也可以不给予工期延长。这时，业主的行为已实质上构成隐含指令加速施工。因而，业主应当支付承包人采取加速施工措施而额外增加的费用，即加速费用补偿。此处费用补偿是指因业主原因引起的延误时间因素造成承包人负担了额外的费用而得到的合理补偿。

2. 工期索赔计算方法

（1）网络分析法

承包人提出工期索赔，必须确定干扰事件对工期的影响值，即工期索赔值。工期索赔分析的一般思路是：假设工程一直按原网络计划确定的施工顺序和时间施工，当一个或一些干扰事件发生后，使网络中的某个或某些活动受到干扰而延长施工持续时间。将这些活动受到干扰后的新的持续时间代入网络中，重新进行网络分析和计算，即会得到一个新工期。新工期与原工期之差即为干扰事件对总工期的影响，即为承包人的工期索赔值。网络分析是一种科学、合理的计算方法，是通过分析干扰事件发生前、后网络计划之差异而计算工期索赔值的，通常可适用于各种干扰事件引起的工期索赔。但对于大型复杂的工程，手工计算比较困难，需借助计算机来完成。

（2）比例类推法

在实际工程中，若干扰事件仅影响某些单项工程、单位工程或分部分项工程的工期，要分析它们对总工期的影响，可采用较简单的比例类推法。比例类推法可分为两种情况：1）按工程量进行比例类推。当计算出某一分部分项工程的工期延长后，还要把局部工期转变为整体工期，这可以用局部工程的工作量占整个工程工作量的比例来折算。2）按造价进行比例类推。若施工中出现了很多大小不等的工期索赔事由，较难准确地单独计算且又麻烦时，可经双方协商，采用造价比较法确定工期补偿天数。比例类推法简单、方便，易于被人们理解和接受，但不尽科学、合理，有时不符合工程实际情况，且对有些情况如业主变更施工次序等不适用，甚至会得出错误的结果，在实际工作中应予以注意，正确掌握其适用范围。

（3）直接法

有时干扰事件直接发生在关键线路上或一次性地发生在一个项目上，造成总工期的延误。这时可通过查看施工日志、变更指令等资料，直接将这些资料中记载的延误时间作为工期索赔值。如承包人按工程师的书面工程变更指令，完成变更工程所多用的实际工时即为工期索赔值。

（4）工时分析法

某一工种的分项工程项目延误事件发生后，按实际施工的程序统计出所用的工时总量，然后按延误期间承担该分项工程工种的全部人员投入来计算要延长的工期。

第三节　费用索赔

一、费用索赔的原因及分类

（一）费用索赔的含义及特点

1. 费用索赔的含义

费用索赔是指承包人在非自身因素影响下而遭受经济损失时向业主提出补偿其额外费用损失的要求。因此，费用索赔应是承包人根据合同条款的有关规定，向业主索取的合同价款以外的费用。索赔费用不应被视为承包人的意外收入，也不应被视为业主的不必要开支。实际上，索赔费用的存在是由于建立合同时还无法确定的某些应由业主承担的风险因素导致的结果。承包人的投标报价中一般不考虑应由业主承担的风险对报价的影响，因此一旦这类风险发生并影响承包人的工程成本时，承包人提出费用索赔是一种正常现象和合情合理的行为。

2. 费用索赔的特点

费用索赔是工程索赔的重要组成部分，是承包人进行索赔的主要目标。与工期索赔相比，费用索赔有以下一些特点：

（1）费用索赔的成功与否及其大小事关承包人的盈亏，也影响业主工程项目的建设成本，因而费用索赔常常是比较困难的，也是双方分歧比较大的索赔。特别是对于发生亏损或接近亏损的承包人和财务状况不佳的业主，情况更是如此。

（2）索赔费用的计算比索赔资格或权利的确认更为复杂。索赔费用的计算不仅要依据合同条款与合同规定的计算原则和方法，还可能要依据承包人投标时采用的计算基础和方法，以及承包人的历史资料等。索赔费用的计算没有统一、合同双方共同认可的计算方法，因此索赔费用的确定及认可是费用索赔中一项困难的工作。

（3）在工程实践中，常常是许多干扰事件交织在一起，承包人成本的增加或工期延长的发生时间及原因也常常相互交织在一起，很难清楚、准确地划分开，尤其是对于一揽子综合索赔。对于像生产率降低损失及工程延误引起的承包人利润和总部管理费损失等费用的确定，很难准确计算出来，双方往往有很大的分歧。

（二）费用索赔的原因

引起费用索赔的原因是合同环境发生变化使承包人遭受了额外的经济损失。归纳起来，费用索赔产生的常见原因主要有：

1. 业主违约。

2. 工程变更。

3. 业主拖延支付工程款或预付款。

4. 工程加速。

5. 业主或工程师责任造成的可索赔费用的延误。

6. 非承包人原因的工程中断或终止。

7. 工程量增加（不含业主失误）。

8. 其他，如业主指定分包商违约，合同缺陷，国家政策及法律、法规变更等。

二、费用索赔的费用构成

（一）可索赔费用的分类

1. 按可索赔费用的性质划分

在工程实践中，承包人的费用索赔包括额外工作索赔和损失索赔。额外工作索赔费用包括额外工作实际成本及其相应利润。对于额外工作索赔，业主一般以原合同中的适用价格为基础，或者以双方商定的价格或工程师确定的合理价格为基础给予补偿。实际上，进行合同变更、追加额外工作，可索赔费用的计算相当于一项工作的重新报价。损失索赔包括实际损失索赔和可得利益索赔。实际损失是指承包人多支出的额外成本；可得利益是指如果业主不违反合同，承包人本应取得的，但因业主违约而丧失了的利益。计算额外工作索赔和损失索赔的主要区别是：前者的计算基础是价格，后者的计算基础是成本。

2. 按可索赔费用的构成划分

可索赔费用按项目构成可分为直接费和间接费。其中直接费包括人工费、材料费、机械设备费、分包费，间接费包括现场和公司总部管理费、保险费、利息及保函手续费等项目。可索赔费用计算的基本方法是按上述费用构成项目分别分析、计算，最后汇总求出总的索赔费用。按照工程惯例，下列费用是不包含在索赔费用中，是不能索赔的：（1）承包人对索赔事项的发生原因负有责任的有关费用；（2）承包人对索赔事项未采取减轻措施，因而扩大的损失费用；（3）承包人进行索赔工作的准备费用；（4）索赔金额在索赔处理期间的利息、仲裁费用、诉讼费用等。

（二）常见索赔事件的费用构成

索赔费用的主要组成部分，同建设工程施工合同价的组成部分相似。由于我国关于施工合同价的构成规定与国际惯例不尽一致，所以在索赔费用的组成内容上也有所差异。按照我国现行规定，建筑安装工程合同价一般包括直接费、间接费、计划利润和税金。国际上的惯例是将建设工程合同价分为直接费、间接费、利润三部分。

从原则上说，凡是承包人有索赔权的工程成本的增加，都可以列入索赔的费用。但是，对于不同原因引起的索赔，可索赔费用的具体内容则有所不同。索赔方应根据索赔事件的性质，分析其具体的费用构成内容。

此外，索赔费用项目的构成会随工程所在地国家或地区的不同而不同，即使在同一国家或地区，随着合同条件具体规定的不同，索赔费用的项目构成也会不同。索赔费用主要包括的项目如下：

1. 人工费

人工费主要包括生产工人的工资、津贴、加班费、奖金等。对于索赔费用中的人工费部分来说，主要是指完成合同之外的额外工作所花费的人工费用；由于非承包人责任的工效降低所增加的人工费用；超过法定工作时间的加班费用；法定的人工费增长以及非承包人责任造成的工程延误导致的人员窝工费；相应增加的人身保险和各种社会保险支出等。在以下几种情况下，承包人可以提出人工费的索赔：

（1）因业主增加额外工程，或因业主或工程师原因造成工程延误，导致承包人人工单价的上涨和工作时间的延长。

（2）工程所在国法律、法规、政策等变化而导致承包人人工费用方面的额外增加，如提高当地雇用工人的工资标准、福利待遇或增加保险费用等。

（3）若由于业主或工程师原因造成的延误或对工程的不合理干扰打乱了承包人的施工计划，致使承包人劳动生产率降低，导致人工工时增加的损失，承包人有权向业主提出生产率降低损失的索赔。

2. 材料费

可索赔的材料费主要包括：

（1）由于索赔事项导致材料实际用量超过计划用量而增加的材料费。

（2）由于客观原因导致材料价格大幅度上涨。

（3）由于非承包人责任工程延误导致的材料价格上涨。

（4）由于非承包人原因致使材料运杂费、采购与保管费用的上涨。

（5）由于非承包人原因致使额外低值易耗品使用等。

在以下两种情况下，承包人可提出材料费的索赔：

（1）由于业主或工程师要求追加额外工作、变更工作性质、改变施工方法等，造成承包人的材料耗用量增加，包括使用数量的增加和材料品种或种类的改变。

（2）在工程变更或业主延误时，可能会造成承包人材料库存时间延长、材料采购滞后或采用代用材料等，从而引起材料单位成本的增加。

3. 机械设备使用费

可索赔的机械设备费主要包括：

（1）由于完成额外工作增加的机械设备使用费。

（2）非承包人责任致使的工效降低而增加的机械设备闲置、折旧和修理费分摊，租赁费用。

（3）由于业主或工程师原因造成的机械设备停工的窝工费。机械设备台班窝工费的计算，如系租赁设备，一般按实际台班租金加上每台班分摊的机械调进调出费计算；如系承包人自有设备，一般按台班折旧费计算，而不能按全部台班费计算，因台班费中包括了设备使用费。

（4）非承包人原因增加的设备保险费、运费及进口关税等。

4. 现场管理费

现场管理费是某单个合同发生的用于现场管理的总费用，一般包括现场管理人员的费用、办公费、通信费、差旅费、固定资产使用费、工具用具使用费、保险费、工程排污费、供热、水及照明费等。它一般占工程总成本的5%~10%。索赔费用中的现场管理费是指承包人完成额外工程、索赔事项工作以及工期延长、延误期间的工地管理费。在确定分析索赔费用时，有时又把现场管理费具体分为可变部分和固定部分。所谓可变部分是指在延期过程中可以调到其他工程部位（或其他工程项目）上去的那部分人员和设施；所谓固定部分是指施工期间不易调动的那部分人员或设施。

5. 总部管理费

总部管理费是承包人企业总部发生的、为整个企业的经营运作提供支持和服务所发生的管理费用，一般包括总部管理人员费用、企业经营活动费用、差旅交通费、办公费、通信费、固定资产折旧、修理费、职工教育培训费用、保险费、税金等。它一般占企业总营业额的 3%~10%。索赔费用中的总部管理费主要指的是工程延误期间所增加的管理费。

6. 利息

利息，又称融资成本或资金成本，是企业取得和使用资金所付出的代价。融资成本主要有两种：额外贷款的利息支出和使用自有资金引起的机会损失。只要因业主违约（如业主拖延或拒绝支付各种工程款、预付款或拖延退还扣留的保留金）或其他合法索赔事项直接引起了额外贷款，承包人有权向业主就相关的利息支出提出索赔。利息的索赔通常发生于下列情况：

（1）业主拖延支付预付款、工程进度款或索赔款等，给承包人造成较严重的经济损失，承包人因而提出拖付款的利息索赔。

（2）由于工程变更和工期延误增加投资的利息。

（3）施工过程中业主错误扣款的利息等。

7. 分包费用

索赔费用中的分包费用是指分包商的索赔款项，一般也包括人工费、材料费、施工机械设备使用费等。因业主或工程师原因造成分包商的额外损失，分包商首先应向承包人提出索赔要求和索赔报告，然后以承包人的名义向业主提出分包工程增加费及相应管理费用索赔。

8. 利润

对于不同性质的索赔，取得利润索赔的成功率是不同的。在以下几种情况下，承包人一般可以提出利润索赔。

（1）因设计变更等引起的工程量增加。

（2）施工条件变化导致的索赔。

（3）施工范围变更导致的索赔。

（4）合同延期导致机会利润损失。

（5）由于业主的原因终止或放弃合同带来预期利润损失等。

9. 其他

其他索赔费用包括相应保函费、保险费、银行手续费及其他额外费用的增加等。

三、索赔费用的计算方法

索赔值的计算没有统一、共同认可的标准方法，但计算方法的选择却对最终索赔金额影响很大，估算方法选用不合理容易被对方驳回。这就要求索赔人员具备丰富的工程估价经验和索赔经验。

对于索赔事件的费用计算，一般是先计算与索赔事件有关的直接费，如人工费、材料费、机械费、分包费等，然后计算应分摊在此事件上的管理费、利润等间接费。每一项费用的具体计算方法基本上与工程项目报价计算相似。

（一）基本索赔费用的计算方法

1. 人工费

人工费是可索赔费用中的重要组成部分，其计算方法为：

$$C（L）=CL_1+CL_2+CL_3$$

其中，C（L）为索赔的人工费，CL_1 为人工单价上涨引起的增加费用，CL_2 为人工工时增加引起的费用，CL_3 为劳动生产率降低引起的人工损失费用。

2. 材料费

材料费在工程造价中占据较大比重，也是重要的可索赔费用。材料费索赔包括材料耗用量增加和材料单位成本上涨两个方面。其计算方法为：

$$C（M）=CM_1+CM_2$$

其中，C（M）为可索赔的材料费，CM_1 为材料用量增加费，CM_2 为材料单价上涨导致增加的材料费。

3. 施工机械设备费

施工机械设备费包括承包人在施工过程中使用自有施工机械所发生的机械使用费，使用外单位施工机械的租赁费，以及按照规定支付的施工机械进出场费用等。索赔机械设备费的计算方法为：

$$C（E）=CE_1+CE_2+CE_3+CE_4$$

其中，C（E）为可索赔的机械设备费，CE_1 为承包人自有施工机械工作时间额外增加费用，CE_2 为自有机械台班费率上涨费，CE_3 为外来机械租赁费（包括必要的机械进出场费），CE_4 为机械设备闲置损失费用。

4. 分包费

分包费索赔的计算方法为：

$$C（SC）=CS_1+CS_2$$

其中，C（SC）为索赔的分包费，CS_1 为分包工程增加费用，CS_2 为分包工程增加费用的相应管理费（有时可包含相应利润）。

5. 利息

利息索赔额的计算方法可按复利计算法计算。至于利息的具体利率应是多少，可采用不同标准，主要有以下三种情况：按承包人在正常情况下的当时银行贷款利率；按当时的银行透支利率或按合同双方协议的利率。

6. 利润

索赔利润的款额计算通常是与原报价单中的利润百分率保持一致。即在索赔款直接费的基础上，乘以原报价单中的利润率，即作为该项索赔款中的利润额。

（二）管理费索赔的计算方法

在确定索赔事件的直接费用以后，还应提出应分摊的管理费。由于管理费金额较大，其确认和计算都比较困难和复杂，常常会引起双方争议。管理费属于工程成本的组成部分，包括企业总部管理费和现场管理费。我国现行建筑工程造价构成中，将现场管理费纳入直接费中，企业总部管理费纳入间接费中。一般的费用索赔中都可以包括现场管理费和总部管理费。

1. 现场管理费

现场管理费的索赔计算方法一般有两种情况：

（1）直接成本的现场管理费索赔。对于发生直接成本的索赔事件，其现场管理费索赔额一般可按该索赔事件直接费乘以现场管理费费率，而现场管理费费率等于合同工程的现场管理费总额除以该合同工程直接成本总额。

（2）工程延期的现场管理费索赔。如果某项工程延误索赔不涉及直接费的增加，或由于工期延误时间较长，按直接成本的现场管理费索赔方法计算的金额不足以补偿工期延误所造成的实际现场管理费支出，则可按如下方法计算：用实际（或合同）现场管理费总额除以实际（或合同）工期，得到单位时间现场管理费费率，然后用单位时间现场管理费费率乘以可索赔的延期时间，可得到现场管理费索赔额。

2. 总部管理费

目前常用的总部管理费的索赔计算方法有以下几种：

（1）按照投标书中总部管理费的比例（3%~8%）计算。

（2）按照公司总部统一规定的管理费比率计算。

（3）以工程延期的总天数为基础，计算总部管理费的索赔额。

对于索赔事件来讲，总部管理费金额较大，可能会引起双方的争议，常常采用总部管理费分摊的方法，因此分摊方法的选择甚为重要。分摊方法主要有两种：

1）总直接费分摊法

总部管理费一般首先在承包人的所有合同工程之间分摊，然后再在每一个合同工程的各个具体项目之间分摊。其分摊系数的确定与现场管理费类似，即可以将总部管理费总额除以承包人企业全部工程的直接成本（或合同价）之和，据此比例即可确定每项直接费索赔中应包括的总部管理费。总直接费分摊法是将工程直接费作为比较基础来分摊总部管理费。它简单易行、说服力强、运用面较宽。其计算公式为：

总部管理费索赔额 = 单位直接费的总部管理费费率 × 争议合同直接费

例如：某工程争议合同的实际直接费为 500 万元，在争议合同执行期间，承包人同时完成的其他合同的直接费为 2500 万元，该阶段承包人总部管理费总额为 300 万元，则：

单位直接费的总部管理费费率 =300/（500+2500）× 100%=10%

总部管理费索赔额 =10% × 500=50（万元）

总直接费分摊法的局限是：如果承包人所承包的各工程的主要费用比例变化太大，误差就会很大。如有的工程材料费、机械费比重大，直接费高，分摊到的管理费就多，反之亦然。此外，如果合同发生延期且无替补工程则延误期内工程直接费较小，分摊的总部管理费和索赔额都较小，承包人会因此而蒙受经济损失。

2）日费率分摊法

日费率分摊法又称 Eichleay，得名于 Eichleay 公司一桩成功的索赔案例。其基本思路是按合同额分配总部管理费，再用日费率法计算应分摊的总部管理费索赔值。其计算公式为：

争议合同应分摊的总部管理费 = 争议合同额 / 合同期承包商完成的合同总额 × 同期总部管理费总额

日总部管理费费率 = 争议合同应分摊的总部管理费 / 合同履行天数

总部管理费索赔额 = 日总部管理费费率 × 合同延误天数

例如：某承包人承包某工程，合同价为 500 万元，合同履行天数为 720 天，该合同实施过程中因业主原因拖延了 80 天。在这 720 天中，承包人承包其他工程的合同总额为 1500 万元，总部管理费总额为 150 万元。则：

争议合同应分摊的总部管理费 =500/（500+1500）× 150=37.5（万元）

日总部管理费费率 =37.5 × 10/720≈520.8（元 / 天）

总部管理费索赔额 =520.8 × 80=41664（元）

该方法的优点是简单、实用，易于被人理解，在实际运用中也得到了一定程度的认可。存在的主要问题有：一是总部管理费按合同额分摊与按工程成本分摊结果不同，而后者通常在会计核算和实际工作中更容易被人理解；二是“合同履行天数”中包括了“合同延误天数”，降低了日总部管理费费率及承包人的总部管理费索赔值。

从上可知，总部管理费的分摊标准是灵活的，分摊方法的选用要能反映实际情况，既要合理，又要有利。

（三）综合费用索赔的计算方法

对于由许多单项索赔事件组成的综合费用索赔，可索赔的费用构成往往很多，可能包括直接费用和间接费用，一些基本费用的计算前文已叙述。从总体思路上讲，综合费用索赔主要有以下计算方法。

1. 总费用法

总费用法的基本思路是将固定总价合同转化为成本加酬金合同，或索赔值按成本加酬金的方法来计算，它是以承包人的额外增加成本为基础，再加上管理费、利息甚至利润的计算方法。

总费用法在工程实践中用得不多，往往不容易被业主、仲裁员或律师等所认可，该方法应用时应该注意以下几点：

（1）工程项目实际发生的总费用应计算准确，合同生成的成本应符合普遍接受的会计原则，若需要分配成本，则分摊方法和基础的选择要合理。

（2）承包人的报价合理、符合实际情况，不能是采取低价中标策略后过低的标价。

（3）合同总成本超支全系其他当事人行为所致，承包人在合同实施过程中没有任何失误，但这一般在工程实践中是不太可能的。

（4）因为实际发生的总费用中可能包括了承包人的原因（如施工组织不善、浪费材料等）而增加的费用，同时投标报价估算的总费用由于想中标而过低。所以这种方法只有在难以按其他方法计算索赔费用时才使用。

（5）采用这种方法，往往是由于施工过程受到严重干扰，造成多个索赔事件混杂在一起，导致难以准确地进行分项记录和收集资料、证据，也不容易分项计算出具体的损失费用，只得采用总费用法进行索赔。

（6）该方法要求必须出具足够的证据，证明其全部费用的合理性，否则其索赔款额将不容易被接受。

2. 修正的总费用法

修正的总费用法是对总费用法的改进，即在总费用计算的原则上，去掉一些不合理的因素，使其更合理。修正的内容如下：

（1）将计算索赔款的时段局限于受外界影响的时间，而不是整个施工期。

（2）只计算受影响时段内的某项工作所受影响的损失，而不是计算该时段内所有施工工作所受的损失的和。

（3）与该项工作无关的费用不列入总费用中。

（4）对承包人投标报价费用重新进行核算：按受影响时段内该项工作的实际单价进行核算，乘以实际完成的该项工作的工作量，得出调整后的报价费用。按修正后的总费用计算索赔金额的公式如下：

索赔金额 = 某项工作调整后的实际总费用 − 该项工作的报价费用（含变更款）

修正的总费用法与总费用法相比，有了实质性的改进，能够较准确地反映出实际增加的费用。

3. 分项法

分项法是在明确责任的前提下，对每个引起损失的干扰事件和各费用项目单独分析计算索赔值，并提供相应的工程记录、收据、发票等证据资料最终求和。这样可以在较短时间内给以分析、核实，确定索赔费用，顺利解决索赔事宜。该方法虽比总费用法复杂、困难，但比较合理清晰，能反映实际情况，且可为索赔文件的分析、评价及其最终索赔谈判和解决提供方便，是承包人广泛采用的方法。分项法计算通常分三步：

（1）分析每个或每类索赔事件所影响的费用项目，不得有遗漏。这些费用项目通常应与合同报价中的费用项目一致。

（2）计算每个费用项目受索赔事件影响后的数值，通过与合同价中的费用值进行比较即可得到该项费用的索赔值。

（3）将各费用项目的索赔值汇总，得到总费用索赔值。分项法中索赔费用主要包括该项工程施工过程中所发生的额外人工费、材料费、施工机械使用费、相应的管理费，以及应得的间接费和利润等。由于分项法所依据的是实际发生的成本记录或单据，所以在施工过程中，对第一手资料的收集整理就显得非常重要。

第七章　BIM技术在项目管理中的应用

BIM 技术的出现，将信息化技术引入项目全寿命周期，用数字化手段将项目管理各阶段统一起来，通过可视化、协同共享、模拟优化等一系列在传统项目管理中无法实现的功能来提高设计施工质量、降低项目成本，缩短项目工期、实现参建方协同管理，为项目管理的提升提供有力支持。本章主要对 BIM 技术的应用展开讲述。

第一节　BIM技术的介绍

要想正确、合理地将 BIM 技术应用于建筑工程项目施工的进度、成本、安全管控中，企业就要先了解 BIM 技术的软件构成、技术原理、特点，从而制订好引入 BIM 技术的策略。

一、BIM 技术的概念与发展

（一）BIM 技术的概念

通常建筑业与其他标准化制造企业相比效率低下，其中一个主要原因就是标准化、信息化、工业化程度低。建筑信息模型（Building Information Modeling，以下简称 BIM）的理论基础是基于 CAD（计算机辅助设计）、CAM（计算机辅助制造）技术的传统制造业的计算机集成生产系统 CIMS（Computer Integrated Manufacturing System）理念和以产品数据管理 PDM 与 STEP 工艺流程为标准的产品信息模型。近十几年来，BIM 技术正以传统 CAD 模型应用为基础快速成长为一种多维（3D 空间、4D 进度、5D 成本）模型信息整合技术，它能够使工程的每个参与者从最初的项目方案设计一直到项目的使用年限终止期间都可以通过项目模型使用信息或利用信息使用模型。这就从本质上转变了工程管理者仅仅依据单一的符号文字和抽象的二维图纸进行工程项目管理的低效管理方法，大大提高了管理人员在工程的整个寿命周期的管理效率和效益。

BIM 是一种技术、一种方法、一种过程，它不仅包含了工程项目全寿命周期内的信息模型，而且包含作业人员的具体管理行为模型，通过 BIM 技术管理平台将二者的模型进行整合，从而实现工程项目的集成管理应用。BIM 技术的出现将引发整个领域的第二次革命，它给建筑业带来了巨大的变化。

Autodesk 收购三维建模软件公司 Revit Technology，首次将 Building Information Modeling 的首字母连起来使用，成为如今广为人知的“BIM”，BIM 技术也开始在建设项目管理中得到了普遍的深度的应用。值得一提的是，类似于 BIM 的理念同期在制造业中也被提出，并在 20 世纪 90 年代也已实现应用，推动了制造业的科技进步和生产力的提高，塑造了制造业强大的竞争力。一般认为，BIM 技术的定义包含了以下四个方面的内容。

第一，BIM 是一个建筑设施物理属性和功能属性的数字化描述，是工程项目设施实体和功能属性的完整描述。它基于三维几何数据模型，集成了建筑设施其他相关物理信息、功能要求和性能要求等参数化信息，并通过开放式标准实现信息互用。

第二，BIM 是一个共享的数据库，实现建筑全生命周期的信息共享。基于这个共享的数字模型，工程的规划、设计、施工、运行维护各个阶段的相关人员都能从中获取他们所需要的数据。这些数据是连续、即时、可靠、一致的，为该建筑从概念设计到拆除的全寿命周期中所有工作和决策提供可靠依据。

第三，BIM 技术提供了一种应用于规划设计、智能建造、运营维护的参数化管理方法和协同工作过程。这种管理方法不仅能够实现建筑工程不同专业之间的集成化管理，还能够使工程项目在其建设的每个阶段都能大大提高管理效率和最大限度减少损失。

第四，BIM 也是一种信息化技术，它的应用需要信息化软件。在项目的不同阶段，不同利益相关方通过 BIM 软件在 BIM 模型中提取、应用、更新相关信息，并将修改后的信息赋予BIM模型，支持和反映各自职责的协同作业，以提高设计、建造和运行的效率和水平。

（二）BIM 技术的发展历程

BIM 起源于美国，经过不断成熟和完善，已经在越来越多的国家普及和推广。现在国际上对 BIM 的理论的研究已经达到了相当高的程度，特别是美国在 BIM 的研究上开展得较早，技术也最为先进和成熟，美国政府和一些行业协会很早就出台了相关的 BIM 标准，时至今日，BIM 的应用已经深入建筑业的各个领域，包括建设单位、施工企业、设计单位。据统计，美国建筑企业 300 强中，80% 以上都在应用 BIM 技术。日本政府积极推进 BIM 在国内的普及，BIM 应用已扩展至全国。在韩国政府和行业协会已经制定了详细的 BIM 应用标准，并在政府采购、国土监测等国家活动中率先应用。

上海中心项目是国内首次由业主参与的 BIM 应用案例，该工程在设计阶段、建造阶段和维护阶段同时引入 BIM 技术，进行全生命周期的集成管理获得成功。目前，开发公司、设计单位施工企业监理公司、科研院校、软件公司等建筑业相关机构已经开始重视 BIM。随着 BIM 的发展，BIM 人才的需求量也在不断增加，相关的培训教育机构逐渐增多，高等院校也纷纷增设 BIM 相关课程。

二、BIM 技术的软件体系及原理

（一）软件体系分析

BIM 技术要充分实现其功能及价值，必须有相应的软件做支撑。国内外各大软件公司近些年来一直致力于 BIM 相关软件的开发和完善，以 Autodesk 公司为代表的国外 BIM 软件开发商，更多地把产品的功能定义在工程建设项目的设计阶段；国内 BIM 软件则把更多的关注点聚焦到工程建设项目的建造阶段。建筑全生命周期中，各个阶段都有能够满足本阶段工作需求的 BIM 软件。

核心建模软件：

Autodesk 公司的 Revit 软件在功能设置、人机交互、参数化能力、软件间数据兼容性方面体现出其他软件无法相比的优势，在全球范围内占有最大的市场份额；Bentley BIM 套件主要应用于工厂设计和基础设施领域；Robert MeNeel 公司的 Rhino+gh 软件对于设计复杂的建筑，比如曲面建筑的建模有很大优势，也可以很好地实现等高线地形的建模；Open BIM 联盟的 BIM 软件代表性的有 Graphisoft 公司的 ArchiCAD；Nemetschek 公司的 Nemetschek ALLPIAN；Dassault System 公司的 CATIA 是全球最高端的机械设计制造软件，对于工程建设行业特复杂形体的处理能力也比较强，但是在建筑领域应用不多。国内的建模软件有鲁班、广联达、斯维尔、PKPM 等软件，这些软件内置了我国工程量计算规则和各省的定额，在施工阶段的工程量计算和工程造价方面应用最多。

（二）BIM 的技术原理

1.IFC 标准

BIM 的核心功能是信息互通，要实现建筑信息在不同部门、不同软件之间的交流互通，需要一个标准化的通用语言来读写信息，这样才能降低信息流通的耗散损失。IFC 标准是一个不受任何组织和开发商控制，不依赖于任何系统的公开、独立中性的标准，该标准可以在任何计算机中创建、处理、交换数据而不需要更换系统。这个优点决定了 IFC 标准适合描述建筑产品信息并贯穿于项目生命周期，这使得建筑行业不同部门、不同专业之间就可以实现信息的无障碍交流共享，并持续作用于项目的全生命周期。

IFC 使用规范化、形式化的数据语言来记录项目产品信息。EXPRESS 语言的关键是“实体”的定义，实体是一种表示某类具有共同特征的对象。在 EXPRESS 语言中对象的特征用规则和属性来描述，每一个规则和属性构成了一个“类”。比如，建筑工程总共有 600 件以上的“实体”和大约 300 种“类”，EXPRSS 语言要对它们进行定义后才能进行数据记录和交换。IFC 标准描述对象可以分为 4 个级层：数据层、特征层、交流层和结界层。基于 IFC 的工程模型允许建筑行业的人员交流共享，可以继续使用以前定义的对象，也可以在工程模型中增加新的对象。

2. 信息模型

信息模型是通过数字信息来描述建筑物所具备的真实信息。真实信息不仅包含描述建筑物空间形状的几何信息，还包含建筑物的众多非几何信息，如构造材料、混凝土等级、钢筋标号、工程造价、进度计划等工程相关信息。BIM 就是把所有信息参数化，用计算机模拟建立一个建筑模型，并把所有的相关信息整合到这个建筑模型中。建筑信息模型就是一个内容丰富、数据完整、逻辑周密的建筑信息库。

建筑信息模型是一个由计算机模拟建筑物所形成的信息库，包含了设计阶段的设计信息、施工阶段的施工信息以及运营维护直至拆除的后期信息，项目寿命周期的全部信息一直是容纳在这个三维模型信息库中的。建筑信息模型能够连续瞬时提供项目设计内容、进度计划和成本控制等信息，这些信息完整准确并且协调一致。建筑信息模型可以在项目变更、施工过程中保持信息不断调整并可开放数据，使设计师、工程师、管理者、施工人员能够实时地掌握项目动态信息，并在各自负责的专业区域内做出相应的调整，提高项目的综合效益。

因为建筑信息模型要实现建设项目全生命周期的连续管理，所以它的结构是一个包括信息模型和行为模型的复合结构。信息模型包含了建筑物全部的几何信息及实体特征信息，行为模型则包含与管理有关的进度、成本等信息，两个模型通过数据关联结合为建筑信息模型，进而用于模拟建筑的真实的过程。例如模拟建筑的梁柱的应力分布情况、保温层的隔热状态、基础工程的施工进度等。需要注意的是，模拟的逼真程度与信息的完备程度是密切相关的。

3. 行为工具模型

BIM 的基础行为总体可以分为两类：创造和分析。“分布式”是目前 BIM 最常用的发挥形式，它将创造平台与分析平台整合为一体，既能体现“创造”的作用，又能发挥“分析”的功能。行为工具模型包括：设计模型、施工模型、进度模型、资源模型、建造模型和运营模型。由于都建立在一个共同的数据库上，可以利用这些模型进行碰撞检测（如构件和设备的冲突、结构与管线的冲突、施工机械与场地的冲突等），这些冲突可以在建立模型的过程中尽早发现，并协调解决，提前预防在真实场景中发生此类冲突。创造工具可以创建模型，并能根据模型的数据信息生成任何部位、任何角度、任何平面、任何空间的视图文件和执行文件（如平、立、剖面图等）。分析工具可以任意从模型数据库中调取数据，并根据不同的需求，分析不同的数据，给出用户需要的结果。例如，应力分析工具可调取项目的建筑结构、承重构件分布、钢筋水泥标号、楼面承载力以及项目所在地的地质情况，风荷载、雨雪荷载、地震烈度等方面的信息，计算出建筑在各种情况下的应力分布和安全稳定指标，项目团队可以根据结果对方案进行修改，修改过程直接在此基础上进行再分析、再修改，直到应力分布和稳定系数都达到满意为止。

第二节　基于BIM技术的进度管理

BIM 技术应用于施工进度管理，可以使项目经理模拟施工的过程，提前了解施工中的问题，在施工中遇到制约进度因素时，也可以及时变更施工方案和计划，尽量降低施工工期受到的影响。

一、BIM 进度管理目标与应用步骤

（一）基于 BIM 技术的进度管理目标

BIM 实施通常为目标导向，首先需要明确项目 BIM 实施目标，然后根据实施目标选择对应的 BIM 应用。BIM 目标直接影响前期的策划与准备，并且要与项目实际和企业需要相符，所以目标的确定必须是具体的、可衡量的。例如，鲁班企业总结了项目实施阶段施工方的 106 个 BIM 应用点（施工方案模拟、碰撞检查、工程量计算、材料管理等），企业间的核心利益环节不同，对 BIM 的需求及所要达成的目标就会存在差异。因此，制订合理的 BIM 实施目标，筛选合适的 BIM 应用，才能促进项目成功。BIM 实施目标可分为三个层次，包括企业管理、项目管理与技术应用。

（二）BIM 在进度管理中的应用步骤

1. 建立建筑的 4D 信息模型

建立建筑工程信息模型可以分为三个步骤：首先创建建筑模型；然后建立建筑施工过程模型；最后把建筑模型与过程模型关联。

（1）创建 3D 建筑模型

系统支持从其他基于 IFC 标准的 3D 模拟系统中直接导入项目的 3D 建筑模型，也可以利用系统提供的建模工具直接新建 3D 建筑模型。系统一般都会提供梁柱、板、墙、门、窗等经常使用的构件类型的快捷工具，只需输入很少的参数就可以建立相应的构件模块，并且给构件模块赋予相应的位置、尺寸、材质等工程属性的信息，多种模块组合就形成 3D 建筑模型。

（2）建立施工过程模型

施工过程模型就是进度计划的模拟，通过 WBS 把建筑结构分为整体工程、单项工程、分部工程、分项工程、分层工程、分段工程等多层节点，并自动生成 WBS 树状结构，把总体进度计划划分到每一个节点上，即可完成进度计划的创建工作。系统提供了丰富的 WBS 编辑功能以及基本的施工流程工序模板，只需做少量输入就能够为 WBS 节点增添施

工工序节点，并且在进度信息中添加这些节点的工期以及任务逻辑关系。同时在进度管理软件中设置一些简单的任务逻辑关系，创建进度计划就完成了，这显著提高了工作效率。

（3）建立工程4D信息模型

在完成3D模型的建立和进度过程结构的建立后，利用系统提供的链接工具进行WBS节点与工程构件以及工程实体关联操作，通过系统预置的资源模板，就自动创建了建筑工程4D信息模型。系统提供的工程构件可以依据施工情况定义为各种形式，可以是单个构件，如柱、梁、门、窗等，也可以是多根构件组成的构件组。工程构件保存了构件的全部工程属性，其中有几何信息、物理信息、施工计划以及建造单位等附加信息。

2. 建筑施工数据集成和信息管理

（1）施工管理数据库

在4D施工进度管理系统中，模型数据的记录、分析管理、访问和维护等操作主要是在施工管理信息数据库中完成的。由于在信息模型中模型实体的数据结构烦琐，有复合数据、连续数据和嵌套数据等。为了科学合理地管理这些数据，使模型能够直观、真实地表现工程领域的复杂结构，一般采用将模型对象封装的办法来提升数据处理能力。在系统中加入面向对象的计算方法，并创建面向对象的工程数据库系统，实现较高层次的数据管理。

（2）施工管理信息平台

施工管理信息平台为工程项目管理者提供了一个信息集成环境，为工程各参建方之间实现互联互通、协同合作、共享信息提供了一个公开的应用平台。其功能主要有：第一，施工管理信息数据的记录与管理。其主要内容为施工管理过程中所有数据的统计、分析，数据之间逻辑关系的建立和调整，产品数据与进度数据的关联等。第二，施工管理数据库的维护。通过该平台提供的信息数据库访问端口，可以对数据库内所有的复杂实体数据进行访问，允许用户根据实体的工程属性信息进行分类搜索、统计查询和批量修改等操作，提供协同施工管理的环境。

3.4D施工管理系统

4D施工管理系统为管理者提供了进行项目4D施工管理的操作界面和工具层。利用此系统，操作人员可以制订施工进度计划、施工现场布置、资源配置，实现对施工进展和施工现场布置的可视化模拟，实现对项目进度、综合资源的动态控制和管理。

（1）4D施工进度管理

系统以工程经常采用的进度管理软件为基础，通过进度管理引擎将重新定义的一系列标准调用端口连接，实现对进度数据的读写和访问。按照该端口的定义，系统建立了与工程进度管理软件的链接，实现了数据交互共享。4D进度计划管理可以有两种实现方法：一种是通过进度管理软件的管理界面，对进度计划进行控制和调整；另一种是在BIM软件的操作界面中，实现4D施工模型的动态管理。

（2）4D动态资源管理

4D动态资源管理系统将施工进度、建筑三维模型、资源配置等信息通过WBS合理地关联在一起，达到了对整个施工中资源的计划、配置、消耗等过程进行动态管理的目的。资源管理的对象包括材料、劳力和机械，通过计算各单位工程、分部工程、分项工程的人力、机械、材料的需求量和折算成本，并将各种资源与构件的三维模型关联，就可以生成任意构件或构件单元在施工阶段内的资源消耗，资源消耗情况结合施工进度计划就达到了资源的动态管理目的。

（3）4D 施工场地管理

4D 施工管理系统还可以对施工场地进行规划，利用一系列管理工具就可以布置任意施工阶段的场地，包括施工红线、围挡、施工设备、临时建筑、材料仓库、作业场地等设施和设备的规划。

二、基于 BIM 技术的进度计划

（一）基于 BIM 的进度计划编制

基于 BIM 的进度计划编制，并不是完全摆脱传统的进度编制程序和方法，而是研究如何把 BIM 技术应用到进度计划编制工作中，进而改善传统的进度计划编制工作，更好地为进度计划编制人员服务。传统的进度计划编制工作主要包括工作分解结构的建立、工作时间的估算以及工作逻辑关系的安排等内容。基于 BIM 的进度计划编制工作也包括这些内容，只是有些工作由于有了 BIM 的辅助变得相对容易。同时，新技术的应用也会对原有的工作内容、工作流程及工作方法带来变革。BIM 技术的应用使得进度计划的编制更加科学合理，减少了进度计划中存在的问题，保证了现场施工的合理安排。

基于 BIM 的进度计划编制非常重要的一项工作就是建立 WBS 工作分解结构。以往计划编制人员只能手工完成这些工作，现在则可以用相关的 BIM 软件辅助完成。利用 BIM 软件编制进度计划与传统方法最大的区别在于 WBS 分解完成后需要将 WBS 作业进度、资源等信息与 BIM 模型图元信息进行链接。

第一，估算工序工期。工序工期即是完成一项工序的持续时间，估算工序工期是制订进度计划的关键步骤。利用工作分解结构对项目进行定义之后，要逐一估算工序工期，它不是单纯地依靠数学运算，而是要依据项目团队的工作能力及能够利用的技术人员、设备和资金等因素做适当调整。在建立工作分解结构之后，BIM 模型的构件 ID 与 WBS 编码处于一一对应的状态，指定工序即可查询其对应模型的信息。因此，可以利用 BIM 模型提供的工程量信息，结合传统方法来完成工序工期的估算。

第二，建立逻辑关系。基于 BIM 的进度计划建立工序逻辑关系的方法有很多种，可采用网络图清晰展现工序间逻辑关系，也可采用横道图依据时间顺序表达逻辑关系。在确定工序间逻辑关系后，即可完成网络图或横道图的制订，可以利用 BIM 系统对网络计划或者横道图做可行性分析，并且可以查看选定工序的四维动态模拟过程。

第三，资源的分配。基于BIM的进度管理体系能添加资源信息并且可随工期一起关联到对应构件，最终生成资源报表进而分析资源分配情况，避免出现资源分配不均、资源使用出现高峰或者低谷的现象。此外，依据资源、进度和费用等因素制订资源使用计划，进而实现对项目的全面控制。

第四，成本估算。BIM系统支持项目成本估算，各项工序的成本、相应资源能够与模型中的构件保持关联状态。利用BIM系统生成的资源与费用分析表、费用控制报表、成本净值曲线等比较实际费用和预算费用，监控项目资金支出。同时，如果长期跟踪并记录这些数据，即可以依靠项目过去的资金支出情况来预测未来趋势。

（二）基于BIM的进度计划优化

基于BIM的进度计划优化包含两方面内容：一是在传统优化方法基础上结合BIM技术对进度计划进行优化；二是应用BIM技术进行虚拟建造、施工方案比选、临时设施规划。利用BIM优化进度计划不仅可以实现对进度计划的直接或间接深度优化，还能找出施工过程中可能存在的问题，保证优化后的进度计划能够有效实施。

1.“工期 - 成本”优化方法

对工程实体、临时性、措施性等项目进行建模，通过BIM软件快速计算工程量；根据计算的工程量、BIM工程数据库指标、企业定额以及施工现场部署确定初始的进度计划及施工成本；应用BIM 4D施工管理软件模拟不同的施工方案，分析其可行性，并用Project软件编制不同施工方案不同资源条件下的进度计划；计算不同工期条件下的施工成本，确定最少成本对应的工期。如果合同工期比最少成本工期长，则确定最少成本工期为最优工期，反之，应该以合同工期作为最优工期。但是，如果超过合同工期竣工所付的惩罚成本比超过合同工期竣工所节省的施工成本少，实际施工时施工单位就有可能延期竣工；确定最优工期后，其对应的进度计划即为“工期 - 成本”优化条件下的最优计划。

2.“工期固定 - 资源均衡”优化方法

第一，根据“工期 - 成本”优化确定的进度计划，输出施工计划内的资源需求量。第二，在BIM施工管理系统中将BIM模型构件与对应的施工工序关联，实现工期与工程量及资源数据的关联。第三，在BIM施工管理系统中对进度计划进行“工期固定 - 资源均衡”优化，并对每一步优化涉及的工作进行模拟施工，分析优化后是否存在问题，并进行相应的调整，制订应对措施。这一步的实现决定于BIM施工管理系统能够同时展现BIM模型、进度计划以及资源需要量直方图等三个视图的联动。通过不断的优化调整及施工模拟，确定最优的进度计划和此时的项目施工工序及关键线路。第四，输出最优进度计划、各工程节点的工程量以及资源需要量计划和统计表。第五，在BIM施工管理系统中进行虚拟建造，根据需要输出相应的施工视频，指导现场施工。

（三）进度计划的三维表达

基于 BIM 的进度计划和控制体系实现了共同管理的目标，业主单位能够随时获取进度方面的信息，增加对项目整体把控的能力，因此需要为业主单位制订一种更加简单清晰、容易了解全局的进度计划。这种形式的进度计划是以总体计划为依据，在 BIM 平台中运用可视化的全局漫游方式，制作包含项目所有里程碑节点的视频文件。此种形式的进度计划经过渲染软件处理之后能够以最真实的方式展示项目进展情况以及竣工后与周边环境的协调性，使业主单位对建设项目有一个全面了解。

面向施工人员时，基于 BIM 的进度计划所要达到的目的是让一线施工人员理解设计意图，清楚各项工作的施工工艺及施工顺序。传统形式的施工顺序表达一般是采用横道图，在相对复杂的项目中会采用网络计划图，但这两种都属于二维表达方式，不够直观明了，且没有涉及施工工艺。建设项目各不相同，其施工工艺也是千差万别的，如果在施工之前没有对施工工艺进行详尽的说明，则可能造成返工。因此，采用局部施工工艺可视化培训是向施工人员表达施工意图的必然选择。

基于 BIM 的进度计划相比利用横道图、网络图等传统方法制订的进度计划，其可视化模拟的优点不言而喻。在项目实施过程中，采用可视化仿真模拟的方式可以让全体参与人员快速明确自己所要从事的工作。对于复杂的大型建设项目，总体进度计划的可视化模拟在向施工人员传递信息的时候并不能面面俱到。因此在一些关键工序施工之前需要制订一个详尽的计划，即通过拆分模型制作爆炸分析图，以此来协助具有一定施工经验的技术人员对施工人员进行事前培训、施工中指导，更好地发挥 BIM 技术在项目中的应用价值。

三、BIM 与现代化建筑运维管理理论研究

（一）BIM 的概念及应用

1.BIM 的概念及特点

BIM 起源于石油化工行业、汽车制造业和造船业当中广泛应用的产品模型。国际标准对“建筑信息模型”的定义为：能够为决策提供依据的建筑对象的物理和功能特性的数字化共享模型，它是能够在实质上代表全生命周期的实体建筑的语义化的、连续性的、数字化的建筑模型。BIM 由代表建筑构件的参数化对象组成，并通过面向对象的软件来实现，其特点主要体现在以下几个方面：

（1）可视化。以往建筑工程当中的建筑实体都是以二维线条的形式在图纸上绘制表达的，BIM 的产生实现了建筑实体的三维可视化表达。此外，三维效果图还能够实现与构件信息间的反馈和互动。这使得建设项目全生命周期的管理和决策都能够在可视化的状态下进行。

（2）协调性。一方面，建设项目涉及众多利益相关方，而不同的利益相关方在对项

目的定位和预期上总会有或多或少的差别；另一方面，建设项目具有建设周期长、阶段多的特点，随着项目工作的开展和实施，可能会发生很多变更。因此，实现多利益相关方、多阶段的协调十分重要。BIM 的数据集成与共享、碰撞检测、施工现场布置等功能很好地实现了建设项目的协调。

（3）模拟性。BIM 不仅能够模拟出建筑物的三维可视化模型，还能够模拟一些现实世界中难以实现的操作，如日照模拟、节能模拟、4D 模拟等。BIM 模拟性的特点，能够为管理决策提供更为科学可靠的依据，降低项目风险。

（4）优化性。建设项目从设计到施工再到运营的全生命周期是一个不断优化的过程。要实现优化，必须全面准确地掌握现有建设项目信息。而现代建筑项目所包含信息的复杂程度大多已经超过了项目参与者本身能力的极限，BIM 及与其配套的各种优化工具使得复杂项目的优化变得便捷、可实现。

（5）可出图性。这里所说的 BIM 可出图性，并不是指平日里大家所说的建筑设计院所出的建筑设计图纸或构件的加工图纸，而是指在对建筑物进行了可视化的展示、协调、模拟、优化以后，可以帮助业主出综合管线图、综合结构留洞图和碰撞检查侦错报告及建议改进方案等。

（6）一体化。BIM 容纳了建设项目全生命周期的信息，能够实现贯穿于项目全生命周期的一体化管理。

（7）参数化。BIM 是通过参数化建模过程而建立的模型，这使得参数与模型间具备关联性，通过调整参数就能实现模型的改变，从而建立和分析新的模型。

（8）信息完备性。BIM 技术可对工程对象进行 3D 几何信息和拓扑关系的描述以及完整的工程信息描述。

2.BIM 技术的应用

（1）BIM 技术的应用领域

BIM 思想源于 20 世纪 70 年代的美国，作为一种全新的理念和技术，受到了国内外学者和业界的普遍关注。近几十年来，学者对 BIM 的研究经历了由理论研究到问题与障碍的探索性研究再到实际应用研究的变化。随着计算机技术发展的日趋成熟和工业化思想的普及，BIM 技术的应用逐渐从建筑领域扩展到了其他领域。John 等总结了当前 BIM 技术的应用领域。BIM 技术的应用主要集中于可视化、碰撞检测和建筑设计等建筑领域；此外，在程序研究、制造业、代码评审、设施管理和法律分析等非建筑领域中也有应用。

针对 BIM 技术应用最广泛的建筑领域，Building SMART 组织通过文献综述、专家访谈和案例分析等方式总结了 BIM 技术在建设项目各阶段的应用情况，如表 7-1 所示。从表中可以看出，BIM 技术的应用贯穿于建设项目全生命周期。

（2）BIM 技术应用推广障碍

综观国内外各个领域 BIM 技术应用及发展现状可知，阻碍 BIM 技术应用推广的因素主要有以下几个方面：

表7-1 BIM技术在建设项目各阶段的应用情况

序号	BIM技术应用	建设项目阶段			
		规划	设计	施工	运维
1	建筑维护计划				√
2	建筑系统分析				√
3	资产管理				√
4	空间管理和追踪				√
5	灾害计划				√
6	记录模型			√	√
7	场地使用规划			√	
8	施工系统设计			√	
9	数字化加工			√	
10	3D控制和规划			√	
11	3D协调		√	√	
12	设计建模		√		
13	能量分析		√		
14	结构分析		√		
15	LEED评估		√		
16	规范验证		√		
17	规划文件编制	√	√		
18	场地分析	√	√		
19	设计方案论证	√	√		
20	4D建模	√	√	√	
21	成本预算	√	√	√	√
22	现状建模	√	√	√	√
23	工程分析	√	√	√	

1）学习成本高。BIM 技术的相关软件对计算机的硬件要求较高，一些中小企业、机构或其他相关部门由于资金实力不够雄厚而不愿意投入大量资金更新完善硬件设施。

2）缺乏 BIM 技术专业人才。一方面，培养精通 BIM 技术应用的专业人才需要花费较高的精力和费用；另一方面，要成为精通 BIM 技术的专业人才，不仅需要扎实的理论基础和丰富的工程实践经验，还应具备良好的决策管理和沟通协调能力。因此，精通 BIM 技术的专业人才比较缺乏。

3）相关标准体系不够健全。目前，各国 BIM 技术的应用程度参差不齐，相关标准体系各异。但总体来看，各国对 BIM 技术应用标准的制定仍处于初步的研究和探索阶段，尚未建成健全完善的标准体系，以规范指导 BIM 技术的应用，这使得 BIM 技术的推广受到了局限。

4）缺乏有效的数据信息交互集成机制。工程项目全生命周期过程中会产生大量的工程信息数据，这些数据往往具有不同的数据格式，需要通过有效的数据信息交互集成机制才能实现交互共享。目前由于缺乏有效的集成机制，BIM 技术相关软件的互操作性存在问题，一定程度上阻碍了BIM技术应用的推广。

针对上述BIM技术应用的推广障碍，要实现BIM技术更广泛、更深入的应用，应注重加强BIM技术专业人才的培养，健全完善相关体制、规范，提高软件的兼容性与互操作性。

2. 运维管理

运维管理是在传统房屋管理的基础上演变而来的新兴行业。随着我国国民经济和城市化建设的快速发展，特别是随着人们生活和工作环境水平的不断提高，建筑实体功能多样化的不断发展，运维管理成为一门科学，其内涵已经超出了传统的定性描述和评价的范畴，发展成为整合人员、设施以及技术等关键资源的管理系统工程。关于建筑运维管理，国内目前还没有完整的定义，只有针对IT行业的运维管理定义，即“帮助企业建立快速响应并适应企业的业务环境及业务发展的IT运维模式，实现流程框架、运维自动化”。很明显，这一定义并不适用于建筑行业，建筑运维管理在国内兴起一个较流行的称谓——设施管理（FM）。国际设施管理协会（IFMA）对其的定义是：运用多学科专业，集成人员、场地、流程和技术来确保楼宇良好运行的活动。人们通常理解的建筑运维管理，就是物业管理，但是现代的建筑运维管理与物业管理有着本质的区别，其中最重要的区别在于它们面向的对象不同。物业管理面向建筑设施，而现代建筑运维管理面向的则是工程维护管理的有机体。

传统的物业管理方式，因为其管理手段、理念、工具比较单一，依靠各种数据表格或表单来进行管理，缺乏对所管理对象直观高效地进行查询检索的方式，数据、参数、图纸等各种信息相互割裂；此外，还需要管理人员有较高的专业素养和操作经验。由此造成管理效率难以提高，管理难度增加，管理成本上升。

FM是20世纪八九十年代从传统的设施设备范围内脱离出来，并逐渐发展成为独立的新兴行业，是一门跨学科、多专业交叉的新兴学科。随着新型建筑、复杂业务的出现及人们对生活环境、生活品质的高标准需求，FM的对象和范围也发生了变化。从狭义上被理解为管理建筑、家具和设备等“硬件”到广义上扩展为管理基础设施、空间、环境、信息、核心业务及非核心业务支持服务等“软硬件”的结合。而各个机构或个人对FM的定义标准仍然不同，但基本思路一致，本书参照国际设施管理协会的定义，即设施管理通过人员、空间、过程和技术的集成来确保建筑环境功能的实现。这一定义说明了设施管理的四要素，即人员、空间、过程与技术，具体到某一设施可表示为设施内部的用户，设施内部空间、核心业务流程及支持性技术。

北美设施专业委员会（NAFDC）将设施管理分为维护与运行管理、资产管理和设施服务三大主要功能。综上，IFMA在已定义的九大职能的基础上，通过全球设施管理工作分析，对其范围进行了重新界定，包括策略性年度及长期规划、财务与预算管理、公司不动产管理、室内空间规划及空间管理、建筑的维修测试与监测、保养及运作、环境管理、保安电信、行政服务等。截至目前，这一范围是最为全面的定义，即广义上对设施管理的定义。

在建筑工程运行维护阶段，本书所讨论的最主要的内容包括运行管理、维保管理、信息管理三个方面，是建筑物正常使用阶段的管理。对于建筑资产的增值保值问题，由于篇幅限制暂不做进一步研究。

运行管理包括建筑的空间管理与日常管理两个方面。空间管理主要涉及建筑物的空间规划、空间分配和空间使用，这项工作主要的利益相关者为业主、用户和项目维护方。业主委托项目维护方对建筑的空间进行管理，主要是为了满足用户在建筑使用方面的各种需求，合理规划空间，积极响应用户提出的空间分配请求。项目管理方需要制定空间分配的基本标准，根据不同用户的各种使用需求，分配空间的使用类型和面积，这样在有新用户进驻建筑场所时可以高效地完成空间分配，以提高效能。当然，项目维护方所制定的空间管理标准需要提交业主同意才能实行。日常管理又包括安全管理、能耗管理、保洁管理三个方面。安全管理是建筑日常维护阶段的一项重要内容，项目维护方在保障正常安保工作有序进行的同时应该制定一套安全管理保障体系，来应对火灾、突发自然灾害、重大安全事故等危害用户生命及财产安全的突发事件，从而与用户和业主形成应急联动的报警系统。能耗管理主要是对建筑物中各类设备设施和人员使用的水、电气、热等不同能耗数据进行监测、处理、发送等工作，主要由项目管理方进行数据的采集，经过系统分析处理后发送给业主和用户。保洁管理则是项目管理方或者自主或者外包给专业人员对建筑日常运行时的公共区域进行卫生保洁工作，以保障建筑整体卫生整洁。

维保管理包括对建筑主体和设备的维护。建筑主体的维护一般分为日常维修、大型修缮和改扩建三个方面：项目维护方根据建筑物运行的时间定期对主体结构、门窗、外立面等进行维修检查，制订相关日常维修计划并将执行信息反馈给业主；而大型修缮则以消除安全隐患、恢复和完善建筑本体使用功能为重点对建筑进行大修；在现有建筑不能满足用户或业主的日常需求时，由其提出改扩建要求，项目维护方负责具体实施。设备的维护包括设备设施的日常保养，定期检修和大修。建筑的日常维修和设备的日常保养均需要项目维护方对房屋的易损部位和设备定期开展检查，对涉及公共安全的承重构件和特种设备委托专业检测机构进行安全鉴定，对接近或达到设计使用寿命的构建和设备开展详细检查，综合判定其完损情况和损坏趋势，及时修复可能存在的故障。当用户在使用过程中发现任何问题时即向项目维护方报修，由项目维护方委托专业维修方进行维修。

信息管理是建筑运维协同管理中最为重要的部分。传统意义上的建筑运维管理中各利益相关方只关注自己的工作，相互之间信息交互不及时，存在诸多不利。而协同管理要求各利益相关方将工作信息及时有效地在同一个平台上共享。在建筑运行维护的每个步骤中都会产生相关信息，项目维护方根据实际情况制定的空间分配标准、建筑及设备维护维修方案、专业维修方的维修记录、业主及用户的使用需求等信息均需要及时存储，以便各方人员查询。信息管理是融合于运行管理和维保管理工作中同时进行的。

3. 利益相关者的内涵及在运维管理中的应用

（1）利益相关者理论应用的必要性

第一，利益相关者存在于运维管理中。建筑设施的“空间”链接于一个非常复杂的系统——工作人员与用户的不同空间需求、用户与管理人员的不同空间诉求中。“空间管理”的实施需经过收集需求，提供服务、绩效评估与优化等一系列活动或过程，在活动或过程中必然要和若干个体或组织发生联系，需要利益相关者的参与、支持与付出，相应地又将会给利益相关者带来不同的利益。

第二，利益相关者的利益诉求影响运维管理的开展。由于“不同利益相关者影响管理行为的主动性存在差异”，因而会出现多个利益相关者和多种利益诉求的交叉、互动和整合，从而形成一个非常复杂的社会利益关系系统。这种复杂的社会利益关系系统将直接影响空间管理的开展，可能会成为动力，亦可能会形成阻力，其内在的影响因素即多个利益相关者的存在、互动、协调或冲突。

第三，平衡利益相关者利益是运维管理顺利开展的必要前提。利益相关者的互动贯穿于整个空间管理过程中，识别利益相关者、厘清不同利益相关者的诉求、落实不同利益相关者的工作分工、输出不同利益相关者的所得利益，是建筑设施落实运维管理不可逾越的关键环节。打通这些环节、高度平衡各方利益、调动参与各方的积极性，方能保持空间管理良性运转下去。

第四，运维管理中“空间、用户、业务流程”的集成正是平衡利益相关者利益的初衷。可以说利益相关者理论始终存在于FM和空间管理理念中，所以将利益相关者理论应用于建筑设施运维管理中是适当的，而且是非常必要的。

（2）建筑运维管理利益相关者的定义、识别与分类

建筑工程涉及诸多的利益相关者，根据利益相关者的定义，在本书中将建筑工程项目的利益相关者定义为：在建筑工程项目策划、设计、建造与运营等实现的全生命周期中，对各阶段目标的实现具有影响和在目标实现的过程中被影响的所有内部和外部团体或个人。进而，建筑运维阶段的利益相关者即为能够影响或者被运维阶段管理工作影响的团体或个人。根据利益相关者与项目的不同影响关系，建筑工程项目的利益相关者可以分成主要利益相关者和次要利益相关者。主要利益相关者是与项目有合法的契约合同关系的团体或个人，比如业主方、承包方、设计方、供货方、监理方、给项目提供借贷资金的信用机构等。次要利益相关者是与项目有隐性契约，但并未正式参与到项目的交易中，受项目影响或能够影响项目的团体或个人，如政府部门、环保部门、社会公众等。

根据理论研究，总结出了符合建筑工程运维阶段的利益相关者研究的步骤。具体包括以下步骤：第一，识别建筑工程运行维护阶段的各个利益相关者；第二，对各利益相关者的利益需求进行界定；第三，收集项目利益相关者的信息，明确他们各自在运维阶段的需求内容、紧迫程度以及实现途径；第四，权衡各利益相关者的重要性，区分出主要利益相关者和次要利益相关者，综合分析各利益相关者所拥有的核心资源及能力、优势和劣势；第五，制订利益相关者的管理办法，根据不同类型的利益相关者，制订不同的管理策略；第六，实施制订的项目利益相关者管理办法，并对其进行评价和持续改进。

就以上研究步骤对建筑工程运维阶段的利益相关者进行分析。在建筑工程运维阶段，

涉及的利益相关者包括各级政府、相关行政部门（如环保、消防等部门）、咨询单位、设计方和施工方、业主、用户、项目维护方、专业维修方、项目周边社区、媒体、研究机构等。这些被涉及的利益相关者的需求有所不同。其中，各级政府及相关行政部门主要对建筑的使用维护进行一定的监督，在有紧急灾害或重大问题发生时对其进行工作指导；咨询单位、设计方和施工方在建筑运维阶段主要依照业主或项目维护方的需求为其提供咨询服务；业主作为整个建筑工程的所有者主要统筹运维的各项工作；用户作为建筑的使用者，在使用过程中与业主及项目维护方形成紧密的需求关系；项目维护方作为建筑工程运行维护最主要的责任方，对项目的整个维护运行进行管理，主要包括设施维修、设备维护、物业服务、安全保卫等项目；专业维修方根据业主及项目维护方的要求为建筑工程的各项设备设施提供检修服务；周边社区与建筑的使用者之间相互联系、相互影响，在建筑运维阶段主要通过两者的物业方协调其利益关系；媒体主要是在建筑运维过程中对公众关注的主流问题时做出相应报道。根据其影响关系，主要利益相关者为业主、用户、项目维护方（物业）、专业维修方，次要利益相关者为各级政府、相关行政部门、咨询单位、设计方和施工方、项目周边社区、媒体等。当建筑工程建设完成进入运行维护阶段时，其主要利益相关者之间存在紧密的联系。本书的研究对象是在既有建筑的基础上讨论各个利益相关者，因此不存在投资者或开发者这类的项目业主，这里的业主是指该建筑的资产所有者；而用户是指通过租赁或业主授权使用该建筑空间的人群；项目维护方是指业主委托的全面负责建筑运维阶段各项工作的人，其不但提供物业服务，还为大楼的正常运行提供保障，统筹各种设备及建筑物本身的维修管理工作；专业维修方是项目维护方在提出维修需求时为建筑提供服务的组织。项目维护方作为主要的责任方，与其他利益相关者有着各种利益关系，主要包括在日常管理中为明确房屋的使用功能及使用面积等与业主、用户之间的关系；在房屋维修改造时与专业维修方及设备供应方之间的关系；在房屋运行管理时编制运行维护计划交业主审核发生的关系等。同时，用户在房屋使用过程中发现问题需要与业主联系，业主与项目维护方需保持联系。

显然，这些利益相关者群体结成了关系网络，各相关方在其中相互作用、相互影响。建筑工程项目运维时作为多方利益的综合体，交汇渗透了各方利益的诉求，这些利益诉求由于各自的独立性，必然存在着各种利益矛盾和冲突。因此，如何协调各利益相关者的利益冲突是建筑工程项目运维阶段利益相关者管理的核心问题。

各利益相关者在运维管理过程中负责的工作侧重点有所不同，通过文献研究进一步细化运维协同管理的工作内容，并确立各项工作的责任主体。

（二）基于BIM技术的现代化建筑运维管控综合信息系统设计

1. 系统设计目标

在对现代化建筑运维可视化管控的需求和信息集成管理现状进行深入分析后，本书在现代化建筑运维管控的基础流程之上，以提高相关业务的管理水平和减少人力和物力资源浪费为目的，设计了基于BIM技术，具有三维可视化演示功能的现代化建筑运维管控系统平台，该系统可以提供现代化建筑运维虚拟展示功能，降低传统文档管理业务的劳动强度，提高信息化管理效率。

现代化建筑运维管控综合信息系统本着注重理念、服务用户、功能实用和易学易用的目标来进一步分析系统的完备性和实用性，进而降低管理平台的开发成本与维护费用。在具体实施中，需要对现代化建筑运维管控全流程的各类数据进行分析与组合使用，建立完善的适合BIM应用的数据组织格式和功能结构。具体地讲，就是分析与研究现代化建筑运维管控信息的关系与内涵，结合Web技术、BIM技术、数据库及软件开发等先进技术及理论，以理论分析与实证研究相结合的研究方法，提出可以实现可视化应用的现代化建筑运维管控系统的数据库模型和功能框架模型，同时要确保所研制的系统具有较高的稳定性、可维护性和功能可扩展性。

在系统设计目标上，本系统主要具备以下功能：

（1）系统操作简单

系统综合考虑了当前国内外现代化建筑运维管理研究的特点，改变了房产管理系统软件操作复杂、功能不全等现状。在系统开发过程中，将全生命周期管理中不同业务类型作为设计的目标和对象，以Windows系统作为运行平台，建立了和管理人员熟悉的业务过程相匹配的操作界面，让该管理系统更具有实用性。

（2）软件具有强扩展性

在系统设计上打破了传统的开发模式，以全局化设计、可扩展化、平台化、参数化的思想作为指导。由于系统在设计上运用了构件化和层次化，并提供了系统扩展接口，给未来系统的扩展升级提供了良好的保证。

（3）系统具有强实用性

系统中的各种功能都是根据现代化建筑运维全生命周期管理的实际业务的需要而设计的，目的是让开发出的管理系统更能满足相关部门在管理上的需求。系统的开发是借助成熟的开发平台和开发工具，并吸收相关行业管理系统的成功开发经验，设计和开发适合企业自身特点的，符合企业实际需求和未来发展方向的，功能完善、扩充灵活、安全可靠的管理系统。

2. 系统总体功能设计

本系统的开发不仅要重点体现现代化建筑运维源的虚拟显示，还要顾全全生命周期流程所涉及的管理功能，因此本系统根据建筑运维管理的实际需要，主要分为基本资料（房源）管理、用户管理、业务管理、虚拟演示以及系统管理这几个大的模块。

（1）房源管理

房源管理指现代化建筑运维的所有的房源信息，包括房产所在区域的地理位置信息，区域内部和相关配套设施设备的信息，房源所涉及的楼层、房型、朝向、房产面积等房源的参数。需要对这些信息进行增加、删除、统计、查询以及房屋信息的更新操作等。

因为本系统使用 Web-BIM 系统对房源所在区域进行定位显示，为用户提供直观的可视化位置查看功能，所以 Web 系统所需要的地理空间数据就必须保存在系统的后台数据库中，以供管理人员和用户使用。配套信息管理是管理现代化建筑运维配套设施设备的信息维护工作。另外，管理过程中房源关键参数需要进行定时维护，新增现代化建筑运维的具体参数要新增到系统中，已经维护、装修、更新的房产要转换实时状态，所以房源的参数维护和变更管理功能是最基础、最重要的功能。

最后，管理人员还需要及时地得到房产房源信息的统计和查询信息，方便管理人员工作业务的进度安排和明确下一步的工作方向。

（2）用户管理

用户即现代化建筑运维业务的参与者，这个功能将用户分为临时用户、一般用户、指定用户以及高级用户。在系统中，对不同类别的客户提供不同侧重点的管理。比如临时客户是由于在一定时间段内需要访问系统的用户，其账户具有时效性。一般用户是指在相关性较强的部门中较频繁地使用系统的用户，其账户长期有效，基本可以使用系统的正常功能。指定用户是指针对某些有特定需求的用户，其工作可能只涉及平台系统的某一个或几个特定功能，可以为其账户单独进行设定，使其在正常使用过程中只能用这几个功能。高级用户是指系统中的管理员级用户，其可以对系统内的账户进行管理、权限设定、后台操作等。对不同用户的信息都需要完成增加、删除、修改、查询等基本操作。

（3）业务管理

此功能是本系统的核心管理部分，目的是根据现代化建筑运维管控业务的全生命周期流程，实现高效管理和严密控制，以用户业务为中心，大大地提高运作效率和对管理业务进程的掌控能力。根据运维管理发展现状以及实际的业务需求，对本功能进行详细的划分。用户通过登录系统可以实现资产信息的维护与批量处理功能，各部门间能够实现数据共享与交换，在保证安全性与保密性的前提下，具有较高的扩展性与可维护性。本功能的模块项目划分如下：

模块一：资产台账管理

功能：资产文档管理、资产台账维护、资产登记管理、资产条码管理、资产物料清单（Bill of Material，BOM）维护、资产类别维护。

模块二：资产可视化管理

功能：dwg 文件管理、可视化配置管理、可视化查询管理、资产地理信息管理。

模块三：资产处置管理

功能：资产评估管理、资产调拨管理、资产报废管理、资产出售管理。

模块四：资产使用管理

功能：资产使用申请、房屋租赁管理、使用功能变更、资产统计管理。

模块五：资产运维管理

功能：设备点检保养管理、设备检修管理、设备运行管理、设备维修管理、设备定检管理。

模块六：资产价值管理

功能：固定资产折旧，资产原值、资产卡片编号。

模块七：资产采购管理

功能：资产申购管理、资产采购管理、资产安装调试、资产验收入库。

模块八：在建工程管理

功能：项目申请管理、项目审批管理、项目实施管理、项目监控管理。

（4）虚拟演示

本系统之所以称为三维可视化现代化建筑运维管控综合信息系统，就是提供了通过虚拟现实技术和BIM技术实现三维房产管理功能，通过系统建立的三维立体化的模型空间对现代化建筑运维有全方位的认识和了解。

其中，模型库维护功能主要是对BIM演示模型进行增加、修改、删除的基本操作，和后台数据库一起保存需要使用的3D BIM模型。本系统在此虚拟漫游功能中使用与维护最基本的3D模型，如某一单元房型由几间基本的房间组成，那么就保存组成单元房型的各个单元的3D模型。另外，维护多种类型的3D模型，如保存多种功能型房产的3D模型，在合成不同的单元房型时选择使用，可以生成多种房型。

房产模型组成功能是在当前模型库的基础上，完成现代化建筑运维各个组成部分如建筑结构部件、附属设备设施的单独提取与展示，生成各种组成部分的单独三维模型。这个功能让使用者选择各类建筑构成与设备设施的基础3D模型，并确定其相互的连接位置，组成所需的房型总体模型。由于本虚拟演示功能是在Web页面进行展示的，考虑到互联网模型文件的传输问题，除了基础的3D模型文件外，其他的房产所在区域外环境模型、整栋房屋等大型3D模型文件采取本地传输基本模型，到用户的客户端使用连接关系数据再组装成大型3D模型的方法，来完成大场景的视频模拟的漫游和展示功能。

现代化建筑运维三维演示功能完成用户所选择的三维展示，同时三维演示功能可以提供多种可视化效果演示供使用,包括变换观察角度、旋转查看、缩放查看、基本参数显示功能。

外部场景漫游能为使用者提供观看全部场景的功能，可以按照不同的漫游方式对虚拟模拟的区域环境场景进行观测，为管理者提供更多的依据。在这个功能中，场景的昼夜光源的变化和角度的演示是极其重要的需求，也是系统开发漫游功能的一个难点。

（5）系统管理

系统管理子模块的功能主要包括售房工作人员管理、会员客户管理、网站维护管理、系统日志等功能。和一般的Web网站类似，该系统也是基于Web的应用系统，需要对服务器端进行有效的系统管理。

3. 技术架构

（1）总体技术架构

目前，常用的网络应用模式主要有“浏览器－服务器”（Browser/Server，B/S）模式、“客户端－服务器”（Client/Server，C/S）模式及“点对点”（Peer-to-Peer，P2P）模式三种，它们有着各自的特点和应用范围。

由于BIM平台需要以三维图形作为最基本的表现，对客户端的图形表现有较强的需求，且三维模型数据量极巨大，模型变换和渲染所需的计算量也很大，不适合全部放在服务器端处理。此外，在统计分析等需要图表进行显示方面，C/S 结构的客户端表现能力更加符合 BIM 平台的要求。

BIM 平台的系统架构为典型的 C/S 结构，服务器端配置路由器、防火墙以及 SQL、Server 服务器一台，负责提供数据存储、访问和管理等服务。客户端是可接入网络的个人计算机，以及支持无线网络传输的手持终端。

（2）BIM 数据库架构

基于 IFC 标准的 BIM 数据库，用一种全局通用属性表方法（主要设备和材料的属性页面使用的属性字段是全局设定），建立了一个囊括全生命周期数据的数据库。开发了便捷、安全可靠的数据接口，能满足市面上绝大多数的设计和管理平台的数据需要，也能满足各种个性定制平台的数据需要，是 BIM 平台运维管理系统的后台数据中心。

参考 IFC 标准体系，将实体和关系区分，项目数据库中数据表总体分为元数据表和关系表两类。元数据表包括三维模型信息、基本信息、维护维修信息、紧急预案信息、项目环境信息、版本日志信息等六个模块。关系表又分为项目级和专业级等层次。

（3）知识库架构

1）图纸管理

图纸管理中包含与项目相关的所有图纸，按照图纸的不同用途以及所属不同的专业进行分类管理，同时实现了图纸与构件的关联，能够快速地找到构建的图纸。同时实现了三维视图与二维平面图的关联。用户通过选择专业以及输入图纸相关的关键字，可快速地查找图纸，并且打开图纸。

2）培训资料与操作规程

知识库中储存了设备操作规程、培训资料等，当工作人员在操作设备的过程中遇到问题时，可以在系统中快速地找到相应的设备操作规程进行学习，以免操作出错导致损失，同时在新人的培训以及员工的专业素质提升方面也提供资源支持。

3）模拟操作

模拟操作是通过动画的方式更加形象、生动地去展现设备的操作、安装以及某些系统的工作流程等，同时其在内部员工的沟通上也有很大的帮助。模拟操作设置方式：添加模拟操作的名称，为该模拟操作设置构件模拟顺序。

（4）技术性操作

1）信息检索

信息检索功能能让用户快速找到需要了解的当前系统的构建信息、图纸信息、备品信息、附件信息等，从而更加清晰地掌握项目的规模以及项目当前的信息情况，并且可以导出数据报表。

2）关联查询

BIM 平台系统中的所有信息都形成一个闭合的信息环，即通过选择建筑构件、设备设施等可快速查询与其关联的所有信息和文件，这些文件包括图纸、备品、附件、维护维修日志、操作规程等。闭合的信息环为管理人员掌握和管理所有的设备和海量的运维信息提供了高效的手段。

3）统计分析

系统中存储和管理着海量的运维信息，而统计分析功能则可以让管理人员快速地获取有用的和关键的信息，直观地了解到各个系统或各个构件当前的运行状况，为项目管理提供数据支持。为了让用户更好地进行数据对比，系统提供了直方图、饼图、条形图、线图等统计图表的方式供用户选择。

4. 关键技术

（1）BIM 技术

BIM 技术是数字模拟技术在项目实际工程中的直接体现，解决了软件对实际房产项目的描述问题，为管理人员提供了需要的信息，使其能够正确应对各种信息，同时为协同工作的进行做好铺垫。建筑信息模型支持房产项目的集成化设计与管理，大大提高了工作效率并减少了风险。

（2）异构信息传递共享技术

该系统改变了以往软件“各人自扫门前雪”的风格，将诸多相关软件的功能进行有机结合，并设计了一套“一次建模、全程受益”的信息传递路径，使得不同公司的软件功能可以利用同一个模型进行多次实现，免去了以往烦琐的重复劳动过程，最大化地减少了人工工作量，真正达到了集成管理所倡导的信息化数据传递。

（3）现代化建筑运维集成管理系统与 Web 平台的集成技术

该项目将现代化建筑运维集成管理系统与 Web 办公平台进行有机集成。由于模型的可复制性特点及 Web 网络管理平台的实现，可以使得诸多项目参与方都有权限对自己所负责的模型的相应部分进行变更，并能够以最快的速度得到模型每一次变更的相关信息，免去了传统信息传递的时间，真正实现了项目变更与项目管理的无缝对接，达到了多方协同管理的效果，减少了时间、人力、物力的消耗，提高了项目管理的效率。

（4）数据交互技术

数据交互技术是指两种或者两种以上的不同数据格式实现互相转换，进而实现不同平台的信息的共享使用。该项目平台开发过程中所用到的数据交互技术是基于两种思路的：一种是通过对不同格式数据的结构分析，设计数据转换的数据接口，形成插件或者软件，实现数据交互；另一种是通过不断的实验和软件支持数据格式总结，通过中间数据格式进行数据转换，进而实现数据交互。

（5）Web 应用技术

Web 技术是 Internet 的核心技术之一，它实现了客户端输入命令或者信息，Web 服务器响应客户端请求，通过功能服务器或者数据库查询，实现客户端用户的请求。本平台的开发主要运用了 Web 技术中的 B/S 核心架构。B/S 核心架构对客户端的硬件要求很低，只需要在客户端的计算机上安装支持的浏览器就可以了。而浏览器的界面都是统一开发的，可以降低客户端用户的操作难度，进而实现更加快捷、方便、高效的人机交互。

5. 系统平台总体架构

一个数据库服务器，一个 Web 服务器，一个 GIS 服务器，一个防火墙，一部光纤路由器，根据门级网点数量配置若干部门级交换机，政府部门的若干个服务器，根据员工人数配备若干个工作 PC。

为了满足数据收集、数据分析、辅助决策、信息查询等功能的要求，建议采用 Client/Server 和 Browser/Server 结合的方式，以 C/S 结构为主，辅之 B/S 结构的混合结构可以很好地满足管理需求，将系统建成资源共享又可灵活延展的实用 GIS 系统。

网络协议：TCP/IP

网络操作系统：Windows Server 2008

6. 后台数据库设计

（1）Web BIM 系统编码数据分析

面向 Web BIM 的现代化建筑运维管理信息系统中的房产信息编码标准以公共信息模型为基础，实现自适应统一编码。该体系架构主要由数据层、模型驱动层、编码层组成，数据层通过适配层（提供多种数据接入方式）实现多数据源的接入，构建统一编码库。模型驱动层是以资源描述框架为中心开展系统模型建设。编码层建立在模型驱动层之上，包括编码规则定义、编码生成、编码校验、编码发布。

采用上述框架设计实现的编码体系具有如下优势：采用模型驱动层的设计可以适应不同系统之间的差异，并能自动升级，实现差异系统的统一建模；编码库、模型库和规则库分层设计，使得整个编码体系能灵活适应各种应用环境，而且这种松耦合性的设计有利于系统的移植和维护；基于统一模型的统一编码体系标准，具有很好的通用性和可扩展性。

编码对象分类：

基于模型驱动层，抽象出现代化建筑运维及附属设备资源之间的层次关系。根据系统资源的层次关系以及实际应用需求，可将常用编码对象分为如下三种类型：

1）枚举型：通过罗列所有的实例，实现编码，如所属部门、资产类型等。

2）层级关系型：这类对象的编码依赖于父类对象，它体现的是对象之间的包容关系，如发电机设备等。

3）拓扑关系型：这类对象的编码依赖于拓扑上的相邻对象，它体现的是对象之间的拓扑关系，如负荷等。

编码规则：

基于统一编码体系遵循面向对象的方法，编码体系中任何一种对象的编码信息都由对象对应的属性唯一确定，编码信息部分或全部分布在对象的属性值上。通过这种属性约束的方式进行编码设计，可以实现对象的属性信息和对象编码相互校验，从而确保编码的准确性。针对不同的编码对象，编码方式不尽相同。对于枚举型对象，编码方式比较简单，直接以英文名（或者字母缩写）为编码。对于层级关系型和拓扑关系型对象，编码主要由路径编码、局部编码以及类型编码三部分组成，各部分之间用连接符表示。

各种应用场合可能需要的编码信息不尽相同，因此，系统应允许对编码规则进行自定义。编码规则不要求私有系统按照定制的规则进行系统设计。各个私有系统按照标准进行模型封装后，提供约束属性即可，这样可以解决遗留系统的编码问题。

编码生成和校验：

编码生成、校验及发布以编码库、模型库和规则库为基础。编码库和规则库之间通过模型库进行交互。

1）编码生成模块

编码生成模块首先从规则库中获取编码对象的约束属性，然后通过模型库从编码库中获取相应的属性值，最后生成编码。编码生成顺序依赖于对象类型。

2）编码校验模块

编码校验模块主要包括唯一性校验、编码校验、规范性校验以及编码修正等功能。唯一性校验负责校验编码的唯一性；编码校验负责校验生成的编码是否符合规范；规范性校验保证生成的编码遵循 XML 标准。其中，编码校验功能依据编码生成顺序进行依次校验。

3）编码发布模块

编码发布主要包括可视化编码展示以及 XML 标准文档发布。

该系统所需要存储的数据分为用户类数据、3D 模型类数据、房源类数据、业务类数据等四大类。

（2）用户类数据管理表

用户类数据包括公司内部工作人员（包含各相关部门人员）和公司外网指派用户两部分，内部工作人员又分为一般用户、指定功能用户和高级管理用户三种类型。

（3）BIM 模型类数据管理表

该系统使用由基础 3D BIM 模型组织基本类型结构，进而组成大型房屋 3D 模型和其他区域 3D 景观模型的方法来构建现代化建筑运维整体场景模型，这样可以以房型、房屋或整体区域为目标进行漫游。

使用基础模型管理表存储最基本的 3D 模型文件的信息，使用房型模型管理表保存房型的组织结构关系，使用房屋场景模型管理表保存整栋楼的组织结构关系，最后使用区域模型管理表保存整个区域的房屋位置和组织结构关系。

第三节 基于BIM技术的成本管理

BIM技术在工程项目成本管理的各个阶段都发挥着自身的优势，不仅可以在施工前把控施工成本，对成本进行合理的预测，还能在施工阶段，减少因工程变更带来的成本损失，使参与方的利益得到保障。

一、BIM技术应用于成本管理中的优势

工程项目管理的功能需求日益增多，BIM技术因其独有的技术特点，能够很好地满足这些新的要求。BIM技术可以很好地服务于工程项目施工成本控制，具体表现如下。

（一）成本计划阶段

工程施工成本计划阶段是成本控制的关键阶段，合理有效地对项目施工的人员、材料、机械及分包等进行安排，根据现有的资源制订施工计划和目标，将有限的人力物力资源和时间进行合理可行的安排，编制出成本计划书，在成本计划阶段使用BIM技术具有如下三个特点。第一，BIM技术将施工项目整个周期中的所有影响因素都集中在其控制模型当中，使得所有的工作人员随时随地都能查看和调用历史数据，克服传统模式下施工项目对有丰富经验的员工的依赖。第二，通过BIM模型可自动识别出建筑实体的工程量，结合进度和施工方案确定工、料、机等资源数量之后，关联资源价格数据可以很快计算出工程实体的成本，并将成本计划进一步分配到时间、部位等维度。第三，计划执行前，经BIM技术的事前模拟优化功能对方案和计划进行模拟，确定方案的合理性，并通过调整计划使得不同施工期的资源使用尽量达到均衡。

（二）成本执行和反馈阶段

执行和反馈是项目实际实施的过程，在工程施工项目中计划是否准确执行和反馈对于成本控制至关重要，BIM技术在这一阶段主要具有以下几点优势。

第一，事中控制阶段对项目的各个方面进行成本数据分析，以分析现有实体对象为基础对成本控制形成了统一口径。

第二，在项目实施过程当中BIM技术可以根据实际实施进度和现有状况计算出项目每个时期对不同资源的需求量，对资源进行动态监控，安排采购和进场。

第三，BIM技术可继承建筑的物理信息，并可集成建筑的过程信息。在施工过程中可将不同阶段的进度、成本信息按工程实体及时反馈到BIM系统，BIM本身强大的计算功

能就可以计算出成本计划和实际的偏差，为及时采取有效措施调整偏差创造条件。

第四，工程实施过程中，工程变更的发生会打乱原计划，BIM 技术可通过比较变更前后的模型差异，计算变更部位及变更工程量的差异。在计算出变更工程量之后，可根据模型的变更情况，快速定位进度计划，实现进度计划的实时调整和更新，提高对变更的应对效率，降低成本。

第五，BIM 技术将整个项目的各个参与方融入其中，是一个协同合作的控制平台，监理根据 BIM 模型进行项目的审核，业主通过 BIM 平台查看项目进展，实时进行资金投入，总包单位可以通过 BIM 平台来与供应商、分包商进行沟通和协作、提高效率，降低成本。

（三）成本分析阶段

成本分析是工程施工项目成本控制必不可少的一个阶段，这个阶段的目的是对项目变更和项目成本变化的原因进行分析，为以后项目的成本预测提供实践参考，明确成本控制的方向，此阶段 BIM 技术主要有以下优势。

第一，BIM 技术具有可视化的特点。将整个工程按时间周期分配，每个周期结束之后，可以通过 BIM 的可视化技术对上一周期的进度、资源投入和资源安排等做可视化的回放，虽然实际工程项目不可逆转，但是通过 BIM 系统的分析，让项目工作人员和成本控制人员能够更加直观和深入地知道现有问题，并在下个周期予以改善。第二，BIM 技术具有多维分析的特点。在成本分析阶段，工程项目影响因素全面考虑能够准确地分析出问题，将成本分析细化到分部分项工程、工序等层次，进行深层次的成本对比分析，挖掘成本控制的潜力和不足，为下一步成本控制提供依据。

二、基于 BIM 技术的施工前期阶段成本控制

（一）决策阶段

1. 投资估算

投资估算指在项目投资决策过程中，可依据 BIM 技术模型提供的资料和项目的特征确定特定的方法，对建设项目的投资额进行可靠的估计。准确全面地估算出建设项目工程成本，是整个决策阶段成本控制的重要任务。BIM 模型的各种建设信息不仅是拟建建设项目投资估算的依据，也是进行项目概算的重要保障。

2. 项目评估

项目评估是企业的上层判断是否开发项目的依据，也是进行成本分析和控制的依据。评估工作要有一个相对全面的评价与分析，这需要完成市场调查，掌握有关项目的资料，而在 BIM 技术模型中可以直接对拟建工程的节能、环保、日照经济效益进行全面的分析。企业的决策层可以根据 BIM 技术做出客观的决定。

BIM 在决策阶段主要是提高论证结果的准确性和可靠性，BIM 模型可以让建设单位

能够对建设项目方案进行各种分析，从而使整个项目缩短施工周期和提高质量，最终达到降低施工成本的目的。

（二）设计阶段

在 BIM 技术下的建筑设计过程是以三维为基础的，不同于传统 CAD 设计是基于二维状态下的。在常规 CAD 下的设计，绘制柱、梁、墙体等构件没有其属性，只是有由点到线再到面构成的简单图形。然而在 BIM 技术下绘制的各种构件其本身就具有各自的属性，每个构件都通过 x、y、z 轴坐标建立各自的独立属性。在设计过程中设计人员的构思能够清晰地在电脑屏幕上建立虚拟的三维立体图形，可达到三维可视化的设计。构建的模型具有各自的独立属性，点击构件的属性便可知选中的构件尺寸、位置、材质、高度等信息，这些属性都是通过相关的 BIM 软件将数据信息保存为信息模型，也可由其相应的专业人员导入数据，为协同设计提供基础。

BIM 技术下的建筑设计，专业设计完成后就基本建立了工程各个构件最基本的数据，再导入专有的工程量计算软件，就可分析出拟建建筑物的工程量，并导出项目预算和经济指标，能立即对建筑物的经济性、技术性进行优化设计，达到方案优选。在 BIM 技术下，设计软件导出建设数据，造价部门就可以在三维计算量软件平台下，按不同参与方导入的 BIM 数据信息，迅速、准确、及时地计算出工程量，并计算出项目成本，当设计方案有修改时，重新编制 BIM 数据信息，可直接得出修改后的成本，节省了大量不必要的工作。

（三）投标报价阶段

投标单位从甲方委托的招标单位手中获取施工图及招标清单，根据已经获取的信息对项目进行成本预测，从而对项目目标成本进行设定，并对未来的成本水平及其可能发展趋势做出科学的估计。BIM 技术在投标阶段应用过程如下。

1. 搭建基础模型

根据招标文件、图纸和设计说明等文件，投标企业可利用 BIM 软件进行必要的族文件制作，没有直接可用产品时，可以选用该产品国内通用产品进行简单的尺寸编辑后使用；当遇到构件库中没有所需产品时，需要对产品模型进行新建并赋予产品属性（包括几何信息和物理信息）；将 CAD 图纸参照 BIM 建模软件，按照底图搭建项目基础模型。

2. 碰撞检测

各专业基础模型建立后，借助可视性，可对项目中的土建管线、设备进行管线综合和碰撞检测，实现管线无碰撞排布、支吊架合理排布等。选择楼层，再选择要做碰撞检测的区域，进行分区域的或分专业的碰撞检测，发现结构与机电之间、机电之间的各类碰撞，以及门窗开启、楼梯碰头、保温层空间检查等硬碰撞和软碰撞。碰撞检测完成后，软件会生成一份多格式的图文报告表，点击表中任意一处碰撞结果，都可以定位到模型碰撞构件，便捷地进行修改。模型碰撞检测无误后，利用软件支吊架程序对管线支吊架按照图纸设计要求进行排布，并可对支吊架的受力情况进行详细计算，保证支吊架的适用性和安全性。

3. 材料统计

借助软件自带的材料统计的计算功能，对基础模型中的各种材料、设备按照不同的计算规则进行精确的统计，并以 Excel 表格形式保存，此时可对表格中需要修改的内容进行编辑或者产品信息的统一添加；材料统计可按照不同专业、不同区域分别进行统计。

4. 投标文件编制

将统计得到的工程量清单表格导入计价软件，预算人员对成本价格进行汇总；决策层管理人员根据成本汇总表和招标控制价格确定投标总价，预算人员再对各项价格进行价格设定，生成各类清单与计价表，最终汇总成项目投标报价文件。借助 BIM 模型给予的视觉效果，不仅让标书变得更生动形象，增加了企业竞标能力，提升了企业形象，更重要的是这个阶段的材料统计功能可以使工程量统计比传统的手工计算更快速准确，投标报价更具合理性，更有利于企业对成本的掌握。

（四）施工前采购阶段

模型的不断深化使得物资需求计划更为清晰，避免了设计交底阶段的错误引起的成本浪费，对于施工企业在预付款的领取和支配方面更有指导意义。

1. 节约预制件加工的时间成本

BIM 技术将现场加工转变为非现场加工，非现场加工就是将某类建筑构件甚至整个建设工程从“设计到现场施工”模式转化为“设计、工厂制造加工再到现场安装”的模式。对深化模型中已经搭建好的支吊架进行材料统计，即可得到不同类型支吊架的数量和规格，根据统计得到的支吊架清单做好材料计划，安排预制件加工，联系厂家对预制件进行订购。这种模式可以解决施工现场用地紧张的问题，并可以节约劳动力成本，增加加工准确度，提高劳动生产力，避免了可能产生的误工、停工等问题。

2. 避免材料采购信息不准确引起的成本浪费

有数据显示，建设项目施工成本有 70% 以上是采购成本，清晰准确的物资采购计划可以有效地节约施工成本。对模型中带有完整信息的构件和设备进行模拟计算，结合精确化的工程量统计，可得到更为准确的材料和设备需求状况，如对水泥强度的选用、设备型号的选用等，避免了由于采购物资信息不准确造成的成本浪费，有效节约预付款，增加了预付款分配的灵活性。

三、BIM 应用于施工阶段的成本控制

模拟施工是在施工前就对施工全过程进行模拟，分析不同方案对建设项目成本的影响，综合材料、资源施工工期等最佳施工方案。避免施工过程中因错误导致成本的增加。据统计由于管理不善和错误造成成本的浪费占总成本的 10%~30%。在施工阶段成本控制主要

可分为事前控制、事中控制和事后控制。

1. 事前控制阶段

由 BIM 技术协同三维可视化的功能，施工前可以进行施工模拟。随时随地快速直观地将施工内容在计算机上进行模拟，并与各参与方进行有效的协同，建设方、监理方、施工方，甚至建设材料的供应方都能对工程项目可能出现的各种情况和问题了如指掌。通过 BIM 技术结合施工现场管理、施工技术等进行互动，减少施工过程中存在的安全问题和质量问题，减少不必要的构件整改和返工，最终达到节约成本的目的。利用 BIM 三维可视在施工前期就对工程进行碰撞检查，找到组件在空间中存在的冲突，并进行优化，做到在开始阶段就进行各种优化，实现暖通管道的布置。

2. 事中控制阶段

BIM 技术最为直观的特点就在于三维可视化，可降低识图出现的误差，利用 BIM 技术各参与方进行协同，加快了信息的交流，加快了决策和反馈的周转效率。在一个项目的 BIM 数据信息建立后，类似的项目都可以引用，达到知识的积累，同样的工作只需做一次的标准化。工作人员可以利用最终优化方案，模拟施工和技术交底，施工质量会有较好的保障。

3. 事后控制阶段

事后控制主要是在检查层面，通过组织验收、检查等方式，将预先制订的成本标准、质量标准、规定和所完成的任务进行对比，找出差距，总结经验，并提出改正措施。将关键环节或者容易出现错误的地方标注出来，利用BIM技术传输给各个参与方。在施工阶段，一旦工程技术变更,利用统一的BIM模型,可在现场管理,实现对设计变更的动态有效管理。

BIM 技术创建的项目虚拟建筑模型是包含建筑物所有信息的数据库，可以帮助建设人员更深层次地理解设计者的意图和施工方案的要求，避免了因信息传递错误而给施工带来的麻烦。事后控制虽然是对工程成本起到了事后填补的作用，但为以后工程项目成本控制工作积累了宝贵的实践经验。

4. 结束总结阶段

第一，积累经验，利用 BIM 保存信息模拟过程可获取施工中的重要技能和知识，为以后的建设项目积攒宝贵经验。第二，通过 BIM 技术，提高了信息传递和分发效率，让风险管理和经济管理的信息源收集更加高效。通过信息集中的处理办法，让管理过程实现“数字化”，提高了管理效率。第三，对比类似工程数据信息，增加对建筑项目的了解与对比。可以利用 BIM 技术的云端参数，集中对比类似项目的成本控制方式，总结自己施工中存在的不足，及时掌握新的管理手段和方法。

第四节　基于BIM技术的安全管理

安全问题不仅影响着施工的成本，还会拖延施工工期，而BIM技术的引入可以有效地提高工程建设的安全性，为施工人员、管理人员创造一个良好、安全的工作环境。

一、基于BIM的施工安全管理方法

（一）应用BIM的目的及原则

1. 基于BIM的施工安全管理的实施目的

第一，安全状况的透明化。施工过程是一个不断变化的过程，导致施工现场的安全状况存在不确定性，而最大化施工现场安全程度是每一位安全管理者坚持不懈追求的目标。施工现场安全状况信息的掌控度与安全事故发生的概率大小息息相关，关系施工现场的安全程度，也是安全管理的重中之重。通过实施基于BIM的施工现场安全管理，可以帮助管理人员实时、准确、有效地掌握施工现场的安全状况，以达到增强安全状况透明化的目的。

第二,安全管理的直观性。基于BIM的施工现场安全管理,将会提高安全管理的直观性,即使是对安全知识不甚了解的新手，也可以通过三维可视化模型直接判断施工现场的安全状况，并对现场进行检查和评价，从而有一个全方位、全过程的直观了解。

第三，安全管理的动态化。施工安全管理过程中的BIM技术将施工现场的安全管理细则实时地追踪到每一天，甚至是每一时刻。另外，在三维虚拟场景中对施工场地进行规划布置，设计详细的施工方案并不断完善。通过动态仿真模拟，保证施工现场的安全管理在时间和空间上的连续性，及时发现不足和缺陷，实现施工安全管理的动态化。

第四，安全管理的程序化。施工过程中BIM技术的运用有利于实现从局部到整体、从开工准备到整体竣工的安全管理。在传统管理过程的基础上加入BIM技术元素，保证整个施工过程的安全动态管理，规范管理流程，实现施工安全管理的程序化。

2. 基于BIM施工安全管理的实施原则

第一，最大限度地减少对工程进度的影响。建筑施工现场进度和安全之间有着千丝万缕的联系。通常情况下，建筑工程进程的加快必然会导致对安全管理工作的关注度不够，而增加安全管理工作内容必然会拖延施工进展。因此，必须在进度控制和安全管理之间找到一个平衡点，在保证安全的前提下，采取适合的措施，尽量减少对施工进度的影响。

第二，以利润的最大化实现安全管理的高效化。每一个企业均以降低成本和实现盈利为目的，只有实现了利润的最大化，企业才能得以在残酷竞争中生存和发展。因此，任何一种方法只有为企业带来了可观的利润，它的推行才能被施工企业所接受，才可以得到不断的推广。基于BIM技术的施工安全管理的推广，必须遵循企业利润最大化原则，不增加企业的成本，才可以被企业接受，才可以在行业中立足。

第三，尽量减轻工作人员的工作压力。现阶段，企业员工受到的多方面的工作压力，主要来源于技术创新、市场竞争和服务质量等，因此，必须以尽量减轻工作人员的工作压力为前提，否则处理不当，会引起他们的反感，不利于该技术的实施。

（二）基于BIM的建设工程安全管理信息平台

基于BIM的建设工程安全管理信息平台构建的主要目的在于颠覆了传统的信息交互模式。借助BIM技术，将建设工程安全管理过程中产生的不同信息有序地结合到一起，使建设工程安全管理信息得到有效管理。因而，基于BIM的建设工程安全管理信息平台的搭建要素应包括以下三个方面的内容。

1. 基础数据管理

建设工程安全管理过程中，会有各式各样的信息，而且这些信息的处理方法也有一些差异。因而信息数据的采集、各种数据的交互、数据标准的统一以及数据的输出方式都是需要重点考虑和解决的，利用BIM技术，建立BIM数据库，可实现信息数据的采集、分析、处理等难题，提高信息数据管理水平，BIM数据库是BIM建设工程安全管理信息平台的基础。

2.BIM信息模型

BIM数据库的主要功能是处理信息数据，BIM信息模型则是经过处理后数据信息的阶段性成果，即是利用这些信息建立和完善建设工程安全管理所需的BIM信息模型。随着建设工程的进展，各种信息数据不断存入BIM数据库，BIM数据库需要有效地吸纳如此大量的信息数据，还需将这些信息数据利用好。因此在建设工程的各个阶段，都会构建有针对性的BIM信息模型。各个BIM信息模型在安全管理过程中都有各自的作用，并吸纳不同的信息。子信息模型是在信息模型的基础上，通过再吸纳和处理信息形成的。结合建设工程各个阶段的特点，得到建设工程安全管理全生命周期应用模型。

3. 应用操作层

应用操作层是对前两个层面的数据信息和信息模型进一步深化，开发出各个BIM应用，用以在建设工程中开展安全管理工作。因而，应用操作层对接的是工程各参与单位及其人员，每一个BIM应用在建设工程实施过程中都有各自的安全管理功效。比如在施工阶段的主要安全管理操作要求有施工现场管理、施工过程管理、施工信息冲突等，其对应着施工现场模拟、施工过程模拟、空间冲突检测等应用。

基于BIM的建设工程安全管理信息平台利用网络和计算机技术实现信息的充分共享，可以提高信息交互水平，实现信息高效共享，颠覆了传统工程信息管理方式，破除了以往不同阶段，各个单位之间的信息壁垒，提升了信息管理效率，并且方便了工程各参与方更直观地参与建设工程管理，使工程各阶段隐蔽的安全问题暴露在各参与方面前，提高了安全管理效率。

二、基于 BIM 的施工危险源管理

BIM 技术的引入为危险源管理信息化提供了新的思路和方法，通过 BIM 模型可进行三维安全交底，改善以往手工填写施工危险源报告的情况，将施工现场危险源及其信息统一汇总集成在模型中，使得信息传递及时且易查找。运用 4D 模拟可以将危险源状态与项目进度相关联，对施工现场布置、施工人员安全培训、隐患处理措施传达等方面进行改进，大大提高了危险源管理的信息化程度。此外，RFID 与 BIM 技术的集成，可以实现施工危险源识别、定位跟踪、监控、反馈和管理全过程的可视化动态展现，建立更加完整的建筑安全信息模型，具有强大的应用功能和远大的发展前景。

1. 危险源信息采集阶段

信息采集阶段的主要工作有定义 RFID 标签信息、布设 RFID 标签。定义 RFID 标签信息首先针对提前辨识好的危险源清单和现场实际，对危险源进行编码，危险源编码应保证唯一性、可扩充性和可识别性，以便与危险源标准信息库对接。RFID 标签中的危险源实时信息除了定位信息以外，还包括危险源的历史安全信息和状态信息，如某起重机械的运转时间、大修次数等，这些信息作为该机械的历史安全信息也被定义在 RFID 标签中。施工作业人员是否经过安全培训等也作为历史安全信息被定义在人员 RFID 标签中。RFID 读写器通过对现场布置的危险源标签信息进行不间断采集，可以将工人和施工机具的位置信息在 BIM 模型中展现，由 BIM 平台监控人员判断对象所处区域的危险等级；对模板、脚手架、基坑支护等事故隐患部位可以进行结构受力数据监测，通过与标准数据比对使之不断处于安全监控状态，一旦出现失稳或倾斜情况，可以立即通知现场安全管理人员。

2. 危险源信息处理阶段

BIM 安全信息模型链接危险源标准信息库后，可以在模型中三维展示各类危险源、危险性工序和关键部位的检查标准、防控措施等。借鉴 BIM 施工进度模拟思想，将 BIM 安全信息模型集成进度计划文件后，可以模拟危险源随着时间的推移而发生状态变化的整个过程，同时随着施工过程的推进不断更新危险源的信息和防护措施，可以循环整合成为危险源动态信息库。

链接了危险源标准信息库和进度计划的 BIM 安全信息模型，要实现与施工现场危险源实时信息对比处理可以通过两种方法：一是通过 Revit 软件 API 二次开发功能模块，将 BIM 安全信息模型与 RFID 电子标签之间的信息数据进行交互与读写，实现数据自动对比。二是 BIM 安全信息模型平台管理人员针对特定危险源进行人工对比，通过 BIM 模型直观地查看施工现场危险源实时的状态，对出现危险情况的危险源使用 RFID 标签报警提醒，对于安全隐患部位和工序可以通过移动设备将防范措施实时推送给现场安全人员。

3. 危险源信息应用阶段

手持终端如手机、平板电脑在日常生活中扮演着越来越重要的角色，各式各样的智能

应用为人们的各项活动提供了巨大的便利。将手持终端引入工程项目管理中，通过开发BIM模型展示应用程序，配合手持终端对施工文件的存储、读取，照片的拍摄与上传等功能来辅助进行施工安全管理，可以降低信息传递的时间成本，提高工作效率，实现全方位、全时段的危险源信息推送。

目前与BIM技术相关的移动应用开发已成为业内新兴的先进技术，如Autodesk BIM 360 glue、Bentley Navigator等移动应用的问世，使得通过手持终端浏览BIM模型成为现实。BIM 360 glue应用可以在离线状态随时查阅模型以及属性信息、快捷批注和管理模型文件，是行业领先的移动BIM应用程序。

国内目前基于BIM的移动应用主要有鲁班公司的iBan、BIM View和广联达公司的BIM浏览器等。以鲁班BIM移动应用程序iBan为例，它可以在施工现场使用手机拍摄施工节点，将有疑问的节点照片上传到Luban PDS系统，照片可以与模型中的位置对应，工程师可以通过模型查看细部照片。上海巨一科技公司开发的BIMRUN软件，可以实现在移动终端查看BIM模型和构件参数，选取、查询构件和测量距离等功能。

结语

随着我国现代化建设步伐和国民经济的不断加快，建筑工程项目数量迅速增加，规模日趋庞大，施工控制及施工力学将不断走向成熟，并将不断应用到工程建设之中，为工程建设服务。土木工程施工技术与管理是按照设计要求，依据技术规范，结合工程条件，选择合理的施工方案和操作工艺，建成满足使用功能的综合效益好的建筑物、构筑物。

所谓土木工程，简单来说就是指民用工程，其是对各种工程、建筑建设的统称。它既是建设过程中的施工对象，如建在地面、地下甚至水中的各种工程建筑，也是指通过使用相关设备和工具进行相应的工程勘测，如施工设计、工程保养、维修等专业技术等。

研究项目管理是永恒的主题。项目是企业利润的源头、信誉的窗口，施工技术与管理的好坏决定着企业的市场份额，只有占领更多的市场份额，企业才能不断发展壮大。对施工项目技术与管理，各施工企业都非常重视，并不断研究。谁不研究，谁就适应不了市场，谁就会落伍，谁就会被淘汰。因此，对施工项目的不断研究是企业发展的长远战略需要。

建设领域对工程项目管理的要求越来越高，工程项目当事人能否对工程项目建设全过程实现现代化的管理已显得越来越重要，其具体体现为施工项目管理理论、方法、手段的科学化，管理人员的社会化和专业化，管理工作的标准化和规范法，并呈国际化趋势。编写本书的目的是使从事土木工程的工程技术人员在施工项目管理中，学会全方位、全过程的科学管理和合理协调，建立管理项目的知识体系和掌握应用管理知识解决实际问题的技能，提高从事土木工程项目管理的水平。

参考文献

[1] 李彦博 . 土木工程建筑施工过程中项目管理存在的问题及策略研究 [J]. 工程技术研究，2021，6（23）：110-113.

[2] 杨杰，李好，张涛，等 . 土木工程建筑施工过程中项目管理的应用 [J]. 居舍，2021（25）：113-114+130.

[3] 王雄 . 关于项目管理在土木工程建筑施工中的技术应用研究 [J]. 中国标准化，2021（14）：114-116.

[4] 田鹏宇 . 土木工程建筑施工过程中的项目管理要点分析 [J]. 大众标准化，2021（7）：163-165.

[5] 陆鑫 . 土木工程施工项目管理研究 [J]. 城市建筑，2021，18（9）：196-198.

[6] 白兵 . 项目管理在土木工程建筑施工中的应用 [J]. 建材发展导向，2021，19（4）：97-99.

[7] 贺俊红 . 基于项目管理在土木工程建筑施工中的应用探析 [J]. 四川水泥，2021（2）：158-159.

[8] 王柳 . 简析项目管理在土木工程建筑施工中的应用 [J]. 大众标准化，2021（2）：44-45.

[9] 高博 . 项目管理在土木工程建筑施工中的应用研究 [J]. 智能城市，2020，6（18）：97-98.

[10] 张成瑞 . 项目管理在土木工程建筑施工中的运用研究 [J]. 绿色环保建材，2020（9）：131-132.

[11] 覃耀贤 . 项目管理在土木工程建筑施工中的应用研究 [J]. 城市建筑，2020，17（21）：188-189.

[12] 杜超 . 土木工程建筑施工阶段的项目管理策略探寻 [C].2020 万知科学发展论坛论文集（智慧工程一），2020：1169-1177.

[13] 农兰英 . 项目管理在土木工程建筑施工中的应用研究 [J]. 居舍，2020（17）：151-152.

[14] 杨云艳 . 项目管理在土木工程建筑施工中的应用研究 [J]. 河南建材，2020（5）：

167-168.

[15] 刘刚 . 项目管理在土木工程建筑施工中的应用分析 [J]. 居业，2020（4）：143+145.

[16] 赵骏，任语，曹晨阳 . 项目管理在土木工程建筑施工中的应用研究 [J]. 绿色环保建材，2020（3）：155+157.

[17] 李政 . 浅析项目管理在土木工程建筑施工中的应用 [J]. 全面腐蚀控制，2020，34（2）：80-81+101.

[18] 李文慧 . 关于项目管理在土木工程建筑施工中的技术应用研究 [J]. 绿色环保建材，2020（1）：169.

[19] 陈光 . 项目管理在土木工程建筑施工中的应用方法研究 [J]. 居舍，2020（1）：124-125.

[20] 袁杰，董志冬，王朝玥 . 土木工程施工项目管理探析 [J]. 居舍，2020（1）：164.

[21] 文安 . 关于项目管理在土木工程建筑施工中的技术应用研究 [J]. 现代物业（中旬刊），2019（10）：192.

[22] 周帅，程小航 . 关于项目管理在土木工程建筑施工中的技术应用研究 [J]. 居舍，2019（29）：8.

[23] 徐晗 . 大型土木工程施工中项目管理的重要性与改革措施 [J]. 居舍，2019（29）：141.

[24] 王赫 . 浅谈土木工程施工项目管理的实践与规划 [J]. 中外企业家，2019（29）：116.

[25] 王卫蒲 . 项目管理在土木工程建筑施工中的应用研究 [J]. 中国建材，2019（10）：125-127.

[26] 李若晗 . 项目管理在土木工程建筑施工中的应用分析 [J]. 江西建材，2019（9）：138-139.

[27] 王凯 . 土木工程施工项目管理关键问题的研究 [J]. 居舍，2019（23）：111.

[28] 仝胜 . 关于项目管理在土木工程建筑施工中的技术应用研究 [J]. 门窗，2019（13）：119.

[29] 焦和平 . 土木工程建筑施工过程中项目管理的应用 [J]. 居舍，2019（20）：126.

[30] 牛森林 . 项目管理在土木工程建筑施工中的应用探析 [J]. 建材与装饰，2019（19）：183-184.

[31] 黄杉 . 土木工程施工项目管理中存在的问题及措施研究 [J]. 住宅与房地产，2019（19）：121.

[32] 孙维冰 . 土木工程建筑施工过程中项目管理的应用研究 [J]. 中国地名，2019（6）：37.

[33] 陆成 . 土木工程施工项目管理关键问题研究 [J]. 住宅与房地产，2019（16）：126.

[34] 王海龙 . 土木工程施工项目管理关键问题的研究 [J]. 城市建设理论研究（电子版），2019（8）：180.

[35] 唐优秀 . 土木工程施工项目管理的实践与规划研究 [J]. 居舍，2019（1）：139.

[36] 刘义 . 土木工程施工项目管理 [J]. 四川水泥，2016（8）：152.

[37] 韩永召 . 土木工程施工项目管理有效措施研究 [J]. 信息化建设，2016（5）：159.

[38] 吴青 . 土木工程施工项目管理研究 [J]. 山东工业技术，2016（9）：119.

[39] 姚忠岭，段亚洲 . 论土木工程施工项目管理的实践与规划 [J]. 中国高新技术企业，2013（9）：147-148.

[40] 董伟 . 土木工程施工项目管理分析 [J]. 科技创新与应用，2012（9）：186.

[41] 邱洪兴 . 土木工程概论 [M]. 南京：东南大学出版社，2015.

[42] 徐伟，吴水根 . 土木工程施工基本原理 [M]. 上海：同济大学出版社，2012.

[43] 周先雁 . 土木工程概论 [M]. 长沙：湖南大学出版社，2014.

[44] 杨和礼 . 土木工程施工：第 3 版 [M]. 武汉：武汉大学出版社，2013.

[45] 杨晓庄 . 普通高等院校土木专业“十三五”规划精品教材工程项目管理：第 3 版 [M]. 武汉：华中科技大学出版社，2018.

[46] 刘磊 . 土木工程概论 [M]. 成都：电子科技大学出版社，2016.

[47] 徐伟，吴水根 . 土木工程施工基本原理：第 2 版 [M]. 上海：同济大学出版社，2014.

[48] 项勇，卢立宇，徐姣姣 . 现代工程项目管理 [M]. 北京：机械工业出版社，2020.

[49] 代红涛 . 框架结构工程项目施工技术与安全管理研究 [M]. 郑州：黄河水利出版社，2019.

[50] 曹吉鸣 . 工程施工组织与管理：第 2 版 [M]. 上海：同济大学出版社，2016.